本书系国家社科基金项目（13BFX006）成果，并获上海财经大学"中央高校基本科研业务费"资助。

秦 策 著

转型期
公众道德需求的司法应对研究

THE JUDICIARY'S
RESPONSE TO PUBLIC MORAL NEEDS DURING
A TRANSITION PERIOD

中国社会科学出版社

图书在版编目（CIP）数据

转型期公众道德需求的司法应对研究／秦策著 .—北京：中国社会科学出版社，2023.2

ISBN 978 – 7 – 5227 – 1465 – 3

Ⅰ.①转… Ⅱ.①秦… Ⅲ.①道德—关系—司法—研究 Ⅳ.①B82 – 051

中国国家版本馆CIP数据核字（2023）第031494号

出 版 人	赵剑英
责任编辑	孔继萍
责任校对	冯英爽
责任印制	郝美娜

出　　版	中国社会科学出版社
社　　址	北京鼓楼西大街甲158号
邮　　编	100720
网　　址	http://www.csspw.cn
发 行 部	010 – 84083685
门 市 部	010 – 84029450
经　　销	新华书店及其他书店
印　　刷	北京君升印刷有限公司
装　　订	廊坊市广阳区广增装订厂
版　　次	2023年2月第1版
印　　次	2023年2月第1次印刷
开　　本	710×1000　1/16
印　　张	17.25
插　　页	2
字　　数	281千字
定　　价	98.00元

凡购买中国社会科学出版社图书，如有质量问题请与本社营销中心联系调换
电话：010 – 84083683
版权所有　侵权必究

目　　录

引　言 …………………………………………………………………… (1)

第一章　社会转型与道德变迁 ………………………………………… (6)
第一节　社会转型与道德范式转换 ………………………………… (6)
　　一　社会转型的变革特征 ………………………………………… (6)
　　二　道德变迁的复杂特征 ………………………………………… (8)
第二节　转型期道德失范的基本认知 ……………………………… (10)
　　一　道德失范的概念与表象 ……………………………………… (10)
　　二　转型期道德失范现象的评价 ………………………………… (12)
第三节　转型期道德失范的社会心理效应 ………………………… (14)
　　一　道德焦虑的心理表征 ………………………………………… (14)
　　二　道德焦虑的社会效应 ………………………………………… (16)
第四节　道德变迁中法律与司法的角色问题 ……………………… (18)
　　一　道德变迁中的制度功能 ……………………………………… (18)
　　二　法律与道德互动的实践问题 ………………………………… (21)

第二章　社会转型期的公众道德需求 ………………………………… (24)
第一节　公众道德需求的一般理论 ………………………………… (24)
　　一　道德需要的概念与特点 ……………………………………… (24)
　　二　道德需要转化为道德需求 …………………………………… (26)
　　三　公众道德需求的特殊性 ……………………………………… (27)
第二节　转型期公众道德需求的特征分析 ………………………… (31)
　　一　转型期公众道德需求的社会基础 …………………………… (31)

二　转型期公众道德需求的复杂特性 …………………………（33）
　第三节　转型期公众道德需求的促生因素 …………………………（35）
　　一　道德供给的普遍不足 ……………………………………（35）
　　二　道德移情心理的推动作用 ………………………………（37）
　　三　公众参与性权利的逐渐强化 ……………………………（38）
　　四　道德传播方式的多元化、立体化 ………………………（39）
　第四节　转型期公众道德需求的异化形式 …………………………（40）
　　一　公众道德需求的真假之分 ………………………………（41）
　　二　假性道德需求的发生特点 ………………………………（42）

第三章　公众道德需求下的司法困境 …………………………（46）
　第一节　司法案件的道德关涉：以影响性案件为例 ………………（46）
　　一　影响性案件的概念分析 …………………………………（46）
　　二　影响性案件的道德元素 …………………………………（49）
　第二节　司法场域的道德压力生成 …………………………………（51）
　　一　场域与司法场域 …………………………………………（51）
　　二　公众如何成为司法场域中的行动者 ……………………（53）
　　三　公众道德需求的嵌入与道德压力的生成 ………………（57）
　第三节　道德压力下的法官角色冲突 ………………………………（59）
　　一　法官角色的经典意象 ……………………………………（59）
　　二　法官的角色分化与多重期待 ……………………………（62）
　　三　法官多重角色的互动与冲突 ……………………………（64）
　第四节　道德争议中的司法公信危机 ………………………………（66）
　　一　司法中的道德争议及其根源 ……………………………（66）
　　二　道德疑难案件与争议主体的转换 ………………………（69）
　　三　道德恐慌与司法公信危机的产生 ………………………（70）

第四章　道德与司法的理论脉络 ………………………………（74）
　第一节　法律与道德关系的历史轨迹 ………………………………（74）
　　一　法律与道德的联结论 ……………………………………（75）
　　二　实在法科学的分立 ………………………………………（76）

三　失去道德支撑后的法律 …………………………………… (78)
　　四　法律与道德的关系再反思 ………………………………… (80)
　第二节　法律与道德关系的理论重建 ……………………………… (82)
　　一　分离论与结合论之间的妥协与调和 ……………………… (82)
　　二　为法律寻找合理的道德界限 ……………………………… (84)
　　三　建立道德与法律之间的融合或商谈关系 ………………… (86)
　第三节　道德与司法应然关系的基本立场 ………………………… (89)
　　一　良法善治：司法与道德应然关系的出发点 ……………… (89)
　　二　司法裁判中道德话语存在的必然性 ……………………… (92)
　　三　司法裁判中运用道德话语的风险性 ……………………… (94)
　　四　司法裁判中法律与道德协调关系之构建 ………………… (97)

第五章　回应型司法的理念与模式 …………………………………… (100)
　第一节　回应型司法的类型学分析 ………………………………… (100)
　　一　回应型司法的缘起与特征 ………………………………… (100)
　　二　回应型司法的中国特色 …………………………………… (103)
　第二节　回应型司法的道德供给功能 ……………………………… (107)
　　一　转型期社会道德的需求与供给 …………………………… (107)
　　二　增加社会道德供给的法律机制 …………………………… (110)
　　三　转型期司法机关的道德建设担当 ………………………… (112)
　第三节　回应型司法与司法方式的转型 …………………………… (114)
　　一　由机械性司法转向目的性司法 …………………………… (114)
　　二　由片面性司法转向整体性司法 …………………………… (117)
　　三　由独白式司法转向商谈式司法 …………………………… (119)
　第四节　回应型司法与法官司法意识的调整 ……………………… (122)
　　一　司法过程中法官的角色道德意识 ………………………… (122)
　　二　道德争议案件中法官的"道德意识" …………………… (124)

第六章　回应型司法的法律方法 ……………………………………… (128)
　第一节　回应型司法方法论概论 …………………………………… (128)
　　一　道德回应型司法的基本立场 ……………………………… (128)

二　道德回应型司法的方法论模型 …………………………… (130)
　　三　道德回应型司法的"解释学循环" ………………………… (133)
　第二节　法律规则的道德性解读 …………………………………… (135)
　　一　形式推理与道德传达 ……………………………………… (135)
　　二　权利位阶与道德选择 ……………………………………… (136)
　　三　目的解释与道德判断 ……………………………………… (138)
　第三节　原则裁判与道德精神之传达 ……………………………… (139)
　　一　作为规范形态的法律原则 ………………………………… (139)
　　二　法律原则的裁判性 ………………………………………… (141)
　　三　原则裁判的约束条件 ……………………………………… (143)
　　四　原则裁判的方法论要点 …………………………………… (145)
　第四节　道德价值的权衡与法官的良心司法 ……………………… (148)
　　一　道德价值的权衡方式 ……………………………………… (148)
　　二　法官的良心司法 …………………………………………… (152)

第七章　回应型司法的道德叙事特征 …………………………………… (157)
　第一节　司法的叙事学特征 ………………………………………… (157)
　　一　叙事学的缘起与扩展 ……………………………………… (157)
　　二　司法判决的叙事本性 ……………………………………… (160)
　第二节　司法判决的道德叙事特征 ………………………………… (166)
　　一　道德叙事与司法的关联：实例分析 ……………………… (166)
　　二　司法判决的道德叙事本性 ………………………………… (176)
　第三节　当下司法中的道德叙事博弈 ……………………………… (179)
　　一　法庭空间的叙事博弈 ……………………………………… (179)
　　二　媒体叙事逻辑与道德因素的强化 ………………………… (184)
　第四节　回应型司法判决的道德叙事路径 ………………………… (186)
　　一　实践纠结：判决书中道德话语的加强抑或去除 ………… (186)
　　二　意义揭示：道德话语适度融入判决说理之必要 ………… (190)
　　三　路径理顺：判决书中使用道德话语的原则与方式 ……… (194)

第八章　回应型司法的民意沟通 ……………………………（200）
第一节　回应型司法的沟通理性 ………………………（200）
　　一　正统司法的沟通理性缺失 ……………………（200）
　　二　沟通理性视野下的法律与司法 ………………（203）
　　三　沟通理性视野下的司法与民意关系 …………（206）
第二节　公众参与司法的制度构建 ……………………（210）
　　一　公众参与司法的理论争议 ……………………（210）
　　二　人民陪审员制度的商谈功能 …………………（214）
　　三　商谈理论视野下的陪审制度改良 ……………（219）
第三节　司法与媒体关系的制度构建 …………………（225）
　　一　"媒体审判"的是与非 …………………………（225）
　　二　司法与媒体良性互动关系之建构 ……………（229）
　　三　司法话语与媒体话语的互补效应 ……………（233）
第四节　司法引导舆情的制度路径 ……………………（235）
　　一　司法舆情危机的产生机理 ……………………（235）
　　二　司法回应对网络舆情的基本策略 ……………（237）
　　三　司法引导舆情的制度完善 ……………………（240）

结　语 …………………………………………………………（243）

参考文献 ………………………………………………………（249）

引　言

　　法治进程的目标之一在于法律的自治性，即划分法律与包括道德在内的各种外部规范之间的界限，法官裁判必须以法为据，道德因素的考量应尽可能摒除在外，司法应具有中立性而不是道德性。但是，裁判并非发生在法律的真空之中，判决的结果总是要面对社会公众，因此，在法律的评价之外，对判决的道德评价也是必然要发生的，尤其在一些具有"道德意味"的案件中，道德的"纠缠"似乎是不可避免的。有两个司法案例值得作比照性的观察：一个是2001年发生在四川泸州的张学英诉蒋伦芳遗赠纠纷案，另一个是2007年发生在江苏南京的彭宇案。这两个案件的共同点是都具有能够挑动公众敏感神经的"道德意味"，前者关乎维护一夫一妻的家庭伦理关系，后者则涉及助人为乐或见义勇为的社会道德风气。两案判决书的共同点是论证说理都不够严谨，但前案判决得到相当范围的公众认同，而后案判决却招致了相当范围公众的批评，以致酿成一起波及广泛的网络事件。

　　何以如此？在笔者看来，关键在于法官裁判时的"道德意识"，即是否清晰认识到案件中所包含的"道德意味"并给予可被接受的回应。在泸州遗赠案中，法官的"道德意识"十分清晰，法官在接受记者采访时明确指出，如果按照《继承法》的规定，支持了原告的诉讼主张，那么就会"滋长了'第三者''包二奶'等不良社会风气"[①]。相形之下，彭宇案的主审法官的"道德意识"则显得薄弱，而多了一份立足社会现实的冷峻，判决书指出："如被告（彭宇）是做好事，根据社会情理，在原

---

① 参见王甘霖《"第三者"为何不能继承遗产》，《南方周末》2001年11月1日第10版。

告的家人到达后，其完全可以在言明事实经过并让原告的家人将原告送往医院，然后自行离开，但被告未作此等选择，其行为显然与情理相悖。"① 这样的"社会情理"是否存在姑且不议，我们从中已然体会到，法官似乎想撇清其法律思维与道德评价之间的关系，更多地展现商品经济之下人的"利己"理性，然而，正是这一点引发了争议。该案判决得到的是社会公众的负面评价，而被告彭宇几乎得到了一边倒的支持。

另外，泸州遗赠案的判决在法学界却遭到批评。批评者认为，判决以笼统的方式认定遗赠行为违背社会公德，置继承法的明确规定于不顾，导致了法律适用的泛道德化，减损了法律的安定性价值，系法官裁量权的不恰当行使。② 该案判决体现了法官净化社会风气的良好愿望，但有意无意间却扩大了道德介入司法的空间。在该案中，法院认为，被继承人生前与"第三者"的婚外同居，有违社会所尊崇的夫妻忠诚、家庭和睦的主流道德标准，因而需要对"第三者"现象作彻底否定。但是却忽视了社会上仍然存在其他的价值观念，例如，没有感情的婚姻是不道德的；又如，人与人（包括"第三者"）之间的真心付出可以得到适当的回报；再如，弱势群体（同样可能包括"第三者"）的基本生活应当予以保障；诸如此类。这种直接以一种价值压倒另外的价值的做法，难免有价值专断之嫌。其实，我们可以观察到，当一部分民众在法庭上为法院的判决鼓掌时，也有人将同情给了那位与被继承人同居7年且在被继承人住院期间一直陪伴左右的"第三者"。

彭宇案与泸州遗赠案都是体现司法过程中法律和道德关系的"标本性"案件，前者涉及助人为乐或见义勇为的社会道德风气，后者则关乎一夫一妻的家庭伦理维护。但两案所表达的侧面略有差别：彭宇案反映的是在事实存疑时道德因素对于法官作出裁判结论的影响；而泸州遗赠案则体现了道德因素对于法律解释和适用的影响。它们都以一种典型的方式表明，道德因素对于司法过程的渗入几乎是不可避免的。

这两个案件绝非特例。事实上，在当下中国的社会转型期，司法过程

---

① 江苏省南京市鼓楼区人民法院（2007）鼓民一初字第212号民事判决书。
② 葛洪义：《法律原则在法律推理中的地位和作用——一个比较的研究》，《法学研究》2002年第6期；林来梵、张卓明：《论法律原则的司法适用》，《中国法学》2006年第2期。

中涉法律与道德冲突的案件是大量存在的。① 尤其是进入21世纪，随着网络技术的发展和司法公开原则更大范围地落实，司法案件的信息通过新兴传媒得到更为广泛的传播，其中所蕴含的法律与道德之间的矛盾也以影响性诉讼的方式引发了全社会的高度关注，由单纯的诉讼争议转化为公众议题。在某些人眼中，司法中道德与法律的相互纠缠看起来是法制尚不健全的一种表现，但如果我们把这一问题置于社会转型期的广阔背景之中，就会发现其背后有着深刻的社会历史必然性。这种司法上的纠结一方面反映了社会公众对于道德实现的过度追求；另一方面也暴露出司法机关对其在转型期的道德建设职能认识不足，在回应公众道德需求方面存在着方法论与制度资源上的缺失。

从历史角度来看，法律与道德的关系是一个永恒的理论难题，不知耗费古今中外学者多少的心智与精力。美国法学家富勒的《法律的道德性》一文对此曾有深入的阐释和阶段性的总结。② 在西方法律文明发展史中，法律与道德从结合到分离、再到更高层次结合，呈现出否定之否定的演进轨迹。总体来看，对立法的道德性问题，理论上的分歧并不像想象得那么大，即便是最为正统的分析实证主义也未必会完全斩断立法与道德之间的联系，法律与道德之间的诸多激烈争议其实都发生在司法领域之中，而司法道德性问题便成为各种法学理论展开论争并且势在必得的前沿阵地。

在中国，自古以来德治一直被置于治国方略的地位。孔子告诫，君王对百姓要善于"导之以德，齐之以礼，有耻且格"③，强调用道德力量从正面感化民心。古代的立法强调引礼入法，礼法结合；司法上也主张以礼折狱，执法原情，如遇疑难，则依礼而定，道德被放到了核心地位上。在司法中追求道德善治有助于促成国法与天理、人情之间的和谐统一，但在实践中也滋生了大量曲法原礼的现象，泛道德的司法还使掌权者有机会轻易干涉司法，使司法权的行使变得任意，进而丧失独立品格，实质上也难以保证司法公正的最终实现。尽管在清末改制之后，中华法系从制度上看

---

① 本书将在第三章对2007—2016年这10年间的100件案件进行具体分析，以梳理其中可能对司法活动产生影响的道德元素。
② [美]朗·富勒：《法律的道德性》，郑戈译，商务印书馆2005年版。
③ 杨伯峻：《论语译注》，中华书局1980年版，第12页。

已经解体，但是这种重视道德教化的观念却已经沉淀为中国民众的集体意识，进而凝聚成一种广泛存在的道德需求，而其中的泛道德主义取向也会以某种方式侵蚀和冲击着法治的堤坝。

当下中国正在建设有自身特色的社会主义司法体系，法治和德治的有机结合成为一种必然。作为德法共治的一种侧面，司法的道德性也正在成为司法机关的一项主导性的政策方针，其具体表现为以下两个方面：

一是对判决社会效果的追求。自 20 世纪末，"法律效果与社会效果相统一"就成为我国一项重要的司法政策。在司法实践中，判决的社会接受已成为衡量法官裁判质量和水准的重要指标，对民众反应的考虑成为法官实践智慧的组成部分。很多优秀法官已深刻地认识到这一点，如宋鱼水法官指出："法律欲得到大众的欢心需要走向大众、研究大众，万不得抛弃大众。""法官不是决定者，真正决定法官的是经济发展的需求和社会公众的压力。"① 依此而论，在法律适用中关注民众对裁判可能的道德反应，是提高判决社会认同程度的重要方面。于是，以合理的方式应对公众道德需求不仅是法官司法责任的题中之义，也是实现判决良好社会效果的有效举措。

二是社会主义核心价值观在司法中的落实。党的十九大报告明确指出："社会主义核心价值观是当代中国精神的集中体现，凝结着全体人民共同的价值追求。"2021 年施行的《民法典》第 1 条明确将"弘扬社会主义核心价值观"作为一项立法目的。早在 2015 年，最高人民法院就已发布《关于在人民法院工作中培育和践行社会主义核心价值观的若干意见》（法发〔2015〕14 号），明确要求各地人民法院"努力让人民群众在每一个司法案件中都感受到公平正义，推动社会主义核心价值观落地生根"。2016 年 3 月、2016 年 8 月、2020 年 5 月，最高人民法院先后三次发布弘扬社会主义核心价值观的典型案例共 30 个；2021 年 1 月，最高人民法院又印发了《关于深入推进社会主义核心价值观融入裁判文书释法说理的指导意见》（法〔2021〕21 号），全方位地引导和规范地方各级法院在案件裁判中援引核心价值观。社会主义核心价值观在司法中的落实正

---

① 宋鱼水：《论法官的选择——谈学习社会主义法治理念的体会》，《法学家》2008 年第 3 期。

是对公众道德需求的积极回应，由此也彰显了司法的道德性。

司法的纠结正在于此。自古以来，法官是国家依法行使司法审判权的专职人员，被称为法律的"喉舌"或"保管者"。这些称谓意味着，他应当依法裁判，有关案件事实的认定、法律价值的补充以及自由裁量权的行使都要约束在法律框架内，以防止司法权的滥用。同时，法官是法律职业共同体的一员，他的裁判也需要符合职业共同体的法教义学共识，并得到职业共同体成员的相互认同。这又要求法官依照实体法和程序法的有关规定裁决纠纷，维护法律体系的统一性和权威性，而不是简单迎合社会道德的需求。

因此，在认同司法与道德关联性的同时，仍然不能忽略司法裁判与道德判断之间的区别，或者说不能将司法过程视为纯粹的道德判断。泸州遗赠案的判决虽然获得了一些旁听群众的掌声，但在法学界不仅未能获得赞誉，相反却引发了猛烈的批评。而且，这些批评并非无关紧要，因为它们所欲坚守的是法治的基本立场。由此不免带来了一种矛盾：司法的道德性固然有助于提升司法的社会效果，缓解国家法与社会常情常理之间的紧张关系；但它又容易导致"道德司法"或"价值司法"，破坏现代法治最起码的安定性与可预期性。笔者认为，故步自封的机械司法固然不可取，一味迎合、屈从于外部压力又难免沦为庸俗的实用主义，偏离法治的追求。真正的司法需要兼顾"法内"与"法外"两种性质不同的"逻辑"，不能不说，这是一个考验和体现法律智慧的难题。①

---

① 秦策、夏锦文：《司法的道德性与法律方法》，《法学研究》2011年第4期。

第一章

社会转型与道德变迁

第一节 社会转型与道德范式转换

当下中国正处于社会转型期。社会转型是指社会由传统形态向现代形态的发展与成长过程,具有丰富的含义。在经济体制方面,它是指由计划经济向市场经济的转变;在社会结构方面,它是指由机械团结的形态向有机团结的形态转变,或者,由熟人社会向陌生人社会的转变;在政治制度方面,它是指由国家权力本位体制向公民权利本位体制转变;在治理方式方面,它是指由人治模式向法治模式的转变;在文化观念方面,它是指以族群利益为中心的威权、等级观念体系向以个体权利为中心的自由、平等观念体系的转变。当下中国的诸多问题其实都与这一场深刻的社会转型有关。

一 社会转型的变革特征

美国著名哲学家波普尔曾说:"从封闭的社会到开放的社会的过渡显然可以描述为人类所经历的一场最深刻的革命。"[①] 经济社会结构的变迁,无疑会对人们的道德生活产生重要的影响。当旧的社会秩序处于瓦解之际,道德的规范和观念也将面临碰撞与冲击之后的范式转换。作为社会意识层次的范畴,新的道德范式将会顺应各种经济社会因素所提出的要求。择其要者,经济形态、政治制度、交往模式的改变都会在新的道德范式上

---

① [美] 卡尔·波普尔:《开放社会及其敌人》,路衡等译,中国社会科学出版社1999年版,第328页。

打下自己的烙印。

首先，在经济形态方面。市场经济要求确认个体的独立性、自主性和自由性。市场经济的运行使得"集体意识最初所具有的控制和决定行为的权力也正在消失殆尽"，个人意识则"越来越摆脱了集体意识的羁绊"①。经济上的独立性、分工的细密化、社会生活的异质性虽然带来了个人意识的日益凸显，要求建立一种较为偏向于个人主义的道德观，但传统集体意识的弱化甚至失效并不意味着现代社会就不需要集体意识，毋宁说，现代社会需要另外一种集体意识来维持另一种形式的社会整合。② 这场转变，在涂尔干看来是走向"有机团结"的过程，在梅因看来则是从身份到契约的运行。③ 在现代社会，契约交换成为人们建立相互关系的基础，毋庸置疑，任何契约都需要承诺和信守基本的道德前提，否则难以做到令人信任和稳定持久。这样，一种以契约交换为基础的现代诚信道德就应运而生了。

其次，在政治制度方面。经济领域中确立了市场主体对自由、平等、独立的法权地位，其结果是政治领域中赋予个体以明确的、不可剥夺的私人权利。现代政治生活中的公民主体性得以确立，它打破了传统政治生活的封闭性与独享性，政治生活因而向社会公众开放，并走向真正的民主政治。与传统的集权政治比较，在民主政治中，公民与国家关系发生了根本变化，国家权力来源于公民并受制于公民的意愿。代表各种利益的公众可以获得各种机会与渠道表达自己的政治权利诉求，公众对政治生活的评价，不仅是公众政治参与的题中之义，同时也是公民政治参与的一种成果，并成为政治效能高低的直接影响因素，以及现代政治生活良性运行的评价指标。尤为重要的是，公众认同还是现代政治权力合法性的重要基础。④

最后，在交往模式方面。传统社会是一种熟人社会。血缘和地缘的合

---

① ［法］埃米尔·涂尔干：《社会分工论》，渠东译，生活·读书·新知三联书店2000年版，第90、128页。
② 邹平林：《道德滑坡还是范式转换——论社会转型时期的道德困境及其出路》，《道德与文明》2011年第2期。
③ ［英］亨利·梅因：《古代法》，沈景一译，商务印书馆1959年版，第97页。
④ 王素萍：《论政治现代性的三个维度》，《社会科学家》2010年第4期。

一是社区（村落）的原始状态。① 在农村，人们多以血缘、地缘上的联系累世而居，重土难迁。在城镇，受传统住房政策的影响，居住在一起的基本上是同一单位的人。无论哪一种情况，都以流动性较小、相对封闭为其环境特征。在熟人社会中，个体违反道德的成本相对较高。但是，城市化进程促进了人员的流动性，血缘和地缘的合一以及同一单位居住在一起的局面被打破，人们的交往模式发生巨变，开启了陌生人社会范式，而这也是现代社会基本特征之一。交往模式的多样化导致了价值观的多元化，道德共识的达成更加困难；而随着人的活动范围增大，相互关系却变得淡漠，这导致道德评价失去了影响力。对一个持不同道德观的陌生人来说，道德谴责的威慑力大打折扣。固然，陌生人社会也会产生属于自身的道德规范，但这需要一个漫长的转型过程。

二 道德变迁的复杂特征

社会转型的结果乃是一种新型道德范式即将诞生，这种新型道德范式总体上显示出正面的特征，但也存在某些负面的表现。

（一）道德观念的开放与多元

在传统自然经济与计划经济体制之下，人们的道德观念呈现出一元化的特征，而市场经济的开放性，影响和改变着人们的道德观念，并形成了多元化的价值体系。在英国学者柏林看来，多元价值观意味着"这些价值同等真实、同等终极，尤其是同等客观；因而生活不可能被安排在一种永恒不变的等级秩序之下，或者是用某种绝对的标准来判断"②。道德观念的开放以及多元价值观极大地丰富了人们进行道德选择的空间，激发了人们道德的主体性，但同时也带来了统一的道德价值准则的旁置与失落，以及道德价值之间的矛盾与冲突。凝聚人心的、实现情感归属的精神纽带不复存在，道德规范的社会约束力降低，在整个社会层面上产生了道德相对主义、虚无主义、自我中心主义的滋生和蔓延。

（二）道德意识的觉醒与强化

在传统自然经济与计划经济体制之下，人的存在方式呈现出依赖性与

---

① 费孝通：《乡土中国》，生活·读书·新知三联书店1984年版，第44页。
② ［英］以赛亚·柏林：《扭曲的人性之材》，邱秀坤译，译林出版社2009年版，第81页。

被动性特征。而市场经济乃是一种自由经济,个体必须改变自我与社会、他人之间的关系,需要充分发挥自身的能动性,在这一过程中,个人拥有了作为利益主体和价值主体的资格,主体意识和主体创造能力都得以增强,道德自觉意识也得到提升,由盲目顺从转向独立思考,由因循守旧转向积极进取,催生了更有进取性的社会人格的出现,激发出更多的积极性与创造性。这体现了道德进步的积极效应,即有助于推进生产力的迅速提高,推动了社会的进步与发展。但另一方面,主体意识的强化也会激发个体本位主义的抬头,对于个人利益的强调会导致社会责任感的缺失与集体意识的淡化,过于进取的心态会带来人们之间的冷漠竞争和敌对,人际和谐关系遭到破坏,难以凝结成协调性的社会整体力量,这在一定程度上也会对社会整体的进步和发展造成阻滞。

(三) 道德目标的现实化

传统的道德教化,将个体的道德选择神圣化,强调道德主体为社会、群体利益牺牲方能实现道德升华;加之狭隘的人际交往严重地束缚了人们的思想,反思意识与批判精神难有生长的土壤,因此人们的道德选择目标较为单一。而在现代社会,科学的"祛魅"作用提升了人们的反思能力,传统意识形态与价值的权威性日趋式微,基于个体的自由、平等成为现实且必然的需要,这样,在更为张扬的个体权利与强调服从、忠诚、奉献、牺牲等传统道德要求之间必然会发生某种程度的冲突。从发展趋势来看,传统道德要求的退却、妥协几乎是不可避免的。[①] 而人们也会从与现实社会生活的关联,从自身的切身利益出发来考虑道德目标的选择。

(四) 道德取向的功利化

中国传统伦理价值观以儒家伦理为范本,在取向上强调重义轻利,如孔子主张"见利思义""见得思义";孟子只谈仁义,不谈利益;荀子虽主张义与利是"人之两有",但强调"保利弃义谓之至贼"。这种道德取向要求人们追求内在精神生活的和谐,放弃对外在物质生活的追求,直至为道义而奋斗、献身,即所谓"杀身成仁""舍生取义"。传统道德观突出了利他性和非功利性的一面,但却忽视了与个人利益相关的一面。而市

---

① 邹平林:《道德滑坡还是范式转换——论社会转型时期的道德困境及其出路》,《道德与文明》2011年第2期。

场经济的运行遵循的是等价交换原则，个体的利益需求得到充分的认知与彰显，绝对的重义轻利观逐渐式微，对现实功利价值的追求成为主流，直至走向其反面，"人不为己，天诛地灭"成为普遍的认知。人们的道德取向呈现出功利化的特点。

（五）道德实现的个性化

中国传统伦理价值观将道德规范神圣化，追求道德目标的统一实现。整个社会在道德实现方面呈现出盲从、保守、循规蹈矩的特征。在现代社会，个人的自主性大为增强，完全凭借独立的理性分析来判断是非，个体自由意志得到彰显。在摆脱依附之后，个体选择什么，怎样选择，后果由自己负责。① 历史地看，这种道德实现方式确是历史进步，具有现实合理性。但是，个性化的道德选择也会表现"各行其是"的特点，如果个体都以个人好恶为坐标判断是非，片面强调自身利益的最大化，则不可避免在人与人之间造成道德选择上的矛盾与冲突，对社会伦理秩序带来震荡与冲击。正是这个原因，茅于轼才说，市场经济"随时存在着向混乱无序社会倒退的倾向"②。因此，道德实现的个性化也是需要辩证看待的问题。

第二节 转型期道德失范的基本认知

新的道德范式所描绘的是一种理想图景。但正如亨廷顿所言：现代性孕育着稳定，而现代化则滋生着动乱。③ 在新的道德范式确立之前，所有的道德生活似乎都充满着各种纷乱，这种纷乱则被人们称为道德失范。

一 道德失范的概念与表象

道德失范可从不同角度界定。一种观点认为，道德失范是指"在社会生活中，作为存在意义、生活规范的道德价值及其伦理原则体系抑或缺

---

① 聂法良、葛桦：《论个体道德选择的教育》，《教育评论》2010 年第 1 期。
② 茅于轼：《中国人的道德前景》，暨南大学出版社 2003 年版，第 230 页。
③ [美] 塞缪尔·P. 亨廷顿：《变化社会中的政治秩序》，王冠华等译，生活·读书·新知三联书店 1989 年版，第 38 页。

失、抑或缺少有效性,不能对社会生活和个人生活发挥正常的调节和引导作用。"① 另一种观点认为,它是指社会成员在道德方面不符合最基本的道德规范的行为或价值取向。② 两种观点在视角上略有不同,前者指社会的缺失,后者指人的行为的缺失。但两者之间的联系不言而喻,正是社会中道德规范的缺失导致了人的行为道德性的缺失,而人的行为道德性的缺失则又反映了社会中道德规范的缺失状态。

在非转型时代,道德失范亦可能存在,但由于原有的社会生活格局并未失去存在合理性,因此不会造成全局性、本质性的危机。转型期的道德失范有所不同,由于原有的社会生活方式发生了根本性变化,旧的社会结构失去了合理性,道德失范现象会弥散于社会生活的各个方面。③ 对此,杜尔凯姆有形象的描述:"社会生活的剧烈变化也自然而然地使欲望迅速增长。繁荣愈盛,欲望愈烈。在传统约束失去权威的同时,渴望得到的报酬越厚,刺激越大……脱缰野马般的激情就更加剧了这种无规则的混乱状态。"④ 这表明,人们的道德意识层面正在遭遇严重的危机和冲突。

观诸现实,道德失范已在社会各个领域都有体现。例如,在经济领域,经营者不讲诚信,为获不法利润,制假售假,欺骗消费者;通过财务失真,偷税漏税,逃避债务;生产低劣产品,搞不正当竞争,破坏正常的经济秩序等。又如,在政治生活中,官员以权谋私,腐化堕落,收受贿赂,买官卖官,官商结合,官匪一家,枉法裁判,司法不公,巧立名目,圈钱寻租,权色交易,任人唯亲,独断专行,作风霸道,执法不严,监管不力,损坏了政府在人民群众中的形象。再如,在社会风气方面,破坏社会公德的行为频繁发生,乘坐公共交通工具争抢座位,行人闯红灯、随便翻阅交通护栏,无视公共卫生乱丢垃圾、随地吐痰便溺,为了吸引眼球在

---

① 朱贻庭:《伦理学大辞典》,上海辞书出版社 2011 年版,第 21 页。
② 朱蕴丽等:《试论当前社会道德失范的原因及其应对策略》,《江西师范大学学报》(哲学社会科学版) 2011 年第 5 期。
③ 高兆明:《制度公正论——变革时期道德失范研究》,上海文艺出版社 2001 年版,第 15—24 页。
④ [法] 埃米尔·杜尔凯姆:《自杀论》,钟旭辉、马磊、林庆新译,浙江人民出版社 1988 年版,第 212 页。

公共媒体上搞恶俗事件等。而在道德心理方面，耻辱感萎缩、缺失乃至于导致"正不压邪"的局面，见义勇为遭受冤枉，明哲保身最安全，好人不敢做好事，坏人坏事司空见惯等。基于这样的现实，有学者甚至认为，这是一个适合于"无赖生存"的社会环境。①

在这些社会现象的背后，存在着道德规范的失落或者隐退。根据学者的研究，转型期的社会规范分化为显性规范与隐性规范。前者指公开的、成文的、合法的社会规范，后者指现实生活中在部分人中流行着的、隐蔽的、不成文的、不合法的一种心理默契与行为规则。例如，政治界有"跑官要官"的隐性规范、建筑行业有"假招标"的隐性规范、银行业有贷款"回扣"的隐性规范、旅游业有导游"回扣"的隐性规范、新闻界有"车马费"的隐性规范、公安部门有"捞人"的隐性规范等。② 所以道德失范并不意味着社会规范的完全缺失，而更多地表现为显性规范与隐性规范之间的悖离。而不具有道德正当性的隐性规范逐渐取代显性规范占据主导地位，由此引发了人们的道德焦虑。

二 转型期道德失范现象的评价

对道德失范的评价，大都比较负面。在理论上则用"道德滑坡""道德代价"作为标签。③ 在笔者看来，道德失范固然有其消极的一面，但从社会变迁的大格局来看，它是转型期社会有机体自我更新的必然过程，其中也包含着相当的积极因素。

（一）道德失范是社会转型引发的必然现象

基于历史的视角，社会转型必然与道德失范相传承，古今中外莫不如此。如中国的春秋战国时期，奴隶社会向封建社会过渡，"礼崩乐坏"的道德困境如影随形。又如西方的近代转型也是类似的情况。马克思曾言："资产阶级撕下了罩在家庭关系上的温情脉脉的面纱，把这种关系变成了

---

① 郭星华、石任昊：《无赖生存的社会环境——关于社会风气的一种法社会学探究》，《社会学评论》2013年第6期。
② 朱力：《我国社会生活中的第二种规范——失范的社会机制》，《江海学刊》2006年第6期，第113页。
③ 张明仓：《道德代价论》，《天津社会科学》1998年第4期，第17页。

纯粹的金钱关系。"① 这正是社会道德失范的一种体现。当前中国正处于由传统走向现代的急剧转变期，需要对旧的价值观念和道德规范体系进行扬弃，并逐步确立新价值和新规范的历史时期。在这一过程中，旧的价值体系、道德规范失去了对人们的约束力和社会有效性，是必须经历的过程。多元价值的交融与碰撞导致了精神领域的混乱、无序状态，这会给社会有机体带来阵痛。然而，只有在不能满足社会要求的道德规范与观念被逐步修正，新的道德范式才能浴火而生。因此，社会转型期道德失范是一个必然发生、不可避免的过程。

（二）道德失范表征着多元道德价值之间的博弈与整合

转型期为不同性格的"道德力量"提供了优胜劣汰的"战场"，这是一种博弈。落后的旧道德不会甘心自动退出历史舞台，被淘汰的道德习惯也可能以新的形式死灰复燃，这就需要通过一种博弈来寻找新的道德方向。同时，不同的"道德力量"本身并非完美无缺，亦非均匀同质，它们在博弈中也相互影响，自我完善，这是一种整合。例如，现代市场经济道德之中存在着很多进步的因素，如重视个体权利与责任、顺应人性、严格规范等，但也蕴含着过于现实化与功利化的倾向，因为一旦物质利益原则成为社会生活的主导原则，社会生活就成为理性算计的"竞技场"，道德价值、人文精神将会被人弃若敝屣。而中国传统价值体系，经历了2000年的发展和积淀，到现代仍有根深蒂固的影响。其中有一部分与现代社会的精神和要求相悖，但仍然存在不少有生命力的元素。如此看来，所谓道德失范并非实质上的道德真空，而是交织着不同文化价值体系的博弈与竞争，通过竞争实现整合，通过博弈寻找出路，推动传统道德向现代道德的转化，以及外来道德与本土道德的融合。

（三）道德失范代表了社会有机体充满活力的自我更新

道德失范固然导致社会秩序的混乱，但是也产生了规范重整的需求，于此自然产生了新秩序形成的契机。转型时期出现的道德失范，包含有对传统道德的批判和否定，是社会观念进化的必然过程，是新旧道德交替的自然衔接。如学者所言："以一种历史的眼光穿透之，转型时期中的道德

---

① 《马克思恩格斯选集》（第1卷），人民出版社1995年版，第274—275页。

失范负有建立一种新的社会价值规范体系、意义系统的历史使命。"① 因此，转型期的道德失范不能简单归于道德的滑坡或沦丧。事实上，在理论界也有一种"爬坡论"，即把道德失范看成是旧道德退出历史舞台，新道德占据主导地位的过程。这种观点认为，社会转型期道德失控只是暂时现象，从其本质趋势看是上升势态。② 笔者以为，纯粹以"滑坡"或"爬坡"来界定当下社会转型期的道德变迁过于简单化、笼统化。辩证地看，我国当下的道德变迁总体上朝向进步的方向发展，但也会遇到阻碍因素，甚至在某个特定的时期可能违背道德主体的意愿而走入歧途，这就需要把握正确的方向，发挥人的独立意识和能动性，引导公众道德需求向良性方向发展，实现社会价值体系的自我更新。

总之，道德失范是一把"双刃剑"，它固然会带来一定程度的道德失序状态，但同时为道德体系的重塑提供了契机。它是道德发展的内在否定性环节，本身也孕育着新的"道德生命"。我们应当发扬积极的因素，消解其中的消极的因素，以更为主动的姿态来促成这场深刻的转变。

第三节　转型期道德失范的社会心理效应

道德失范并不是一个单纯的道德范畴，它还会引发一定的社会心理效应，即全社会出现弥散性的道德焦虑。作为一种负面情绪，道德焦虑的不断累积则会导致带来社会动荡的群体性事件。

一　道德焦虑的心理表征

在心理学上，道德焦虑是一种道德上的负面情绪或"反常心理"，即当个体的思维、感觉或行为违反了某种道德标准，或者不符合特定的价值预期时，在其道德心理中所产生的内疚、羞愧以及自卑感等情

---

① 高兆明：《制度公正论——变革时期道德失范研究》，上海文艺出版社2001年版，第24页。
② 金颜：《近三十年来中国市场经济条件下道德建设研究》，《青海社会科学》2015年第2期。

绪的总和。① 奥地利心理学家弗洛伊德把道德焦虑界定为严厉的"超我"和受制于它的"自我"之间的紧张关系。② 美国心理学家霍妮则认为道德焦虑产生于"真实自我"与"理想自我"之间的差距。③ 这种心理紧张关系无论是发生在超我与自我之间，还是发生在自我内部，它都属于一种个人心理的功能失调或不正常状态。具体而言，它呈现出一些具体的表现。

（一）道德认知失调

道德认知失调是指个体在特定的道德情境下，因其所持原有道德观点与新的道德现象之间发生矛盾，并因而体验到某种不舒适的负性情绪的过程。④ 例如，在社会转型过程中，个体的道德受到具有传统文化色彩的集体主义与西方文化色彩的个人主义的双重冲击，因此在集体主义与个人主义何者优先的问题上产生矛盾心理。又如，社会转型期的市场经济将适者生存的竞争意识植入人心，而传统观念中的团结合作意识与之产生冲突，这容易使陷入道德认知的迷茫，引发道德焦虑。

（二）道德评价失据

道德评价是依据一定的道德标准对他人和自己的行为进行善与恶、正或邪等道德价值的评定。道德评价必须依据一定的客观标准，而这一标准又是道德认知的产物。在道德认知失调的情况下，道德判断的标准就会模糊不清，道德评价就无从展开。在社会转型时期，旧的道德价值体系处于遭受怀疑的状态，原有的评价体系会被边缘化，已无力反映并整合变化了的社会关系。与此同时，新的价值标准尚未建立，或者得不到广泛认可。人们用以评价是非善恶的道德判断沦落到了"公说婆说"、见仁见智的境地，道德话语系统找不到稳定的根基，在一些道德事件面前，道德评价彻底失语，这使人们陷入道德评价的迷茫，引发道德焦虑。

---

① 徐建军、刘玉梅：《道德焦虑：一种不可或缺的道德情感》，《道德与文明》2009年第2期。
② ［奥］西格蒙德·弗洛伊德：《论文明》，徐详等译，国际文化出版公司2000年版，第121页。
③ ［美］卡伦·霍妮：《神经症与人的成长》，陈收等译，国际文化出版社2007年版，第97页以下。
④ 刘玉梅：《道德焦虑论》，博士学位论文，中南大学，2010年。

(三) 道德选择困惑

道德选择是指当人们在特定场合面临几种可供选择的行为方案时，依据某种道德标准进行自觉自愿的取舍。道德选择往往建立在道德评价的基础上，当个体的道德选择与道德认知同步时，一般不会产生道德焦虑，而道德选择一旦与道德认知有所出入，个体就会体验到一定程度的道德焦虑。[①] 当道德主体实施某种善行时，可能会遭遇道德挫折，当道德挫折反馈到行为者身上就会产生一种选择困惑。[②] 例如，彭宇案给公众带来的就是一种道德选择困惑：在救人危难的善良风俗与法律责任的利益衡量之间，该当如何选择？这使人们陷入道德选择的迷茫，引发道德焦虑。

(四) 道德期待落空

道德期待是人们基于一定的道德认知，或者依据一定的道德标准，对自己、他人或社会产生一定的道德行为或道德结果的期待。道德期待是多维度的。"投之以桃报之以李"，是对他人行为的道德期待；"理想国""乌托邦""大同世界"，是人们关于理想社会的一种构想，实质上是对社会的道德期待。对他人的期待可分为两个方面，一是对他人实施道德行为的期待，二是对自己对他人做出高尚道德行为后对他人积极反应的期待。当辜负了对自己的道德期待时固然会产生道德焦虑，而对他人道德期待的落空也同样会产生道德焦虑。根据学者的分类，比如，在"小悦悦"事件中，旁观者都认为他人应施以援手，却久久没有人施救时，会产生道德焦虑。又如，好心扶老人反被诬陷，自己的利他行为未得到他人的积极回馈，这也会引发道德焦虑。对于评价者而言，道德期望的落空实质上是一种道德挫折，使人不可避免地产生道德焦虑。

二 道德焦虑的社会效应

道德焦虑是人的一种内隐式心理反应，但同时与社会现实关联密切。有学者认为，道德焦虑表征为主体根据良心对变化剧烈的外部道德环境或自身不完善的道德现状进行判断时形成的不安、担忧、畏惧

---

① 尤优：《道德焦虑的成因及控制策略》，《亚太教育》2016年第28期。
② 王建光、徐宁：《现代社会中的道德焦虑及其化解》，《南昌大学学报》（人文社会科学版）2016年第4期。

等复杂情绪。① 更有学者直接将道德焦虑界定为个体所追求的道德价值观与社会主流价值观之间的冲突。② 道德焦虑虽然是个体心理,但却包含着一定的社会内容。作为一种带有负面性质的道德情感,它反映的是道德主体的应然理想与社会的实然现状之间的反差,尤其是在转型期社会剧烈变迁的背景下,在道德失范的社会氛围之中,个体的道德选择每每会与其行为预期之间,与他人行为及社会价值观之间发生不一致、不相容,因此道德焦虑的产生就是一种司空见惯的事情了。

道德焦虑原本产生于社会,但一旦产生,则会反作用于社会,甚至产生重要的社会效应。这表现为如果道德焦虑得不到及时的纾解或者转化,就会累积成为更为强大的社会心理聚合,产生足以推动一定社会行为的道德压力。

首先,道德焦虑有可能累积为一种大规模的、弥散性的道德恐慌,破坏整个社会伦理秩序的稳定。

道德焦虑会使人们陷入不知对错的困惑与迷茫中,人们怀着对于恶意回报的恐惧,对善行望而却步,美好的道德期望转变为痛苦的体验。当这种体验由于种种原因在社会上被不断放大,个体的道德焦虑就会转变成整个社会甚至是整个时代的道德愤恨。焦虑情绪蔓延到社会的每个角落,人与人之间的和谐机制荡然无存,人与人之间的友爱、相助不复存在。人们有善心却不敢表露,总是处于善恶正邪的纠结中。这就是一种深度的道德恐慌,它会使整个社会伦理秩序陷于瓦解的状态。

其次,道德焦虑有可能转化为人们试图摆脱道德焦虑的某种道德行动,酝酿成为社会群体性事件。

在道德焦虑的压力之下,人们会产生消除此种焦虑的需要或需求,并导致一定的道德行为;当道德焦虑累积到一定程度,则会从内隐的心理转化为外显的行为。尤其是在特定的社会事件或法律事件的激发之下,它们随时有可能以外显的方式爆发出来,酝酿成为一种道德性的群体性事件。这是指由某种道德问题诱发,特定人群或不特定多数人聚合起来形成临时

---

① 刘玉梅:《道德焦虑论》,博士学位论文,中南大学,2010 年。
② 杨建萍:《转型期大学生道德焦虑现象探析》,《山东省青年管理干部学院学报》2001 年第 3 期。

性的社会压力实体，造成一定的社会影响，干扰社会正常秩序，迫使政府或司法机关作为回应的事件。

值得指出的是，无论是道德焦虑，还是其引发的道德行为甚至群体性事件，虽然具有消极的一面，但未必全然负面。奥地利心理学家弗洛伊德就说过："良心起源于'对社会生活的焦虑'而不是别的什么。"① 道德焦虑会让人不安，但它又来自"人们对善的渴求"②，也有可能导人向善。因此，我们不应将其完全等同于心理困扰。有学者认为，如果一个社会没有道德焦虑，这个社会就会失去真诚、热情、正义等良善价值，人际关系的维系和社会的正常运行就会面临危机。③ 在一定意义上，正是有了道德焦虑，社会中才有了各种各样的道德维护者和道德标杆，善的价值才被越来越多的社会公众所认同和实践，而人类的道德理想才得以代代传承。可见，道德焦虑及其产生的群体性事件是产生积极还是消极的社会效应，并不在于这种道德焦虑本身，而在于政府和司法机关以及其他社会主体对于这种道德焦虑的回应。

第四节　道德变迁中法律与司法的角色问题

如何解决社会转型期的道德失范问题？如何从根本上缓解公众对于这种道德失范所产生的道德焦虑、道德恐慌？道德行为的施行不能仅仅依赖于人的良知，"以制度对冲转型期道德阵痛"④ 是一个重要路径。随着依法治国方略的展开，人们对于以法律和司法推动和引导道德转型寄予厚望。

一　道德变迁中的制度功能

道德变迁中的制度功能表现在四个方面：

---

① ［奥］西格蒙德·弗洛伊德：《论创造力与无意识》，孙恺祥译，中国展望出版社1986年版，第315页。
② 郭卫华：《"道德焦虑"的现代性反思》，《道德与文明》2012年第2期。
③ 徐建军、刘玉梅：《道德焦虑：一种不可或缺的道德情感》，《道德与文明》2009年第2期。
④ 秦强：《以制度对冲转型期道德阵痛》，《共产党员》2014年第18期。

第一，制度对道德秩序的奠基作用。

道德与制度是两种各具特色的社会治理方式，道德治理相对柔性，需要与刚性的制度治理形成合力，以形成社会治理的"双轮"驱动力，实现"刚柔并济"的现代化国家治理体系。① 制度治理的特点是通过确立权利和关系来调整涉事各方的利益关系，对个人行为形成一个激励的集合。"通过这些激励，每个人都将受到鼓舞而去从事那些对他们是良有益处的经济活动，但更重要的是这些活动对整个社会有益。"② 作为调整人与人之间关系的行为规范与思想观念，道德是为社会物质利益关系所决定的。在现代社会，制度是利益的终局调节者。通过调节制度的安排可以对有限的社会资源进行合理分配，对各种涉及利益的矛盾和冲突进行有效调控。有了制度的基础，道德的力量才能够充分彰显，制度代表了一种底线道德，在此基础上，更高级的社会道德风尚才会形成。如果缺乏公正的制度安排，利益关系得不到有效的调节，社会道德的失范也就顺理成章了。无论是道德信念和价值观的确立，还是道德问题的最终解决，都需要制度对于道德秩序的奠基作用。③

第二，制度对道德行为的引导作用。

"确定界限是现实制度运行中最为基本的功能。"④ 制度通过一系列的明确规定，给社会成员确定了合法的行为模式，它告诉人们该做什么和该怎么做，不该做什么和不该怎么做，这对于社会中人们的行为方式会起到直接的引导和示范作用。如果在制度的制定过程中融入道德规范的要求，则会给人们的社会行为提供道德价值的具体指向。英国经济学家哈耶克认为，良好的制度、利益共享的规则和原则，可以有效地引导人们最佳地运用其才智，进而有效地引导有益于社会的目标实现。⑤ 当然，不公正的制

---

① 鲁烨、金林南：《泛道德化批判之思：道德治理与共同价值观会通及其路径》，《北方论丛》2015年第4期。

② ［德］丹尼尔·布罗姆利：《经济利益与经济制度——公共政策的理论基础》，陈郁等译，上海三联书店、上海人民出版社1996年版，第1页。

③ 韦启光：《制度在道德实现中的作用》，《教育文化论坛》2014年第4期。

④ 辛鸣：《在应然与实然之间——关于制度功能及其局限的哲学分析》，《哲学研究》2005年第9期。

⑤ ［英］弗里德利希·冯·哈耶克：《自由秩序原理》，邓正来译，生活·读书·新知三联书店1997年版，第71页。

度或者"恶法"也会对社会道德秩序产生示范和导向作用,只不过这种作用是消极、负面的。制度的规定和要求往往是明确的,易于使人们形成清晰的认知,并将把社会道德规范引入个体的价值思想之中。在实施过程中,制度所规定的内容逐渐成为人们反复践履的行为要求,并产生一种稳定的道德秩序。

第三,制度对道德约束的补充作用。

道德的约束机制主要是自律,而制度的约束则主要是他律,二者之间具有互补作用。道德的实现不可能只靠自律,还需要他律。作为一种他律手段,制度以具体行为产生具体后果的形式宣示具体的指引。美国学者博登海默所指出:在社会交往中最基本,最为必要的道德正义原则,在一切社会中都通过制度被赋予了强制性质。通过将它们转化为法律规则,道德原则约束力得以增强。例如,禁止杀人、伤害、强奸、抢劫,调整两性关系,对合同缔结和履行过程中的欺诈与失信行为进行制裁等,都是将道德观念转化为法律规范的范例。[①] 道德规范的个体遵守需要其对自我本性加以节制,但个体自然本性有可能会突破自我节制,甚至达到无限膨胀的地步,这就需要制度的刚性约束作为补充。所以,制度代表了一种公共权威,通过一定的强制性手段,助力道德规范落到实处,并内化于个体自身的价值观。

第四,制度对道德实现的推进作用。

在现代规范体系中,法律制度所占的比重日益提高,其功能范围以及发挥的作用也越来越大。道德的实现需要必要的制度权威,而要在社会中实现一种有道德的生活,就不能没有道德立法。在亚里士多德看来,法律的最终目标是使人们在道德上善良,而为了求得众人所能达到的最大的善良,法律"应该始终保持走向有道德生活的总的方向,并使共同的行为在第一个标准上面倾向于道德法则的充分实现"[②]。罗尔斯说,离开制度的公正性来谈个人的道德修养和完善,甚至对个人提出各种严格的道德要

[①] [美] E. 博登海默:《法理学:法律学与法律方法》,邓正来译,中国政法大学出版社1999年版,第374页。

[②] 西方法律思想史编写组:《西方法律思想史资料选编》,北京大学出版社1983年版,第689页。

求，那只是充当一个牧师的角色，即使个人真诚地相信和努力遵奉这些要求，也可能只是一个好牧师而已。[①] 邓小平同志也指出："制度好可以使坏人无法任意横行，制度不好可以使好人无法充分做好事，甚至会走向反面。"[②] 邓小平同志在此强调了制度对于道德品性的形成和道德行为的实现所具有的重要意义。好的制度，是指良法，是能够与社会道德取得一致的制度；不好的制度，往往是恶法，是与社会主流道德相悖离的制度。良法的施行促使社会主体形成高尚的道德品质，营造良善的社会风气；恶法的实施则会使人们道德沦丧，乃至堕落犯罪。一个社会的道德状况与制度安排存在颇多关联，所以在道德的转型与变迁中，充分发挥制度的功能公正，实为道德建设的治本之策。

二　法律与道德互动的实践问题

可见，制度及其实践是应对社会转型期道德失范的可行路径，但这样的论证偏于宏大叙事，我们还需要在微观层面上考虑更具体的问题，而法律在道德重塑过程中究竟要扮演何种角色也需要细节上的斟酌，诸多不利因素、冲突性因素都应该得到充分的估量，否则，宏观上可行的路径在具体运作中也可能误入歧途。就此而论，以下若干问题需要加以特别考虑：

其一，法律对道德的促进如何体现各自不同特点，避免沦为一味迎合？

法律规范与道德规范存在着共同之处，但二者毕竟是不同类型的社会规范，存在着明显的区别。（1）表现形式：法律规范是国家意志规范化的表现形式，具有明确的内容；而道德规范无须由国家机关制定和确认，也不强求以文字书面形式表现出来。（2）具体内容：法律的内容较为明确、具体，通常以权利义务的一致性为条件；而道德更侧重人们的义务，而不是权利，不要求权利义务上的一致性。（3）实现方式：法律需要以国家强制力为后盾；而道德的实施主要是依靠传统的力量、社会舆论的监督以及人们的自觉维护，通常不以国家强制力为后盾。（4）调整范围：

---

① ［美］约翰·罗尔斯：《正义论》，何怀宏、何包钢、廖申白译，中国社会科学出版社2009年版，第22页。

② 《邓小平文选》（第二卷），人民出版社1994年版，第333页。

道德不仅调整人的现实行为，还包括人们的思想、品格和行为动机，其调整范围比法律更大。① 正如学者所言："法律有自身的特殊性，用法律调整社会，只能解决有限的问题，试图让法律承担太多的道德责任，效果并不一定好。"② 法律不可能对社会生活作出事无巨细的刚性强制规定，他律性的法律规范也不可能完全取代自律性的道德规范，因此法律对道德的促进应当体现各自不同特点，不能一味迎合。

其二，如何看待和化解法治话语与道德话语之间的内在冲突？

在中国法制现代化进程中，不少西方的法律制度被移植进来，其中所包含的价值理念难免与中华传统观念之间产生不和谐乃至于直接的冲突。例如，在传统社会里，"欠债还钱、父债子偿"被视为天经地义的信条，但在现代民法中，债权的实现范围受到诸如时效制度和责任自负制度的限制；在传统社会里，通奸行为违反伦理道德，因而也构成犯罪，而在现代社会，这一行为仍然违反伦理道德，但在制度上已经被非罪化了；还有一些宣扬等级尊卑的传统道德观念，则被现代社会中的自由、平等价值所取代与扬弃。当然，随着时间的推移，有些较为浅层次的观念冲突逐渐平复，但是，一些深层次的观念冲突会时不时地在人们的行为中表现出来，对立法与司法产生直接影响。例如，"程序正义""人权保障"是现代法治国家通行的刑事法理念，但是，能不能在中国语境下得到落实仍然受制于社会公众关于惩罚犯罪的心理认知与集体情感。传统的思维较为强调对犯罪人的报应，信奉"天网恢恢，疏而不漏"式的有罪必罚，注重诉讼结果，忽视程序的合法性。③ 因此，疑罪从无可能难以得到民众的理解与认同，相反，倾向于结果正义的疑罪从轻判决却会获得较高的认可度，在被害方以及社会强烈要求惩治犯罪的压力之下，法官往往不得不作出疑罪从轻的判决。对于法治话语与道德话语之间的内在冲突，不能简单地作出非此即彼的判断，而应该采取妥善措施来有效化解。一方面，如日本学者大谷实所说：为维护社会秩序，满足社会的报复情感，并维持国民对法律

---

① 孙笑侠、夏立安主编：《法理学导论》，高等教育出版社2004年版，第388—389页。

② 陈金钊等：《法律解释学——立场、原则与方法》，湖南人民出版社2009年版，第127页。

③ 郭松：《社会承受、功能期待与道德承载》，《四川大学学报》（哲学社会科学版）2013年第5期。

的信赖就显得十分重要。① 另一方面，无论是立法者还是司法者，都有责任选择恰当的策略，弥合现代法治话语与传统道德话语之间存在明显甚至是对极性的差异，并通过"改造或重构国民诉讼文化心理和价值观念，使其由传统形态向现代形态转变"②。

其三，如何传承优秀的传统道德价值，并将其有机整合于现代法律价值体系？

正如张晋藩先生所言："传统决不意味着腐朽、保守；民族性也决不是劣根性。传统是历史和文化的积淀，只能更新，不能铲除，失去传统就丧失了民族文化的特点，就失去了前进的历史与文化的基础。"③ 诚然，西方法治价值能为我们提供多方位的启示和借鉴，但本土道德资源中的优秀元素也应受到关注。中国传统文化良莠并存，去芜存菁、去伪存真以及创造性转化的工作既应当在道德领域，也应当在法律领域同时展开。在社会转型期重塑道德精神是个复杂的系统工程，需要各个社会领域合力推进。在道德重塑过程中，法律制度将发挥重要的作用，司法活动也应有所作为。在立法上，法律规则应成为良善道德价值的载体；司法上，法律适用应彰显立法的道德精神，通过善治实现具体而微的道德秩序。法律与司法在道德变迁中发挥作用的过程并非一马平川，因为，我们还需要解决诸多理论上的困境与实务中的纠结。

---

① ［日］大谷实：《刑事政策学》，黎宏译，法律出版社2000年版，第113页。
② 汪建成：《刑事诉讼文化研讨》，《政法论坛》1999年第6期。
③ 张晋藩：《中国法律的传统与近代转型》，法律出版社1997年版，第2页。

第 二 章

社会转型期的公众道德需求

第一节 公众道德需求的一般理论

一 道德需要的概念与特点

在语义上,道德需求与道德需要一般不作明确区分,但道德需要可以有隐性与显性之分。为了聚焦研究,我们可以将道德需求界定为以显性诉求方式表达出来的道德需要。要了解道德需求,先要了解道德需要。

需要是人的心理属性,指征机体的不平衡状态,也是人们产生特定行为的动机。道德需要与道德规范相关联,其界定存在不同表述。例如,道德需要是人们自觉履行一定道德原则和规范的内在要求;[1] 是为保证社会和谐发展和个人实现自我肯定、自我完善而产生的对自律体系的倾向性;[2] 是作为主体的人——在维持其积极平衡或内在稳定状态过程中所产生的——对道德的依赖性和倾向性。[3] 道德需要有外在和内在之维。从外在的角度来看,它是社会对个人所提出的遵守社会伦理规范的行为要求在人们心理中的体现;从内在的角度来看,它表现为个人自身遵守社会伦理规范的某种倾向性。两者是统一的,但也可能发现偏离。

换言之,道德需要是基于一定道德规范而产生的道德心理不平衡状态及其倾向性,是人们在一定物质生活条件下形成的关于德性生活的要求。它具有以下四个特点:

---

[1] 冯契:《哲学大辞典》,上海辞书出版社2001年版,第234页。
[2] 曾钊新等:《心灵的碰撞——伦理社会学的虚与实》,湖南出版社1993年版,第12页。
[3] 彭柏林:《道德需要论》,生活·读书·新知三联书店2007年版,第18页。

第一,道德需要是人的社会性在道德领域中的显现。道德需要来源于人的社会性需要。人通过劳动来满足生存需要,在劳动中组成社会,社会道德规范也就随之产生。社会道德规范是维系社会和谐发展的重要条件,但社会道德规范的具体内容受制于客观现实条件。随着社会的发展,客观现实条件的变化,人的道德需要也会发生变化。在历史的长河中,人类的道德需要不是一成不变的,它有着无限丰富发展的可能性。

第二,道德需要是主观性与客观性的统一。道德需要本身是一个心理范畴,它表现为一定的心理意愿、内在要求或心理倾向,但是,把道德需要仅仅理解为精神现象是不确切的,这样容易把它看成一种纯主观的东西,忽视其中所蕴含的客观内涵。因为就其本质来说,道德需要是人们关于外部世界的主观反应,道德需要的内容和水平不完全取决于人的意志或意识,它取决于个人所处的客观生活条件以及社会意识的状况。道德需要与人的社会本性有关,其反映的形式是主观的,但其所反映的内容却具有客观性。

第三,道德需要具有层次性。在人的各种需要中,道德需要无疑位处高级层次。本身又有层次性,即可以根据道德发生和发展的阶段,将其分为他律层次、自律层次和自由层次的道德需要。由这三个层次的有机关联可以形成一定的道德需要结构。[①] 事实上,还可以把它划分为手段性道德需要与目的性道德需要两个层次,前者以交往和利益的相互性为基础,后者以积极的人性自我发展为基础,两者之间显然是有所差别的。

第四,道德需要具有善恶之分并有异化的可能。辩证地看,既然道德有善恶之分,道德需要也会有善恶之分,善的道德需要是指有利于他人和社会的道德需要,恶的道德需要是指有害于他人和社会的道德需要。同样,正如人的需要具有异化倾向,道德需要也有异化的可能,即会陷入一种偏离原初面目与轨道的非本真和过度化状态,如把他人的道德行为当作实现自身欲望的工具即属此例。当道德需要转化为道德需求之后,其异化的特征会以外显的方式表达出来,更加直接地对社会和个人产生影响。

[①] 彭柏林:《道德需要论》,生活·读书·新知三联书店2007年版,第46页。

二 道德需要转化为道德需求

彭柏林较为细致地描述了道德需要由潜在向显性的发展过程。他指出，道德需要作为人对道德的依赖性和倾向性，有一个从未被意识状态发展到被人自觉意识的过程，因此，道德需要的存在形式既可以是潜在的，也可以是显性的。这样，道德需要就分为潜在的道德需要和显性的道德需要。潜在的道德需要能否转化为显性的道德需求，关键在于潜在的道德需要能否被人们意识或者意识到什么程度。潜在的个体道德需要被个体自觉意识到以后，就转化为个体的内在要求、心理意愿、心理倾向，表现为道德欲望、道德愿望和道德理想等心理体验形式。在这个过程中，"反思"是一个关键环节，它通过道德精神的自我认识和自我观照，对外在的要求、命令进行取舍，并对自身的道德需要进行净化、充实，并产生相应的道德欲望、道德愿望和道德理想。而显性的道德需要又有两种指向：一是指向现在，二是指向未来。指向现在的道德需要一般以道德观念或道德信念的不满足的状态表现出来；指向未来的道德需要一般以力求实现道德理想的状态表现出来。在这两种情况下，个体都会体现到焦虑不安或者紧张的情绪。①

这里的显性道德需要亦即笔者所说的道德需求。道德需求这一概念较多地强调"求"的含义，它必须为主体所感知，才能从隐性形式转化成显性形式。在本体上，道德需求依托道德需要而生，并没有偏离道德需要的基本内涵。与道德需要不一样的是，它必须以欲望、愿望和理想等心理体验为载体表现出来，因而具有十分复杂的内容，既包括人们的道德认知、评价和期待，也包括据以形成一定道德行为的意愿或意向。

动态地看，道德需求实际上成为动力因素，推动道德需要进一步转化为相应的道德行为。保加利亚学者尼科洛夫认为，人的需要存在向活动或行为转变的趋向。他说："在人的活动理论中，人的需要问题对它的解释具有关键性的意义……人们把需要本身定义为一切人类活动的动机……活动是由需要的各种不同分类中导出的。"② 道德需要不会总是存在于内隐状态，由于其社会性的本性，它总会通过一定的载体和形式向其他社会主

---

① 彭柏林：《道德需要论》，生活·读书·新知三联书店2007年版，第42—44页。
② ［保］Л.尼科洛夫：《人的活动结构》，张凡琪译，国际文化出版公司1988年版，第46页。

体展现出来，道德需求是道德需要转化为道德行为的中介。当一个人产生了某种道德需要而又未得到满足时，他会感到道德焦虑，进而激发出他的道德动机、道德欲望和道德愿望。这里的道德焦虑、道德动机、道德欲望、道德愿望其实都是道德需求的心理体验形式。它们推动着个体通过一定的道德行为实现目的，使道德需要得到满足，道德焦虑得以平息。

在此过程中，潜在的道德需要（狭义道德需要）转化为显性的道德需求，道德需求推动道德行为。无论是道德需要，还是道德需求，都不是孤立的要素，它们之间相互联系。所以，道德需求就是道德主体基于其特定的道德需要，通过一定的具体形式或载体，向自己、他人或社会提出来的外显性诉求。基于本书的研究目的，笔者对道德主体作广义理解，既包括作为社会一分子的个体，也包括作为个人联合体的社会。道德需求最终会转化为一定的道德活动，并影响社会道德秩序的形成。

三　公众道德需求的特殊性

前述关于道德需要与道德需求的讨论侧重于个人角度的理解。但人们还会组成具有共同意识、目的，并形成统一社会行动的群体或集团，从而凝聚社会力量，发挥更强的主体性。相应地，道德需求也可分为个体道德需求、群体道德需求，以及社会道德需求。

（一）何谓"公众"？

公众或称社会公众，是指在集团或社会形态意义上的人的集合。在公共关系活动中，识别公众是一个首要的任务，而要了解公众的道德需求，首先也要了解公众的概念与范围。

公众表明的是"群体之众"，但它与"群众"在性质上存在区别。在我国，"群众"这一概念具有很强的政治意义。在宏观层次上，它与"人民"同义，与"敌人"相对。"人民"是指"一切赞成、拥护和参加社会主义建设事业的阶级、阶层和社会集团"；而"敌人"则是"一切反抗社会主义革命和敌视、破坏社会主义建设的社会势力和社会集团"[①]。在微观层次上，"群众"指未加入党团、未承担职务的人，与"党员""干

[①] 张奇才、王先俊、高正礼：《中国的马克思主义——毛泽东思想》，人民出版社2004年版，第199页。

部"相对，但群众被置于一个重要的地位，如领导干部既要带领群众，又要接受群众监督。可见，无论是宏观层次，还是微观层次，"群众"一词都带有较强的政治色彩和褒贬意义。有学者认为，法律术语应当具有中立性，应避免使用"群众"这样的词语。传统上，依靠群众虽是我国的一项司法原则，但这一用语有违法律的平等关怀，与宪法规定的"法律面前人人平等"不相符，因此采用"公民"的表述更为恰当。①

基于术语的中立性，公众可界定为"公民之众"或"国民之众"。公民或国民是指具有某一国国籍，并根据该国法律规定享有权利和承担义务的人。相对于群众，公民这一概念具有较强的中立性。尽管也带有一定的褒贬色彩，如公民意识与臣民意识等相对，标明社会从传统向现代的进步，但是，它不划分"敌我"，也没有人为的政策意味，能够对社会主体的集合作出客观的描述。不过，公民与国民也有区别。公民与国籍相关联，而国民在集合概念的层次上指的是全国民众，而公众往往是指一定地域范围内的社会成员，是否具有一定的国籍并不重要。同时，公众既可以是全国范围内的，也可以是某个区域的，或者指某种阶层的，因此，公众所表达的含义与公民、国民所表达的含义之间并不完全匹配。

在公共关系学上，公众是指传播者所希望加以影响的人群；②或者与某一组织存在实际或潜在利益关系，具有特定影响力的个人与组织的集合。在舆论学上，公众是指自在的、对于外部社会有一定共同知觉，或者对具体的社会现象和问题有相近看法的人群。③公共关系学和舆论学揭示出了公众的两个中性特征：一是产生特定公共影响；二是能够自主的表达意愿、诉求。

要准确理解公众这一概念，我们还需要了解其行动场域，即"公共领域"。对此，哈贝马斯有经典的界定："所谓'公共领域'，我们首先意指我们的社会生活的一个领域，在这个领域中，像公共意见这样的事物能够形成。公共领域原则上向所有公民开放。公共领域的一部分由各种对话

---

① 陈卫东：《公民参与司法：理论、实践及改革——以刑事司法为中心的考察》，《法学研究》2015年第2期。

② [英]萨姆·布莱克：《公共关系学新论》，陈志云、郭惠明等译校，复旦大学出版社2000年版，第20页。

③ 陈力丹：《舆论学——舆论导向研究》，中国广播电视出版社1999年版，第13页。

构成，在这些对话中，作为私人的人们来到一起，形成了公众。……当他们在非强制的情况下处理普遍利益问题时，公民们作为一个群体来行动；因此，这种行动具有这样的保障，即他们可以自由地集合和组合，可以自由地表达和公开他们的意见。"①

可见，公共领域的核心特征有两个方面：一是拥有共同关注的普遍利益，所谓普遍利益，应当是超脱于个人或利益集团私利之上的，同时也不受国家或其他政治权力的约束的。二是自愿性，公共领域由一定规模的公众组成，但参与者一定要自愿的，并可以自由地表达意见，当然，公众的成员并没有身份或阶层、阶级的限制，只要能够自愿、自由地关注某些"普遍利益"，就有可能成为"公众"的一分子。② 可见，作为公共领域的重要角色，公众这个概念具有中立性，没有必要人为地增添褒贬色彩，换言之，不能将公众的道德需求获得民意理解为人民的态度。同时，在不同的公共领域，其公众的构成也各具特点。例如，在司法场域中，公众一般不包括与案件相关的司法人员、当事人或者其他与案件有直接利害关系的人，而是涵盖了关注并知悉司法过程，并能够以直接或间接的方式对其判决结果表达意见的社会民众。③ 这种无利害关系性也使公众的道德需求具有一定的中立性。

（二）公众道德需求的一般性质

前述关于公众、公共领域等的概念分析，有助于揭示公众道德需求的若干一般性质：

1. 公共性

公众道德需求反映了与道德生活或道德观念相关联的公众意愿。公众意愿，是指群体或社会中的大多数人对某种社会现象的整体性评价和心理期待，代表了一种聚合性的心理倾向。它虽是个体道德需求组成，却不是个体道德需求的简单相加。如法国学者勒庞所指出的，一个人如果只是独

---

① ［德］尤尔根·哈贝马斯：《公共领域》，汪晖译，载汪晖、陈燕谷主编《文化与公共性》，生活·读书·新知三联书店1998年版，第125页。
② 陈勤奋：《哈贝马斯的"公共领域"理论及其特点》，《厦门大学学报》（哲学社会科学版）2009年第1期。
③ 韩宏伟：《公众意愿与压力型司法——基于李昌奎案的延伸思考》，《理论月刊》2015年第3期。

立存在的个体,他的行为动因往往是对私人利益的追求和维护。但人总是要依附于群体而存在,在群体中,促使个人做出某种决策的动因会脱离私人利益,上升为集体、民族或国家利益的层面。①

2. 根植于社会共同意识或集体意识

法国社会学大师涂尔干指出:"社会成员平均具有的信仰和感情的总和,构成了他们自身明确的生活体系,我们可以称之为集体意识或共同意识。"② 在特定的社会中,公众总体是多种类、多层次公众群体的有机结合,他们具有某些共同的生活条件、经历、传统和记忆;公众信念的深层结构之中,存在着共同的文化积淀,通过潜移默化的方式形成了相通互连的道德观念、行为准则乃至思维方式。③ 这就不难理解公众道德需求会表现出国家、地域或民族的特征。

3. 与民意相掺杂

民意又称民心、公意,基本的词义是"民众的意愿",是大多数社会成员对与其相关、受其关注的公共对象或现象所持有的大体相近的意见、情感和行为倾向的总称。④ 民意具有价值色彩,它是社会的主导意见,反映社会上绝大多数人的共同意志,往往被认为是社会真理的坐标,是判定社会问题真理性的尺度。⑤ 民意包括潜在的和公开的,公开的就是经过表达的民意。民意只有经过表达,才会产生直接的影响力,发挥其功能,实现其价值。公众道德需求就是一种公开表达的民意。

4. 以公共舆论为载体

舆论是社会或社会群体中对近期发生的、为人们普遍关心的某一争议社会问题的共同意见;⑥ 或者是公众就此问题所表达出来的信念、态度、

---

① [法] 古斯塔夫·勒庞:《乌合之众:大众心理研究》,冯克利译,中央编译出版社 2005 年版,第 39 页。
② [法] 埃米尔·涂尔干:《社会分工论》,渠东译,生活·读书·新知三联书店 2000 年版,第 42 页。
③ 孟小平:《揭示公共关系的奥秘——舆论学》,中国新闻出版社 1989 年版,第 60—61 页。
④ 喻国明:《解构民意——一个舆论学者的实证研究》,华夏出版社 2001 年版,第 9 页。
⑤ 程世寿:《公共舆论学》,华中科技大学出版社 2003 年版,第 123 页。
⑥ 喻国明、刘夏阳:《中国民意研究》,中国人民大学出版社 1993 年版,第 227 页。

意见和情绪。① 公众意见的聚合就形成舆论，它往往具有相对的一致性、持续性，并且达到一定的强烈程度，从而对特定的事态及社会发展产生影响力。民意的表达往往产生舆论，但两者并不等同。舆论当然可能基于民意而存在，但也可能与民意无关；舆论可能被压制、误导，也可能被诱发和制造。② 就此而论，经舆论负载的公众道德需求是否实质地体现了民意需要具体分析。

以上只是公众道德需求的一般性质，在司法的语境中，公众道德需求还会表现出与司法活动相关联的特点。它是公众基于道德观念或规范所形成的针对案件裁判的心理期待和诉求。它具有个案性，依托案件的具体情境而非抽象说教；它还具有情绪性，关系到当事人乃至特定群体的喜怒哀乐；它具有情理性，与伦理、习俗等因素存在密切关联，未必完全符合法律的要求。它既有理性的一面，也有非理性的一面，是否得到满足与平复，依赖于司法活动能否提供有效的供给。

第二节　转型期公众道德需求的特征分析

一　转型期公众道德需求的社会基础

转型期公众道德需求的特征与主体所处境况密不可分。如学者所言，公众总体的状况决定了特定时代舆论环境的质量和特征。③ 转型期的公众总体状况对这个时代的道德生活产生什么影响呢？一个重要的现象便是民间道德力量的崛起。

民间道德与官方道德相对称。官方道德也被称为制度化的道德范式，是指由国家有意识地创制出来、并以国家正规的道德教育和传播体制加以支撑的道德规范体系，它往往也代表一个社会中主流的道德观念、价值与理想。民间道德则是一种非制度化的道德范式，它表现为一些不成体系的是非善恶标准，植根于普通百姓的生活世界，通过人群之间的口耳相传等非正规方式广泛传播，在日常生活中以约定俗成、潜移默化的方式发挥作

---

① 陈力丹：《舆论学——舆论导向研究》，中国广播电视出版社1999年版，第11—13页。
② 邹军：《虚拟世界的民间表达》，博士学位论文，复旦大学，2008年。
③ 陈力丹：《舆论学——舆论导向研究》，中国广播电视出版社1999年版，第44页。

用,并世代传承。

民间道德与官方道德往往存在着一定的对立,其对立的程度则与特定国家或地区的文化特性有关。有学者认为,在中国传统道德生活的历史演进过程中,制度性道德文化与非制度性道德文化之间的对立偏弱,相反,它们之间呈现出强烈的价值同一性和示范认同的渗透性,这是因为,它们都是从儒家思想的理念框架中发端与存在的。[①] 的确,中国传统社会的"家国一体"特色,所描述的正是官方道德与民间道德的同一性状态;传统中国并没有孕生出独立的市民社会,相应地,民间道德力量难以获得与官方道德相抗衡的力量,只能依附于政府主导的官方道德力量,缺乏独立品格。

民间道德力量伴随着市场经济的转型开始逐步崛起,市场主体的独立、自由竞争的运作方式,使市民社会从政治国家的控制之下渐渐地分离出来。而随着市民社会的生长与壮大,公民意识逐渐觉醒,公民权利彰显,公共参与增加。在社会道德生活领域,民间道德力量作为一种社会道德主体开始崛起,并在社会生活中发挥着越来越重要的作用。但准确地说,民间道德力量不是在市场经济中才会产生,只是伴随着市民社会的壮大而提升了其在社会生活中的话语权。它体现了来自非官言的公众自由意志对社会生活产生的影响,人们形象地称为"草根精神力量"[②]。

总体来看,对民间道德力量的崛起应该表示肯定。它意味着公民意识的日趋成熟。在现代法治国家,公民是权利的主体,是社会的积极参与者和公共权力的监督力量。政府与公民之间形成良性互动,共同应对和处理各种社会事务。公民对社会生活的参与是全方位的,当然包括对道德生活的参与。它不再完全依附于政府主导的官方道德力量,而具有了相当的独立性。民间道德在某些情况下有可能与官方道德产生冲突,但总体上,它是官方道德力量的一种有益补充,甚至在与官方道德产生冲突时,它事实上也在发挥一种弥补不足的作用。因此,其社会作用是积极的,对于稳定社会秩序,缓解社会矛盾,形成良好社会风尚发挥正面作用。在如学者所

---

① 宋五好:《制度化道德方式与民间道德范式的道德价值认同》,《华南师范大学学报》(社会科学版)2014年第4期。

② 王霞:《当代中国民间道德力量研究》,博士学位论文,南京师范大学,2014年。

言，在转型期社会陷入道德失落困境、现代德育面临困境的情况下，民间道德力量的出现犹如一股清鲜之风：它抛却了形式主义，唤醒了生命的道德自觉，彰显了自主性道德的成长。①

转型期公众道德需求与民间道德力量的成长有密切的关联。在一定意义上，转型期公众道德需求正是民间道德力量崛起的产物，它是立基于民间主体性逐渐彰显的一种民意表达形式，是顺应社会发展的产物，对于推动社会良性发展具有重要意义。但是，也应该看到，转型期中国社会伦理关系和道德生活发生着深刻的变化，既然转型期公众道德需求与民间道德力量崛起相伴生，公众道德需求必然会表达出民间道德主体的诸多复杂特性。

二 转型期公众道德需求的复杂特性

基于转型期社会以及民间道德主体的复杂状况，公众道德需求具有复杂性，其中既有积极因素的彰显，也有消极因素的存在。

第一，从产生来看，自生性与无序性皆有。

民间道德由普通百姓在日常生活中自发形成，来源庞杂，缺乏组织化和制度化的形态，自然也不会有精致的理论体系。依赵汀阳先生的观点，"民间规范只不过是一些生活习惯，或者叫做民俗，并不是严格的规范"②。相对于有意识制定的、正式的道德规范，民间道德看似较为薄弱，但其覆盖范围十分广泛，渗透力也很强。作为一种"草根精神力量"，公众道德需求的产生往往具有爆发力，且难以预测，往往由某个热点事件所引发，在短时间内汇聚成不容忽视的庞大力量。这是一种自发的发展过程，不同地域、阶层的人们基于共同的良心和善意凝聚在一起。但是，这种良心和善意在运行过程中也有可能发生变异或歪曲，而且，其发展方向酝酿着多种可能性：既可能同与正式的官方道德力量相互配合，取得协同效果，也可能与之相抗衡，甚至会发挥完全的颠覆作用。

第二，从内容来看，朴素性与混杂性并存。

---

① 王霞：《当代中国民间道德力量研究》，博士学位论文，南京师范大学，2014年。
② 赵汀阳：《人之常情》，辽宁人民出版社1998年版，第13页。

公众道德需求是"草根道德行动"的结果。这种"草根道德行动"非出自强制的组织，都是由参与者自愿实施，一般不具有很强的功利色彩。很多人的参与并非出于个人利害得失。在内容上，它所传达的是源于传统且深入人心的朴素道理，所关切的是易于理解的日常生活事件，所反映的是底层民众生活的"烟火"本色。另外，由于民间道德参与主体的多元性，其具体的道德行为又有复杂性的一面，某些参与者可能会混入自己的自利动机，而民间主体对道德内容的理解也可能存在差异，对行为的合道德性产生争议。这样，公众道德需求的产生一开始是较为朴素与纯粹的，但如果由其自主发展，亦有可能掺杂其他的非道德性因素，从而显示出混杂性的特征。

第三，从取向来看，理智性与情感性共生。

在公众道德需求中包含着强烈的情感因素，其产生以及向道德行为的转化本身就有赖于情感的推动。道德情感是以道德认识为基础，为个体的道德行为提供驱动力。朱小蔓教授将道德情感的本质归纳为三个方面：一是动力作用，即成为行为的推动力；二是类语言般的交流功能，通过人们的共同感受、移情和价值互渗等方式形成特定社会文化；三是完善人性的表现，它既充分展示人的自然性格，又是原始自然本能的净化和升华。[①] 道德主体受到他人道德情感的影响，自己的情感也会调动起来，这就引发了情感共鸣与交流。从积极的角度看，道德情感的感染、催化有助于个体对某种道德规范的认同，并转化为真正的内心法则。从消极的角度来看，它可能导致非理性的道德认知与行为。

第四，从传播来看，迅捷性与冲动性同在。

公众道德需求在平常生活中以潜隐的方式存在，其爆发与传播往往由一定的突发事件诱发。这些突发事件在初始状态都是不起眼的小事，其发生具有偶然性，但一旦发生，会成为一条导火索，引发公众道德需求的迅速发酵。"星星之火，可以燎原"，零散的个体道德需求以极其快捷的方式汇聚，形成具有排山倒海之势的集体性公众道德需求。尤其是在网络时代，由于网络传播技术的便利，一旦触发了网络热点或者议题，公众道德需求就会发展成为一种"舆情"，以多渠道、多路径、全通道的方式向各个方向扩散，有人甚至将此种迅捷而冲动的传播方式称为"病毒式"传

---

① 朱小蔓：《道德情感简论》，《道德与文明》1991年第1期。

播。这样的例子不胜枚举。例如，2017年3月25日，《南方周末》在其微信公众号发布《刺死辱母者》一文后，文章迅速刷屏，各大舆论平台呈爆发态势，火速蔓延到整个网络，短短的几天，关注、参与、讨论、评价量就达10多亿条之巨。① 这正是这种迅捷性与冲动性的体现。

第五，从影响来看，自愿性与强制性兼具。

如前所述，所谓"草根道德行动"往往由参与者自愿参与，其产生之初具有自发性，但一旦形成较大规模的"舆论场"之后，一种潜在强制性便出现了。正如勒庞所描述的，在这个庞大的舆论场中，群体中的个人变得心理上易于被暗示，特定的行为方式呈现出易于传染和简单复制的状态。对于群体性事件的领导者或组织者而言，由于缺乏理性精神与责任意识的约束，逐渐呈现出专横、偏执、具有煽动性等特点。而就普通从众而言，很少人能够内心强大到排斥来自舆论场的暗示与传染；为了"合群"，人们选择"随大流"。在此情境下，理性的批判可能成为不被接纳的异类，简单模仿却是安全之道。勒庞将此称为"群体精神统一性的心理学规律"（Law of the mental unity of crowds）。②

第三节　转型期公众道德需求的促生因素

民间道德力量的崛起彰显了社会公众的道德主体性，而公众道德需求的产生与提出正是这种主体性的体现。接下来的问题是，在一个存在着正式或官方道德系统的社会中，作为民间道德力量的社会公众缘何要提出其道德需求？零散的个体道德需求通过何种方式汇聚成集体性的公众道德需求？这一过程有哪些推动因素？综合来看，以下因素对公众道德需求的产生和传播产生重要影响。

一　道德供给的普遍不足

需求的产生往往意味着供给的不足。在一个道德供给充裕的社会里，

---

① 张红光：《网络舆情传播的七大特征》，《网络传播》2017年第6期。
② ［法］古斯塔夫·勒庞：《乌合之众：大众心理研究》，冯克利译，中央编译出版社2005年版，第104页。

公众的道德需求能够得到及时的满足，但道德失范的存在暴露出了转型期道德生活秩序的缺失，只有在不能及时满足的情况下，公众道德需求才会聚合成为一个急需解决的社会问题。事实上，公众道德需求与社会道德供给（无论是来自官方还是民间）之间中反比关系，公众道德需求越强大，表明道德供给不足的程度越高。

在当下转型期，社会道德的供给显然存在着普遍的不足。一般而言，任何一个正常的社会都有一套道德资源的整合机制，向其成员提供社会行为的道德标准、道德准则或道德评价，来完成对整个社会的道德供给。即便是偶尔出现道德失范情况，也可以及时通过传送道德资源来完成社会道德需求的满足。道德资源的供给既可以是自上而下由政府主导，也可以自下而上由社会来主导。我国自古以来就有以德辅政的治理实践，由政府来推动并主导道德教育在我国一直居于重要地位。这种模式将政治思想教育与公民道德教育合二而一，国家和政府通过自上而下地制定道德准则、树立道德偶像，大规模地开展道德运动，向社会供给各种道德资源。[①] 这种自上而下的道德借给有其优势，但也容易流于单纯说教或强制灌输，沦为一种道德强迫，其实践效果不尽如人意，难以适应道德变迁的新形势。同时，在社会转型期，由于职能转变的需要，政府部门在一定程度上也减少了自上而下的道德供给，留下了一定的缺漏之处。

在政府主导型道德供给机制存在缺漏之处，社会主导型道德供给机制就会发生作用。就当下而言，民间道德力量的崛起提升了社会主体的道德自主性，自下而上的社会主导型道德供给机制正在崭露头角，这有助于增强道德资源供给的总量。但是，这需要一个成熟的公民社会作为支撑。从目前看来，我国社会的公共生活领域尚不成熟，人们在公共生活领域的权利与义务关系尚未能合理配置，社会主体参与公共生活的渠道尚需拓宽，社会有机体自我发展和自我完善的道德潜力尚需激活，这些制约了社会主导型道德供给机制的良性发展。而且，民间道德力量尚需要增强组织化与制度化来强化其效能。总之，虽然民间道德力量的崛起增强了道德资源供给的总量，但是，民间道德力量的非系统性尚不足以使其完成整个社会的

---

① 寇东亮：《公民道德教育中道德资源供给的三个基本路径》，《云南社会科学》2008 年第 5 期。

道德资源供给。

在转型期，新旧道德的交替引发了社会中各种道德需求的大量增生，但无论是传统的自上而下的政府主导型道德供给机制，还是新生的自下而上的社会主导型道德供给机制，都存在不足，以至于公众道德需求难以得到有效的满足。

二　道德移情心理的推动作用

在心理学上，移情（empathy）是指观察者由于知觉到他人正在体验某种情绪而产生相应甚至相同的情绪性反应。[①] 这是一个人设身处地为他人着想，识别和体验他人情绪和情感的过程。道德移情是一种道德心理品质，它是指在觉察他人道德情绪反应时体验到与他人共有的情绪反应，对他人的道德处境感同身受，它能够让人分享他人的道德情感，并可能产生相近、相同的道德体验，直至实施一致的道德行为。

在观察和了解司法个案时，人们也会产生道德移情作用。案件提供了一种特定的场景，人们愿意关注案件裁判，是因为每一个人都有可能成为下一个当事人，故此产生自我代入感。尽管公众与判决结果之间并没有直接利害关系，但他们仍然出于自然的道德与正义观念来表达对判决结果是否认同的看法。这种道德移情还会进一步向社会上的其他人扩散。如果案件裁判结果与人们的道德预期产生偏差，由此产生的道德焦虑也会以分享的方式蔓延。

这种道德移情不仅是一种单纯的情绪反应，它与道德的可普遍化有关。道德判断的可普遍化是指，当任何人宣称某一行为在道德上是对或错，是好或坏，是应该去做或不应该去做时，他实际上承诺了对其他任何类似行为持相同的观点。"如果道德判断是普遍适用的，就是说，你应该对同样的事物作出同样的判断。"[②] 这是一种道德上的设身处地，如果换一个人置于类似情境中，那么相应的情况应当做出相同判断。"类似的情

[①] ［美］K. T. 斯托曼：《情绪心理学》，张燕云译，辽宁人民出版社1987年版，第333页。
[②] ［英］布莱恩·麦基编：《思想家》，周穗明、翁寒松等译，生活·读书·新知三联书店1987年版，第235页。

形"的判断,需要思维主体的换位思考与想象。① 假设我现在承认应当对某人做某事,那么,如果我处在与他完全相同的情境,则同样的行为是否也应该对我做出?② 这是一个植入情境的过程,在性质上是想象性的,但显然比单纯的抽象思考具有更强的现实感,有助于对实际发生的具体情况进行感知与考量,从而形成道德主体之间的"通感"。对同样的问题或状况作出同样的判断实际上有助于扩展道德判断或道德原则的普遍适用性。

道德移情对个体道德需求向公众道德需求的发展具有推动作用。通过移情,我们得以了解与影响他人。印度学者阿马蒂亚·森认为,道德移情是一种设想将自己放在别人的位置上进行人与人之间比较的方法,在不同的文化体中都有其表现形式,③ 道德移情还具有教育功能,李建华教授指出:"如果说人类道德的真正价值在于自利与他利的和谐发展,那么移情在实现利他行为和互助行为中具有决定性的意义。"④ 需要注意的是,移情所具有的感染作用同样可以把人们关于道德事件的负面情绪,以及由于道德困境而产生的焦虑传给其他人乃至整个社会,是零散的个体道德需求转化为力量强大的公众道德需求。

三 公众参与性权利的逐渐强化

在现代社会,公民对法律生活的参与度越来越高,涉及立法、司法、执法等诸环节。在某种意义上,社会公众针对特定的司法案件提出一定的道德需求,正是公众参与性权利的具体显现。

在公民的参与性权利中,参与政治生活的权利是最为核心的一种形式。基于这种权利,公民依法通过各种途径和渠道参与管理国家事务。在现代社会,国家机构的权力来源于人民的委托,国家在行使权力时要服从人民的公共利益,行使公权力所做出的决策才能得到普遍的社会认同。公

---

① 王嘉:《论可普遍化道德视角的两种"移情"路径》,《江苏社会科学》2013年第5期。
② R. M. Hare, *Moral Thinking: Its Levels, Method, and Point*, Oxford: Clarendon Press, 1981, p. 108.
③ [印] 阿马蒂亚·森:《集体选择与社会福利》,胡的的、胡毓达译,上海科学技术出版社2004年版,第138页。
④ 李建华:《论道德情感体验》,《中南大学学报》(社会科学版)2003年第2期。

民的参与性权利并非单一的权利,而是一系列的权利链。它包括知情权,即公民享有通过官方或者非官方渠道获取各种信息的自由,也包括表达权,即公民在法律规定的范围内,使用各种媒介、方式表明、传达自己意见、意愿、观点的自由。

我国宪法规定了与言论自由或表达自由相关的一系列权利,包括批评、建议权,申诉、控告、检举权(宪法第41条);进行科学研究、文学艺术创作和其他文化活动的自由(宪法第47条)。除此之外,现代法律对公民的言论表达更为宽容。言论自由权或表达权并不要求这种权利行使的完全正确,只要在法律范围内行使,就不能因为该表达引起了某种不好的效果,而受到刑法的禁止。① 这些都为公民对司法的参与提供了强有力的法律基础。与此同时,网络时代的到来又使公民行使参与性权利提供更大的便利性。依托网络的民意表达比传统方式更加直接、迅捷、及时,公民分散的、潜在的利益诉求能够很快转化为明确和集中的政策要求,从而也使公民参与性权利得到进一步强化。

伴随着公民参与性权利的强化,公众参与国家治理与社会事务的热情也在提升,突出的表现之一便是对话语权的追求。话语权是指特定话语所具有的强制性和排他性的影响力。法国思想家福柯把话语权看作人的社会交往本体性存在的方式,认为它与人的全部问题都息息相关。② 公民不仅有表达诉求的冲动,还有其意见被倾听、并得到实际听取的渴望。在具体表达过程中,由于个体力量的有限性,需要以某种方式将分散的个体需求组织起来,通过合力发出自己的声音,以至造成巨大的舆论压力来使自己的声音得到实质的听取。

四 道德传播方式的多元化、立体化

在信息时代到来之前,由于技术因素的制约,道德传播方式呈现出单一化特征。官方道德资讯通过主要的传播手段如广播、报纸等来进行,而民间道德信息则以风俗、习惯、民间故事、乡规民约等形式表现出来,通

---

① 张明楷:《言论自由与刑事犯罪》,《清华法学》2016年第1期。
② 金德万、黄南珊:《西方当代"话语"原论》,《西北师大学报》(社会科学版)2006年第5期。

过人群之间的口耳相传进行传播。无论何种方式，传播的速度比较缓慢，难以在短时间内形成巨大的合力。

中国社会的转型期恰巧与网络信息技术的飞跃发展具有时间上的重合性，传播的途径和手段日趋多样化，这也为道德资讯的多方位传播提供了条件。人们只需要通过电脑或手机接入网络，立刻就可以与相隔遥远的人们进行"零距离"的思想交流。这种迅疾无比的网络为网民们提供了交流思想的平台，在这个平台上，网民不仅可以自由地传递信息，同时也利用网络表达其态度、价值观与行为偏好，网络是社会群体参与的公共空间，以及民意表达和公益诉求的重要途径，进而也成为引发社会行为、组织社会行动的工具。自媒体时代的到来，进一步打破了传统媒体对话语权的垄断，网络论坛、手机短信的普及，更加拓宽了公民自由表达的渠道，在虚拟的网络环境中网民们更容易直抒胸臆，不必有所顾忌。

传播方式由单一化向多元化、立体化转变使得网络舆论能在短时间内集结起巨大的力量。这些触及社会敏感热点、焦点问题的突发事件，无一不是通过网络传播并与现实社会生活叠加，掀起惊涛骇浪。一时间网上网下，街头巷尾，各种各样的猜测、臆想、小道消息以迅雷不及掩耳的速度传播、复制和蔓延，有时候，事件真相反而一度被淹没在喧嚣失控的舆论汪洋里。[①] 打破了传统媒体中话语权的集中和垄断现象，传统媒体的强势地位被弱化，其话语霸权被消解，而普通公民的话语权增强。

第四节　转型期公众道德需求的异化形式

作为一个哲学概念，异化是指自我外化为非我，从而使原来与自我同一的东西变成异己的东西。某一事物的异化就是指其本体上产生了与自身相矛盾的对立力量，丧失了原来的质的规定性。在现实的运作中，公众道德需求也会出现异化，即道德需求的提出、实现与本初的目标出现背离，其最显著的表现是假性道德需求的产生与传播。

---

① 赵宬斐：《"网络集群行为"与"价值累加"——一种集体行动的逻辑与分析》，《新闻与传播研究》2013 年第 8 期。

一 公众道德需求的真假之分

从本原来看，道德主体提出道德需求是立足于对道德现实的不满，并应当以追求道德的实现为目标。质言之，道德需求是以道德本身为目标的。但是，在某些情况下，道德需求的提出旨在向对方施加压力，道德从目标降格为手段，成为实现私人欲望或者其他目标的工具，这就出现了道德需求的异化。尤其是在个体道德需求转化为公众道德需求之后，这种异化过程将会使社会舆情出现复杂化、恶性化、扩大化发展的趋势，甚至会成一场严重的社会公共危机。

在具体形式上，公众道德需求的异化表现为假性道德需求的产生与传播。正如人的需要可以有真实与虚假之分，① 道德需求也有真性与假性之分。真性道德需求是指道德主体在准确认知道德事件基本真相的基础上，基于纯粹的道德立场，针对道德规范、道德行为等道德因素的完善所提出来的诉求。在司法活动中，真性道德需求往往是围绕法律与道德之间的矛盾得以阐述，虽然难解，但仍属纯正的理论争议。

假性道德需求则是通过歪曲道德事件真实情况，出于道德之外的其他目的却假借道德之名而提出来的诉求。在司法过程中，假性道德需求其实是在法律与道德之间并不存在实质性冲突，或者道德诉求与法律适用并无实质上的关联，却披着道德的外衣提出来的一种诉求。之所以披上道德的外衣，目的要对司法人员施加压力，以达成某种私人欲望或者其他动机。下面以曾经沸沸扬扬的"掏鸟窝"案来加以说明。

2015年12月1日，《郑州晚报》刊登了一则《掏鸟16只，获刑10年半》的消息，报道称：90后闫某是郑州一所职业学院的在校大学生，2014年7月在家乡的小山村过暑假时，和朋友掏了家门口一个鸟窝，并将掏得的鸟在网上售卖。2015年5月28日，新乡市辉县市法院一审判决，以非法收购、猎捕珍贵、濒危野生动物罪分别判处闫某等三名被告人有期徒刑10年半、10年和1年。文中提到，"他们掏的鸟是燕隼，是国家二级保护动物"。

---

① ［美］赫伯特·马尔库塞：《单向度的人》，刘继译，上海译文出版社1989年版，第6页。

文章篇幅仅五六百字，刊登在当天报纸的第 A10 版左下角。但是，这一事件经过网络传播和发酵后，积聚起大量的网络评论。有网友认为法院不近人情，量刑过重，有网友评论"他只是个学生，这样判刑会影响他一生"，更有人惊呼"掏个鸟窝好似抢了银行一样""一个大活人还不如一窝鸟"……随后，《北京青年报》等媒体刊发对闫某父亲进行了采访报道。闫父称"不知道儿子掏出来的这些鸟到底是什么东西，更不知道这些鸟是国家二级保护动物燕隼"。"我真的想不明白，儿子又没有犯杀人那样恶劣的罪，为什么会被判刑这么多。"报道中提到，闫父在接受采访时哭诉："十年半不但毁了他，也毁了我们这个家。"这些观点进一步强化了网友认为司法悖于情理的观点。一个是"在家门口掏鸟窝被判刑 10 年半"的大二学生，一个是面对镜头痛哭流涕称"孩子什么也不懂"的父亲，一时间，引发了网络舆论的普遍关注。闫某的"遭遇"引来大批网友同情，在新浪网的一次调查中，超过 70% 的网友认为量刑过重。舆论几乎一边倒地声讨和质疑：掏个鸟窝就被判刑 10 年半，对于一个还在上学的孩子来说，是不是太过分了？[①] 但是，后来的调查发现，对该案的报道，媒体的叙述存在不实之处，用词不当，虽然获得广泛的关注，但却对公众的理解与情绪产生了不应有的误导。此类通过剪裁事实、添枝加叶来误导社会公众的情况所引发的只是一种假性道德需求。

二 假性道德需求的发生特点

假性道德需求虽然虚假，但仍需认真对待。其发生发展过程具有以下特点：

（一）真实动机与道德目标无关

某些社会事件本身并没有实质性的道德问题，或者司法案件在法律判断与道德评价之间并无实质性分歧，但当事人或相关人士仍然提出了强烈的道德需求，引发大范围的社会道德争议。在后续的调查中，人们才发现，这些所谓的道德需求并不具备真实的基础，而当事人或相关人士之所以提出此类道德需求，完全是出于其他的动机，如吸引社会和政府的关

[①]《河南大学生掏鸟窝被判 10 年 新乡中院称已启动申诉审查程序》，观察者网，https://www.guancha.cn/society/2015_12_04_343531_2.shtml，2022 年 8 月 15 日访问。

注,获得社会舆论的同情与支持,在司法过程中企图尽可能多地谋求有利于己的诉讼利益,直至借助舆论直接影响司法裁判的效果。在近年来的司法实践中,此类事件或案件不在少数。

(二)道德诉愿与立场被过度扩展

道德诉愿与立场的过度扩展导致了一种泛道德化倾向,其具体表现为:将非伦理现象伦理化,任意扩大道德评价的领域,用道德评判排斥法律规范或其他社会规范的功能。个体道德失范行为被肆意放大,以偏概全,无原则地将偶发事件的负面道德效应放大到社会总体;对某些社会群体实行"污名化",贴上非道德标签。不区分底线道德与高尚道德,用过于理想化的评价标准来点是被评价对象,将对方的道德瑕疵无限扩大,上纲上线。"道德追讨"的无节制,在惩治"不道德者"方面无所不用其极,甚至无视对方的基本权利。

这在社会实践中导致了道德绑架,即某种道德上的优势地位来左右他人的行为,当对方没有依此方式行事时,则会挥舞"道德大棒"来加以抨击与打压。例如,2016年7月23日,北京八达岭野生动物园发生了一起老虎伤人事故,32岁女游客赵某擅自中途下车,被老虎拖走,其母周某下车追赶遭老虎撕咬。这一事件造成周某死亡、赵某受伤。事故发生后,赵某并没有如一些人所愿地接受现实,她一审败诉后继续向法院提出上诉,要求野生动物园赔偿一系列费用,这在许多人看来无疑是"不知悔改"的表现。在母亲去世后,没有及时反思自己的任性,反而向法院要求一系列赔偿,可能在一些人看来"不道德",但这的的确确是法律赋予每个公民的权利,她有权利、有资格维护自己的权利。[①] 但在有些人心目中,因为"不道德",便不配享有法律权利,这显然是道德诉愿与立场被过度扩展的结果。

(三)道德信息的内容被剪裁与扭曲

美国学者柯亨曾经用"异常放大螺旋"(Deviancy Amplification Spiral)的概念来表述道德信息的传播过程。具体分以下环节:①关切(Concern),人们被警醒,某些群体的行为可能对社会产生负面影响;②

---

① 施经:《这样的道德审判要不得》,人民网,http://opinion.people.com.cn/n1/2016/1201/c1003-28917306.html,2017年4月1日访问。

仇视（Hostility），被质疑的群体遭遇越积越多的仇视，直至变成"民间魔鬼"，社会中出现明显的对立；③共识（Consensus），整个社会逐渐认同受质疑群体也对自身构成了威胁；④比例失调（Disproportionality），公众过度夸大所谓"魔鬼"对社会的实际威胁。① 最后整个社会都产生了道德恐慌。这一过程生动地描绘了道德信息的内容被剪裁与扭曲的各个环节，它导致个别细节被异常放大，而主体内容反而退居幕后。结果导致接受者对所传播内容缺乏全面、客观的认识，不能作出正确的判断，陷入困扰与迷茫的境地。

值得指出的是，这一过程既可能是有意而为的公然欺骗，也可能属于无意而为的累积效应。后者则是一种独特的社会心理现象。每个传播者主观上都不想欺骗，甚至自以为是秉承善意而行事，但是，由于多环节、缺乏慎思的瞬时传递导致信息的损耗，加上并无特定恶意的细微加工，道德信息内容最终或多或少地被扭曲。美国社会心理学家奥尔波特等人把网络传播中的失真现象细分为"削平""磨尖"和"同化"等表现形式："削平"（Leveling）指人们在获得信息后，把认为不合理的部分去除，重新编排传播；② "磨尖"（Sharpening）是指传播者断章取义，留下适合自己口味或需要的信息；③ 而"同化"（Assimilation）是指传播者根据自己的日常生活经验，对获得的信息加以想象和修饰，最终形成"过滤性"的信息。④

（四）情绪渲染理性说服

道德信息的传递可以靠理性说服，也可以靠情绪感染。由于假性道德需求缺乏事实基础，无法诉诸理性上的说服，所以只能靠道德情绪的挑动与传染。道德情绪是一种社会情绪。社会情绪是人们对社会生活的各种情境的知觉，通过群体成员之间相互影响、相互作用而形

---

① Cohen Stanley, *Folk Devils and Moral Panics：The Creation of the Mods and Rockers*, London and New York：Routledge, 2011, pp. xxvi – xxvii.
② G. W. Allport and L. Postman, *The Psychology of Rumor*, New York：Henry Holt, 1947, p. 75.
③ G. W. Allport and L. Postman, *The Psychology of Rumor*, New York：Henry Holt, 1947, p. 86.
④ G. W. Allport and L. Postman, *The Psychology of Rumor*, New York：Henry Holt, 1947, p. 101.

成的较为复杂而又相对稳定的态度体验。① 假性道德需求的提出者往往善于设置对公众具有敏感性的道德情境，通过前述剪裁或扭曲的方法来取得夸张的效果，让公众感同身受，并产生较为强烈的消极情绪如激动、愤怒等，进一步解除了理性的控制。当理性因素不再发挥约束作用之后，道德信息在人们的心理上变得更加容易被暗示，在行动上则更加容易被传染。如勒庞所说，就普通从众而言，很少有人内心能够强大到足以完全排斥暗示，坚持自我的理性立场，多数人往往表现出随时准备为群体利益牺牲自我。② 这时，模仿并表现得"随大流""合群"就成为大众的行为方式，而坚持理性价值观的人反而成为少数派。如果有人在群体中用理性和责任意识来论证问题或解决问题，最后只能沦落到"秀才遇到兵，有理说不清"的境地。

假性道德需求由于缺乏道德理性基础，仅仅依靠道德情绪来挑动与传染，因此，其实际效果是消极的和负面的。如果在公众之中汇集起来，则会积蓄侵犯性的能量，成为内心深处的暗流，破坏社会机能以及道德秩序的平衡，网络群体性事件正是这种能量对外释放的产物。

---

① 沙莲香、冯伯麟等：《社会心理学》，中国人民大学出版社2006年版，第179页。
② ［法］古斯塔夫·勒庞：《乌合之众：大众心理研究》，冯克利译，中央编译出版社2005年版，第104页。

第 三 章

公众道德需求下的司法困境

第一节 司法案件的道德关涉：
以影响性案件为例

在当下的转型期，公众道德需求会有很多的宣泄口，司法案件是其中很重要的一个。在各种影响性案件中，公众的道德需求得到了最为充分的反映。

一 影响性案件的概念分析

一般意义上来讲，影响性案件是指一种"高度公共化的案件"（Highly Publicized Cases）。有学者认为，它是指案件价值超越本案当事人诉求，足以对类似案件的处理，对相关立法或司法的完善，以及社会管理制度的改进，社会法制意识转变带来较大促进作用的个案。[①] 另有观点认为，它是指在一定范围内为公众普遍知晓和广泛关注，能够在较大范围和一定深度影响立法创新、司法改革和人们法治观念的典型诉讼。[②] 人们认可影响性案件的重要功能，即对类似案件的处理起到示范作用，对立法、司法制度的完善起到推动作用，其影响会超出法律领域，波及公共领域的制度变迁和完善，直至影响公众的法治意识。[③] 与此观点相呼应，国家有

[①] 吴革：《中国影响性诉讼》，法律出版社2006年版，第5页。
[②] 刘武俊：《影响性诉讼：法治进步的司法引擎——解读2005年度十大影响性诉讼》，《人大研究》2006年第3期。
[③] 郝艳兵：《影响性诉讼的司法应对——基于对刑事影响性个案的分析》，《西安电子科技大学学报》（社会科学版）2013年第4期。

关部门也相继发布了一些具有社会影响力的典型案例，试图加强司法与执法的指导，或强化对公众守法行为的示范作用。为了取得良好的社会效果，这些典型案件由有关部门精心挑选，甚至带有刻意打造的色彩。实践中还有一种做法，就是请专家学者评选或者由公众投票推举影响性案件，目的是对理论研究及社会宣传产生良好的影响作用。

应该说，前述观点揭示了影响性案件的关键特征，即超越案件本身的社会影响力，它们在较大范围内为人们所知晓和关注，对于法治建设的诸多环节如立法、司法、执法、公民法律意识的养成会产生生动而具体的推动作用。但是，这些观点也存在误区，即对于影响性案件做了先入为主的价值判断，直接将其等同于对法治建设产生正向推动作用的那一类案件，忽略了转型期社会中还存在着大量可能产生负面影响的影响性案件。因此，这不仅是一种不全面的认识，也不能有效引导关于合理应对影响性案件的深入思考。

笔者对影响性案件持一种更为中性的看法，它是社会公众基于一定的社会心理自发形成的结果，与司法上的案例指导、宣传上的案例示范并无直接关系。所谓的"影响性"也是从社会学意义上来说的，包括正面与负面两方面的效应。具体而言，它具有以下特点：

一是自发形成，影响力超越个案。

在司法活动中，影响性诉讼原本只是很平常的个案，但是，由于案件中的问题具有超越当事人和案件本身的独特价值，迅速演变成波及甚广的公共话题，引发媒体和民众的热烈评价，因而其受关注度远远超出个案所涉及的当事人及其周围的少数民众，超越事发所在的行政区域和地理区域，并汇集成强大的公共舆论，以至于在正式的法庭之外形成了"舆论的法庭"或者"民意的法官"，民众与媒体不仅对案件的结果作出预判，还有可能对案件事实进行加工和形塑。① 这样，一个平常的个案忽然之间有了某种象征性的意义，同时也产生了广泛的社会效应。

二是形成公众议论，凸显观点分歧。

基于司法公开原则的要求，司法案件具有公共性并不足奇，但影响性案件显然具有更大范围的公共性，乃至成为一种"公共法律案件"。除了

---

① 孙笑侠：《公案的民意、主题与信息对称》，《中国法学》2010 年第 3 期。

案件的当事人或利害关系人之外,处于公共领域的任何个人都愿意乃至积极参与到案件的讨论之中。之所以如此,固然与案件上的一些特异性有关,如案件情节的特异,也包括案件主体(如当事人)以及主体间关系(如加害人与被害人之间)的特异性,还包括案件的司法处置上的特异性。① 但从本质上看,还是因为案件背后的公共论题牵涉公众的价值关切、道德共识与法感情。影响性诉讼意味着个案由司法领域跨入公共领域,成为公众议论的焦点。任何人对案件的是非曲直都可以加以评论,并且在评论当中表达了自身的价值关切和情感诉求,公共话语与法律话语于此发生强烈的碰撞;而案件结果也不仅仅是影响到案件的当事人或利害关系人,而且事关普遍的社会情感和司法的形象。

三是造成正面或负面的社会效应。

从产生来看,影响性案件可以主动的打造,如有些典型案件由于其中所包含的正能量效应,由有关部门精心挑选,向社会发布,因而获得了较为广泛的社会认知度。但更多的影响性案件系自发形成,不是有关部门或者司法机关"计划"的结果,它之所以产生广泛的影响,有时只是由于一个偶然因素的激发而一下子成为社会关注的焦点。

从后果来看,如何应对这种自发型影响性案件是一个挑战,案件的圆满解决会以积极的方式推进法治进程,推进法律法规的完善,提升全社会的公平正义水平。

但如果对影响性案件处理不当,不仅会造成个案的不公正,引发案件当事人的不满,还会导致公众对司法机关的不信任,对法律制度的不理解,从而以消极方式阻滞法治进程。例如,在许霆案中,被告人许霆因为恶意取款原审被判无期徒刑后改判为5年,这虽然符合公众希望对许霆从轻判处的期待,但是,本案刑罚陡然从一审的无期徒刑降为二审的5年有期徒刑,法院却没有提出充足的实质理由,这不能不导致公众对于法院量刑裁量的不理解乃至质疑。案件处理不当甚至会给整个社会风气带来不良影响,典型的例子则是彭宇案。

可见,影响性案件的独特价值就在于它具有超越个案本身的影响力,

---

① 顾培东:《公众判意的法理解析——对许霆案的延伸思考》,《中国法学》2008年第4期。

这种影响力产生的原因是多方面的，道德元素是其中重要的一个。

二　影响性案件的道德元素

在社会转型期，影响性案件的产生原因是多方面的。如果仔细梳理一下近年来发生的此类案件，就会发现，道德因素在其中占据了很大的比重。有些案件之所以吸引公众的注意，完全就是道德因素的作用，另一些案件的影响性虽不是因为道德因素直接引发，但与道德因素有着曲径通幽的勾连之处。这似乎印证了社会学家米尔斯的话，公众之所以愿意参与公共论题的讨论，是因为他们感到值得珍视的价值和信念正在遭受威胁。①

通过对近年来影响性案件的分析可以发现，道德元素在这些案件的影响力生成过程中作用显著，所涉及的道德元素包括：

1. 民生与公共安全

民生与公共安全都是人类得以生存和发展的前提。理论上，这两个问题似乎可以与道德问题分开研究，但在实践中，一旦在民生及公共安全方向发生事故，就一定会与救死扶伤、弱势群体保护产生直接联系，事故产生的原因也往往与肇事者见利忘义、道德缺失相关联。基于此，我们不得不将民生与公共安全问题作为一个道德问题来看待。相关的案件包括"天津港'8·12'特大火灾爆炸事故系列案""福喜公司食品案""上海福喜涉嫌生产销售伪劣产品案""河南'瘦肉精'案"和"三鹿奶粉受害者民事侵权赔偿案"等。

2. 弱势群体保护

同情弱者、体恤老幼是人的一种善良本能。在现代社会中，弱势群体是指由于生理或体能原因，其权利和一切合法权益受到特殊保护与特殊对待的一部分人，包括妇女、未成年人、老年人、残疾人等。② 弱势群体的权益如果不能得到应有的保障，很容易会陷入悲惨境遇，一旦被曝光，很容易就会受到社会的普遍关注，尤其是有社会责任感的公民的声援、谴责和呼吁。相关的案件包括"姚荣香案""李彦案""开胸验肺劳动仲裁

---

① ［美］C. 赖特·米尔斯：《社会学的想象力》，李康译，北京师范大学出版社2017年版，第13页。

② 余少祥：《法律语境中弱势群体概念构建分析》，《中国法学》2009年第3期。

案""拖欠农民工工资入罪案"等。

3. 公民维权

现代社会是权利本位社会，而公民维权已成为当前诉讼的主流。由于维权关系到公民的切身利益，所以公众对此类案件有一种天然的关注倾向。值得指出的是，属于公民个人的很多权利既是法律权利，也是道德权利，由此而产生的诉讼案件往往会在法律和道德上产生竞合，凸显出法律与道德之间的关联。相关的案件包括如"乙肝病毒携带者就业歧视案""高某诉用工方乙肝歧视案""12名学生诉西安教育部门取消高考报名资格案""律师申请公开社会抚养费信息案"等。

4. 执法者滥用权力引发官民冲突

我国经历了漫长的以"官本位"为主流意识的封建社会，官民冲突问题在中国已经有几千年的历史。中华人民共和国成立以来，党和国家对官员的操守和行为提出了很高的要求，但是仍然有少数官员无法跳出"路径依赖"的怪圈，不能构建起与群众之间的鱼水关系，滥用公共权力，侵犯公民私人合法权益。而公众对由执法者滥用权力引发的官民冲突问题十分敏感。相关的案件包括"苏州范木根案""邓玉娇案"等。

5. 官员失德或富者不仁

手握权力的公务人员由于其身份的特殊性，公众会对其言行有着较高的期望，如果其丧德失格，会在更大范围内衍生出更多不良现象，败坏整个干部队伍的形象，引发公众失望、愤怒的情感。相关的案件包括"南充公款拉票贿选案""湖南衡阳人大贿选案""雷政富不雅视频案"等。而作为社会强势群体的富裕阶层同样负载了公众较高的期待，如果为了发财致富而不择手段，巧取豪夺，或者利用金钱、财富恃强凌弱，也会在公众心理上产生较大的反感。相关的案件包括"杭州'飙车'案""李启铭校园撞人案"等。

6. 命案与死刑

生命权是公民依法享有的生命不受非法侵害的权利，其重要性不言而喻。古人说：人命关天。而在现代社会，生命权是作为最基本的人权而存在的。虽然已上升为一种法定权利，但它同样具有很强的道德性。在价值的位阶体系中，它居优先地位。公民生命的消逝会对社会公众造成巨大的震撼和冲击，带来强烈的情绪反应，成为引发舆情的导火索。相关案件包括"林森浩投毒案""李昌奎故意杀人案""药家鑫案""长春盗车杀婴案"等。

7. 社会风气与道德维护

如前所述，在当前我国社会转型期，道德失范现象频频出现，只靠道德力量的约束显然是不够的；而如果长期放任一些严重失德行为，又会动摇国人赖以生存的思想文化根基。法律或司法如何对待社会风化与道德维护就成为社会关注的问题。相关的案件包括例如肇事司机涉嫌过失致"'小悦悦'死亡案""'网络名人'发微博贬低见义勇为大学生案""马尧海聚众淫乱案""网络推手'秦火火'诽谤寻衅滋事案""天津许云鹤驾车撞人案"等。

8. 司法不公或严重背离人情。

公平正义是司法的灵魂所在，司法中出现不公无疑会带来严重的不良社会反响。而在有些情况下，尽管不能说存在明显的司法不公，但是，法律的正义与人们的感知正义会发生某种背离，也就是所谓情与法的冲突，司法判决难以获得普遍的接受与认同。无论是司法不公还是情法背离，都有可能导致社会舆情的激烈反应。相关的案件包括"'临时性强奸'改判案""河南'天价过路费案'重审""赵春华案及'仿真枪'获刑"系列案等。

当然，影响性案件与特定的道德元素之间并不是一一对应的关系，有些案件可能包含多种不同的道德元素，它们的作用叠加在一起，可能会在社会上引发更大的关注度。

第二节　司法场域的道德压力生成

法律与道德同为社会规范，但具有不同性质，现代社会一般认为道德是法律之外的因素。那么，它是如何通过司法场域中的行动进入司法程序，并产生足以影响法官判决的强大压力？

一　场域与司法场域

在法国学者布迪厄实践社会学中，场域无疑是一个的核心概念，它被定义为在各种位置之间存在的客观关系的一个网络，或一个构型。其特征可以简要归纳如下：首先，场域建立在客观关系基础上，基于场域概念的思考须从关系的角度展开。其次，它是一个永恒斗争的场所，斗争的结果决定了权力关系的变化，占据主流地位的符号不是固定的，唯有斗争本身是永恒的。再次，它是生产符号产品的场所，符号产品通过竞争向社会扩散；不同场域所生产的符号不尽相同，因而会围绕符号的主导权展开斗争。又再次，行动者是场域中的能动因素，而行动者又具有两个特征：一是他拥有某种惯习，惯习是一种既属于个人又属于集体的、主观性的性情系统和心智结构；二是他利用各种策略而不仅仅是制度或规则，通过不断的计算平衡来适应自身所处的境遇或赢得优势。最后，场域借助资本来运作，决定竞争的逻辑就是资本的逻辑。资本的所有者能够在特定场域中对他人施加权力，产生影响。资本有四种类型：经济资本、社会资本、文化资本和象征资本。①

社会空间中有各种各样的场域，每个场域都具有相对独立的社会空间。布迪厄研究了许多场域，如美学场域、宗教场域、政治场域以及法律场域等，其中，他对司法场域给予了特别关注，撰写了《法律的力量：迈向司法场域的社会学》来专门论述。在他看来，司法场域是"一个围绕直接利害相关人的直接冲突转化为由法律规制的法律职业者通过代理行为进行的辩论而组织起来的社会空间"②。这一定义颇类似于一般教科书关于诉讼的界定，但特别之处是强调司法场域是一种"社会空间"，其隐含意义在于，司法语境中社会主体之间的互动需要得到特别关注。

司法场域除具有与场域共有特征之外，还有一些独有特征：

其一，相对独立性。司法场域具有自主性和独特运作逻辑。"存在一个特定、完整的社会世界，法律由以产生并在其中行使其权力，这一世界在实际中相对独立于外在的决定因素和压力。"③

其二，结构性。布迪厄指出了卢曼系统理论的不足，即混淆了符号结

---

① ［法］皮埃尔·布迪厄、［美］华康德：《实践与反思——反思社会学导引》，李猛、李康译，中央编译出版社1998年版，第133—136页。
② ［法］皮埃尔·布迪厄：《法律的力量：迈向司法场域的社会学》，强世功译，《北大法律评论》1999年第2期。
③ ［法］皮埃尔·布迪厄：《法律的力量：迈向司法场域的社会学》，强世功译，《北大法律评论》1999年第2期。

构（规范、条文等）与社会结构之间的界限，因此其司法场域概念将符号结构与各种社会关系区分开来，显示出双重结构的特征：其中一个层次由各种条文、规范、法律语言等各种技术性、符号性的要素构成，另一个层次则包含基于不同资本和利益彼此争斗的行动者所拥有的客观权力关系。前者居于法律领域的表面；后者处在法律领域的内部。

其三，以法律决定权为竞争目标。与其他场域一样，司法场域也是具有不同位置和力量的行动者互相争夺构成的关系构型，但司法场域是"竞争垄断法律决定权的场所"。

其四，行动者资格。司法场域是各个行动者之间发生直接对抗的场所，为了使这种对抗有序进行，这些行动者必须拥有技术性的资格能力（Technical Competence）。关于资格能力的判断具有社会性的特征，与合法化的社会世界图景紧密关联。[①]

依布迪厄的观点，法律真正的书写人并不是立法者，而是整个司法场域的社会行动者。他们受制于在场域中所处的位置，以及将其联系在一起的具体利益和约束。其中一部分行动者成功地将个体的欲望和抱怨转化为社会问题，同时通过各种表达（报纸、论文、书籍或论坛）来向有关部门施加各种压力，以期问题朝向有利于自身的方向得到解决。这一理论突破了正统法学关于司法场景的认知，对于研究者理解公众道德需求对司法的影响提供了新的视角。

二 公众如何成为司法场域中的行动者

（一）正统法学的司法场景

在正统法学的司法场景中，公众难以成为实质意义上的行动者，主要是由于正统司法的以下两个特点。

其一，公众不参与裁判规则的形成。在现代民主国家，公众选出自己的代表组成立法机构进行立法，并在一定程度上参与立法进程。但法律一经颁布，公众便成为守法义务主体，除了部分公民通过陪审团参与司法之外，公众便再无权对司法判决的形成过程说三道四。并且，公民参与陪审

---

① ［法］皮埃尔·布迪厄：《法律的力量：迈向司法场域的社会学》，强世功译，《北大法律评论》1999 年第 2 期。

团主要也是决定案件的事实，而非法律的适用。个案裁决中的法律解释权属于司法机关或者法官。法律规范可以区分出两种性质：一是行为规范，作为公民行为的边界；二是裁判规范，作为司法人员的裁判依据，两者之间有着截然的分野。于是，"'司法空间'的机构意味着在行动者之间确立边界。它区分了两种行动者，一种有资格参与游戏，另一种尽管发现自己也在其中，但事实上由于自己的没有能力完成进入这个社会空间所必需的心理空间（尤其是语言态势）的转换而被排除在外"[①]。当然，这符合社会分工的基本原理，将司法活动交给法律职业者，公众安心从事各自的事务，并安享由司法机关提供的社会公正，但终究难以参与裁判规则的形成。

其二，司法程序具有相对的独立性与封闭性。

现代诉讼呈现出理性化构造，努力形成原告（控诉）、被告（辩护）平等对抗，审判方居中裁判的局面，并尽可能排斥外部的干预，以此保证裁判的客观公正。在此情况下，"司法过程的运转如同一个中立的空间，它通过双方当事人之间的直接冲突转变为调解人之间的对话这一过程中所固有的去现实化（de-realization）和远离现实，将任何处于冲突中的利害关系加以中立化"[②]。但这样的独立性与封闭性终究是相对的。案件本身来自社会，其结果也终将接受社会的评价。案件看似只与当事人有关，与其他人无关，更与社会公众相去甚远。但实际上，每个人都身处一张庞大的、四处伸展的"社会关系之网"。这张"社会关系之网"可以帮助当事人传递他们的声音，无论这种声音是理性的还是非理性的，也无论其对于司法的看法是正面的还是负面的。正是这张"社会关系之网"将更多的行动者纳入了司法的场域。

（二）基于司法场域理论的分析

正统法学理论构建了关于司法的理想图景，这对于司法制度的理性化发展极为重要，但毕竟没有反映司法过程中的全部情况，尤其是司法系统

[①] ［法］皮埃尔·布迪厄：《法律的力量：迈向司法场域的社会学》，强世功译，《北大法律评论》1999年第2期。

[②] ［法］皮埃尔·布迪厄：《法律的力量：迈向司法场域的社会学》，强世功译，《北大法律评论》1999年第2期。

与社会其他系统之间的互动关系,而正是这种互动关系,使公众从被动的围观者转变成为具有实质意义的行动者。这是一个渐次的过程,其中,下列因素是至关重要的。

1. "行动舞台":司法空间的开放与公开

与司法神秘主义相对立,司法公开是一项现代法治原则。其着力于消除案件当事人、社会公众对司法腐败和暗箱操作的疑虑,并努力使司法过程以看得见的方式得到实现,赢得广泛的社会认同。于是,司法公开也成为公众参与司法的重要形式。其实,在法庭空间的布局中就隐藏着司法公开必然性的密码。如果将法庭空间分为审判区和旁听区两部分,审判区代表司法的专业运作领域,而旁听区则代表了社会的认知与反馈领域。两个领域之间存在着明显区分,但又以一定方式相关联。审判区内的追诉者与辩护者之间存在着对抗,但却作为整体与旁听区进行互动,彼此之间存在着信息的传送与反馈。正如刘远教授指出,旁听者视域、追诉者视域、辩护者视域的分立,实质上就是行为规范、追诉规范、辩护规范的分立。① 如果离开了旁听者的主体性,行为规范的概念将毫无意义。换言之,司法公开扩展的必然结果就是不断增加诉讼当事人、社会公众对于法律规范形成的影响力。

2. 参与性的行动者:当事人及其代理律师

当事人是与案件结果有直接利害关系的诉讼参与人,他们也会提出明确的事实主张与诉讼请求。正统法学要求当事人尊重司法权威,理性看待诉讼结果。但事实上,当事人并不只有理性的一面,他们同样也有非理性的一面。例如,诉讼总有或胜或负的结果,一些当事人因为诉讼请求得不到满足,则会归咎于法院的裁判不公,认为己方预期诉讼利益的失去,完全是由法官徇情枉法、收受贿赂或者有权力者干预司法等原因造成的。这种"不公正"的感觉很可能是当事人的一种错误认知,但仍然有可能被当事人传递到他所处的"社会关系之网"之中,产生对于司法机关的负面评价。同样,法律对律师的职责有明确的要求,即依据事实与法律,维护当事人的合法权益,因此,他不得使用法外的手段来追求胜诉的结果。

---

① 刘远:《论刑法规范的司法逻辑结构——以四维论取代二元论的尝试》,《中外法学》2016年第3期。

但在转型期的现实司法语境中，律师借助各种法外手段来为当事人赢得官司并不罕见。例如，在庭审之前或者之中，有些律师将案件信息向媒体或社会发布，或者支持当事人采取极端方式来获得社会的关注。作为一种行动策略的考虑，他们希望以此扩大社会影响，借助媒体和公众舆论获得案件的胜诉，实际上是对判决决定权的一种另类争夺。

3. 旁观性的行动者：普通民众与法律学者

普通民众本与案件结果没有利害关系，但这不妨碍他们基于自身的生活常识与价值判断对判决进行评价。他们虽不了解法律规范的具体规定，只是带着各自的生活经验观察法庭，但仍然会一种"同理介入"的方式对当事人的行为以及法官该如何判决提出某种规范性的期待。这样，一个本来与自己的生活情境无关的案件也会传递到每一个旁听者所属的那个"社会关系之网"之中，从而将这个从属于"社会关系之网"的所有人都连接到案件以及司法过程之中来，使这种规范性期待强大到足以影响法官思考的程度。在这个"社会关系之网"之中，法律学者是一类独特的群体。在专业的分工体系中，他们是制度的理性反思者和建构者。他们对具体司法案件的深度评论也会成为引导大众观点的风向标。法律学者的观点既可能不同于司法人员的判决意见，也可能与普通民众的日常观念发生冲突，甚至在法律学者彼此之间也未必会有统一的立场。这些不一致以及由此产生的对立和冲突实际上也是对司法场域中法律话语权的争夺。

4. 连接司法与社会之间的管道：媒体

在主流法学中，媒体只能是司法之外的因素，但在司法场域中，媒体也是重要的行动者之一。由于司法案件在整个社会具有较高的关注度，因而成为媒体青睐的报道对象。有些案件本身已具有相当社会影响性，会吸引众多媒体的广泛报道。而一些有"眼光"的媒体会主动发掘有"潜力"的案件，通过深度报道，甚至一定范围的炒作，将一个本来不那么广为人知的案件包装成影响性案件。这种操纵会使媒体在业界，在社会传播领域获得优势地位，同时也会对司法产生巨大的压力，以至产生"媒体裁判""媒体杀人"的效应。媒体的这种功能，不仅使之成为连接司法与社会之间的管道，就其本身而言，也自然成为司法场域的一个重要行动者。

三　公众道德需求的嵌入与道德压力的生成

司法场域之中充满了斗争与博弈，不同的行动者凭借各自所拥有的资本竞争法律的最终决定权。透过司法公开的渠道以及"社会关系之网"的联结，与案件没有利害关系的社会公众也成为左右司法的重要力量。于是，司法场域呈现出不同行动者（包括官方与民间、官方不同主体、民间不同主体）相互交织、相互角力的复杂图景。问题在于，公众道德需求又是如何嵌入其中，导致道德压力最终生成的呢？

（一）道德话语与法律话语之间的背离提供了契机

法律与道德是两种不同的社会规范，在调节社会时有不同的侧重点。法律主要调节人们的外部行为，而道德则更强调对人们内心活动的约束，两者在调节方式上也多有不同。故此，道德话语与法律话语不完全协同乃至出现背离是正常的现象。在司法场域中，这种背离有可能上升为一种利益的斗争。依布迪厄的观点，现代法学理论强调法律的自主性、中立性和技术性，试图完全摆脱道德规范等外部因素的影响，但是，这种表面上的中立、平等、自主，不过是法律职业者的隐蔽符号策略。他说："法律是有关命名和分类的一种凌驾一切的符号暴力形式，这种命名和分类创造了被命名的事物，特别是创造了那些被命名的集团。"① 对法律形式合理性的强调以及法律教义的神圣化膜拜实质隐含着权力阶层贯彻其意志的企图。由于这种隐蔽的符号策略未必代表社会公众的意志，其完全有可能与社会公众的道德情感产生冲突。这样，司法人员究竟是选择专业性的教义推演，还是选择满足公众的道德情感？是坚持司法的合法性，还是选择司法的合理性？不免陷入左右为难、骑虎难下的窘境。

（二）道德话语是公众评价与对抗司法话语的工具

与司法话语不同，公众的话语以道德话语为主要形式。道德话语不仅是公众更为熟知的交流媒介，也是在司法场域中取得话语权的社会资本。布迪厄指出，司法场域中对法律决定权的争夺，以及行动者采取什么样的策略，"既取决于她手里符号标志的总数，也取决于这堆符号标志的组成

---

① ［法］皮埃尔·布迪厄、［美］华康德：《实践与反思——反思社会学导引》，李猛、李康译，中央编译出版社1998年版，第319页。

状况，这也就是说，取决于她拥有的资本的数量和结构"①。道德话语本就来源于公众的生活世界，同时也是他们凝聚共识的资源力量，这在中国泛道德化的社会氛围之中尤其如此。个人表达利益诉求、参与司法活动所使用的语言充满了道德色彩，道德修辞也是其论证的重要手段，对法官的评价不是关注其行为的合法性，而是诉诸道德上的判断和想象。这时，如果双方当事人希望获得话语权，就必须充分发挥道德话语的力量。② 道德话语有助于寻求更多的社会认同，有时甚至会比法律术语更加有力。通过占领道德制高点，当事人期待获取更多的社会支持，动用更多的社会资源，以社会的压力来给自己加分，迫使司法机关采纳己方观点。

（三）政治话语对公众需求的支持强化了道德话语的作用力。

一般而言，公众道德话语较司法话语弱，这是因为，法律的话语形态来源于国家这个权威主体。布迪厄指出："归根结底，国家是符号权力的集大成者……它不仅垄断着合法的有形暴力，而且同样垄断了合法的符号暴力。"③ 判决是由权威机构以国家之名公开作出，自然具有一体遵行的效力，这是零散的、非系统的公共道德话语所不能比拟的。但是，国家并非铁板一块，除了法律与司法之外，还分化出了各种政治机构及其活动的庞大体系，在国家的符号权力之中也分化出了政治话语。政治话语与法律话语之间存在相当多的重叠，但也可能存在不完全匹配之处。在现代民主社会的氛围中，政治话语展现了对公众需求更多的开放性，这样道德话语与政治话语有可能形成合力，影响司法判决的立场。在当下中国，司法在性质上不单是运用法律解决纠纷的活动，也是贯彻和落实党和国家政策的过程。近年来的主导性司法政策要求，判决应取得良好的社会效果，对民众反应的考虑成为法官实践（生存）智慧的组成部分。宋鱼水法官指出："法律欲得到大众的欢心需要走向大众、研究大众，万不得抛弃大众。""法官不是决定者，真正决定法官的是经济发展的需求和社会公众的压

---

① ［法］皮埃尔·布迪厄、［美］华康德：《实践与反思——反思社会学导引》，李猛、李康译，中央编译出版社1998年版，第136页。

② 方乐：《司法如何面对道德？》，《中外法学》2010年第2期。

③ ［法］皮埃尔·布迪厄、［美］华康德：《实践与反思——反思社会学导引》，李猛、李康译，中央编译出版社1998年版，第302页。

力。"① 这种社会公众的压力自然是包括公众道德需求在内的。

（四）转型期司法能力的不足导致司法话语对道德话语的应对乏力

这里的司法能力既指法官的裁判水平，也指法律资源及司法应对措施的完善程度。转型期带来了社会利益格局的大调整，一方面，经济在迅速发展，另一方面，分配不公、贫富差距问题日益突出，而社会保障性的基本制度尚未完善，不能满足民众的需求。面对尖锐的矛盾与冲突，作为社会公正最后防线的司法机关，缺乏足够的制度资源来加以应对，这不免使社会公众对于司法机关的司法能力产生疑虑与不满。尽管这种状况并不是司法机关本身造成的，而是因为制度在整体上存在不足所致，司法机关在此不免"背了黑锅"。但是，社会公众对国家机构的运作难以有通透的理解，把这些视为司法能力的不足也是十分自然的。与此同时，司法机制本身也不能满足公众对司法公正的需求，公众对于司法的运作过程缺乏足够的理解。例如，在"刘涌案"中，民众难以认同刘涌这样犯有重罪的"黑老大"能够因为"刑讯逼供取得证据无效"的规则而逃避死刑制裁，这不仅是个道德情感的问题，它实际上也表明，公众对整个司法过程的运作缺乏信任。这些主客观因素造成了司法能力的不足，使司法机关难以从容而有效地应对来自社会的各种质疑。

从这些影响性案件来看，公众道德需求对司法产生了巨大的冲击力，公众道德需求影响、左右甚至主导了司法机关的裁判结果，而道德压力成为司法机关不能承受却又必须承受之重。

第三节　道德压力下的法官角色冲突

一　法官角色的经典意象

美国法学家德沃金说，如果将法律比喻成为一个"帝国"，法院无疑是这个帝国的"首都"，法官则是运行这个首都的"王侯"②。在司法的场域中，法官显然居于中心地位，公众道德需求的提出是朝向法官的，因此，公民道德需求会对司法产生何种影响，与法官承担什么样的角色有着

---

① 宋鱼水：《论法官的选择——谈学习社会主义法治理念的体会》，《法学家》2008 年第 3 期。
② ［美］罗纳德·德沃金：《法律帝国》，许杨勇译，上海三联书店 2016 年版，第 320 页。

很大的关联。自古以来，人们对法官这种特定的职业群体就有不同的看法和评价，但在历史的长河中，有两种观点逐渐积淀下来，形成了较为稳定的观念模式，分别是"偶像说"和"机器说"。

1. 偶像说

这是把法官视为明察秋毫、充满智慧、法力无边的完美偶像。这种有关法官的观念模式的最初源头是远古时代的"神判法"，那时候，古人一旦遇到疑难案件而无法准确无误加以判决时，就会诉诸神灵。因为古人相信，神灵具有明察秋毫的全知全能的本领，这里包含着古人对宗教的普遍信仰与对神灵公正无私的秉性的确信。在"神判法"衰落之后，国王或君主执掌国家最高审判权，为了向芸芸众生宣示自己的尊严和权威，也喜欢把自己的审判权和地位与神明联系起来。在此前提下，审判的神圣性自然是毋庸置疑的。而执掌审判权的君主似乎也就具有了神明的法力和智慧。尽管这些君主以及他们的审判已被人们忘却，但由他们所竭力树立的司法者尊严却积淀于社会集体意识而得以保留和流传。由于英美法系所独有的造法体系以及法律适用技术，法官"偶像说"在英美法系得到广泛的认同。如美国法学家梅利曼描述的："生活在普通法系国家中的人们，对于法官是熟悉的。在我们看来，法官是有修养的伟人，甚至具有父亲般的慈严。普通法系中有许多伟大的名字属于法官，……普通法系的最初创建、形成和发展，正是出自他们的贡献。"① 英国法学家布拉克斯通则宣称法官是"法律的保管者""活着的圣谕"。20世纪初美国最高法院法官霍姆斯甚至还把法律定义为"是法院要作出的判决的预言"，他本人曾被美国社会公推为"民族英雄"，并成为各种著述颂扬和研究的杰出人物。英美法系国家重视法官的传统司法实践更加强化了法官的地位。②

2. 机器说

这是把法官视为没有个性，只会将法律和事实的材料简单加工为判决的机器。这种观念为欧洲大陆的启蒙思想家所倡导，如孟德斯鸠认为：

---

① [美] 约翰·亨利·梅利曼：《大陆法系》，顾培东、禄正平译，法律出版社2004年版，第37页。

② 顾培东：《社会冲突与诉讼机制》，四川人民出版社1991年版，第134—135页。

"法官不过是重复法规语言的嘴巴，是一个没有意志的生灵。"① 古典的分权学说要求，立法和司法这两种权力之间应界限明确，不可相互僭越。因此，法官一方面不得用确立一般规则方式进行判决，另一方面也不能借法律解释之名将自己的意志悄悄地渗入法律中去。在此思想指导下，立法者希望运用详细缜密的规则体系来杜绝司法中的自由裁量因素。19世纪欧洲大陆法系的法典编撰运动即是此种希望的现实化，当时的法典以条文数目的庞大著称：《普鲁士国家法》有19000多条，《俄国法律汇编》有42000多条，《法国民法典》有2281条，《德国民法典》有2385条。② 立法者试图针对各种特殊而细微的实际情况开列出具体的解决办法，为法官提供一个包罗万象的办案依据，同时又禁止法官对法律的任何解释。在这种严格规则主义的立法条件下，审判过程的确表现出一种机械式的运动过程，法官酷似机器的操作工，其任务就是在庞大的法律体系中找到与本案相关的法律条文，并将其与本案的事实联系起来。而这个联系过程也是机械式的，即表现为三段论演绎推理的运作，它能够基于法律规定与事实的结合自动产生相应的判决结论。法官的任务是无差错地贯彻立法者的意旨，在功能上也不过就是一部机器而已。这样的观念已经完全消灭了法官人格中的自然特征，他没有个性，也没有属于自身的独特情感；同时，法官的社会性也几乎为零，法官的任何社会联系对其行为都不产生变异性影响，其社会角色以及地位、职责等因素也丝毫不能影响其司法行为；并且，司法的能动性已被完全消除，法官的司法行为与立法者的要求不产生任何偏异，成为立法者意志不折不扣的执行者。

在"偶像"与"机器"的经典意象之间的确存在着诸多差异，但不可否认却存在共同点，即将法官的角色只能与法律紧密相连。无论是将法官视为神圣法律的象征，还是将其看成是法律的忠实执行者，实际上都主张法官应当与法律合为一体。法官与法律的这种天然联系，已经为人们所广泛接受。法官固然与普通公民一样承担守法义务，但在此之外，他还承担着依法裁判的专属义务，通过依法行使审判权，解决社会纠纷，分配权利义务和实现正义。按照最一般观点，法官是生活在法律世界中的正义守

---

① ［法］孟德斯鸠：《论法的精神》（上册），张雁深译，商务印书馆1961年版，第163页。
② 徐国栋：《民法基本原则解释》，中国政法大学出版社1992年版，第152页。

护者，应该严格依法履行职责。可见，法官的基本角色期待来自"法律世界"，在这里，法官行为所依据的角色规范是法律。

二 法官的角色分化与多重期待

如何看待实际司法过程中的法官角色？这对司法活动本质的认识至关重要。司法审判是诉讼各方参与人在法官的组织和协调下，依照法律规定和客观事实，调整相互关系和利益冲突的过程。从法律社会学的角度看，这一过程绝不是法律规范的简单和机械适用，而是在人与人之间的活动过程中实现的，社会生活中的各种关系和矛盾将在其中得到凝缩和直接的体现。法官是审判过程中具有独特地位的社会主体：他行使司法权，组织和协调审判过程，听取各方当事人的意见并作出具有法律效力的裁判。但若以此把法官简单视为一张只会宣读法律的"嘴巴"就太片面了，这是因为：①法官是作为一个整体的人参与诉讼活动的：他既是自然人，又是社会人；作为社会人，他又是多种社会角色的复合体。②法官是一个"理性人"，当审判过程中法官角色内部发生冲突时，他将权衡利弊，选择收益最大的行为方案。③法律是法官审判时予以考虑的主要因素，但却不是唯一因素。由于法官在解决社会冲突过程中处于最后裁决的地位，为了应对来自各方面的压力，他往往会综合考虑各种因素来作出裁判，其中的某些因素可能对其司法行为产生变异性影响。

"偶像说"强调法官行为具有天然的合法性，"机器说"则强调法官裁判具有严格的合法性，但两者都具有理想化色彩。从实然的角度看，法官只是从事一定社会分工、履行一定社会职责的社会成员，在社会生活的舞台上扮演特定的社会角色。社会角色是由一定的社会地位所决定的、符合一定社会期望的行为模式，它总是与一定的角色规范和角色期待相联系的。法官社会属性和社会关系所具有的复杂性决定了他将接受多种不同的角色期待和角色规范的调节，有可能导致角色冲突的发生。对于法官而言，这些角色规范正是调节其实际行为的"活的法"。事实上，社会群体或机构正是通过一定的行为规范和行为期待对法官施加压力，进而影响其审判活动和结果。

社会公众或法律职业团体将对照法律的标准对其审判行为进行评价并作出相应的判断，这表明，法律本身构成了法官的第一重角色期待。但法官不仅仅生活在法律世界，他还是国家权力体系的一员。因此，法官的第二重角色期待来自"国家权力结构"。国家权力总是按照一定的原则组织和运作的，并形成一定的权力结构，法官所行使的司法权只是其中的一个重要组成部分。在不同的社会体制下，司法权在国家权力体系所处的位置不同，其运行体制亦有所区别。司法权的位置决定其所能拥有的权源和权能，它涉及司法权与其他权力（如立法权、行政权等）之间的关系；而司法权的运行体制则决定了其内部的具体分工和权责。国家权力尤其是司法权的实际分配和运行状况将会成为影响法官审判的重要因素，而权力布局重心的差异亦会在法官的审判活动中有所反映。作为权力体系中的一员，法官所遵循的角色规范主要是国家权力的组织原则。相应的角色期待来自国家权力系统内部，其具体要求包括：在国家权力分配的范围内行事，并对其上位权力主体负责；以国家利益为重；坚决执行国家政策等。基于这种角色期待所产生的评价往往会直接影响法官的奖惩、升迁等。

同时，法官也生活在特定时空的社会共同体之中，因此特定的社会文化对法官也会提出相应的角色期待。文化因素对法官审判活动的影响在任何时代和社会都不容忽视，这是因为，作为社会共同体的一员，法官的司法总会依托于一定的文化语境。一方面，传统的文化观念、伦理价值积淀为法官的价值观和个性心理，支配其行为；另一方面，其审判过程和结果不得不接受各种价值观念的评判，只有符合社会主流价值观念的裁判行为和判决才能获得较高的社会接受度。来自社会文化的角色期待包含以下基本要求：尊重既定的社会文化传统和价值观念；参照有关的习俗、伦理规范来确定和实现具体案件中的正义；审判结果不得与普遍的文化心理相悖离。在这里，法官必须遵循的角色规范是特定社会的习俗、伦理规范和价值观念等，他所关注的是社会公众对其审判结果的普遍赞同。按照美国社会学家布劳的观点，社会赞同是人们在社会交往中所取得的基本报酬。在许多场合下，它比某种物质财富更重要。① 由此观之，来自社会文化传统的舆论压力也是法官在判案过程中不得不考虑的重要因素。

---

① ［美］彼得·布劳：《社会生活中的交换与权力》，孙非、张黎勤译，华夏出版社1988年版，第19页。

上述角色期待的差异使得作为整体社会人的法官产生角色分化，形成三种不同的内部角色，即："法律世界中的法官"，"权力结构中的法官"，"社会文化中的法官"。他们分别遵循法律、权力的组织原则和文化价值规范这三种具有不同性质的角色规范。三种角色规范在内容上和指向上的一致有助于法官角色行为的协调与统一；而它们之间的不一致或背离则会导致法官的角色冲突，从而使其角色行为发生阻滞。

三　法官多重角色的互动与冲突

把作为社会人的法官置于社会系统的动态运行中进行考察，就会发现法官并非纯粹法律意义上的司法者。除了法律规范处，与法官社会属性和社会地位密切相关的其他规范对他同样构成一种社会力，决定其行为的倾向性。法官的多重角色期待实际上即是他审判活动的多重外在约束。判决的形成与其说是法官适用的结果，不如说是三种不同的社会力相互作用的结果。不同社会力的相互作用在法官角色冲突过程中将会得到充分的体现。

曾有法官对当下中国基层民事法官的多种角色互动进行过"内省式"研究：

> 翻摆案件审理这一"多棱镜"，在镜头的一面，我们仿佛看到法官们犹如孤坐于法律城堡之中的僧侣，不食人间烟火一样地操摆手中的法条，从对概念逻辑的严密的推演之中，寻找判决的答案；而转动一下镜头，我们又易窥见基层法官走出了法律城堡，在田野、炕头貌似悠闲地与案件当事人聊案，倾听社会大众见解，并适时对判决结论作出一些微调；再看镜头的第三面，你可能又会发现一位完全不同的法官形象，从那位忙于请示汇报的基层法官匆匆身影中，你完全可能认为，他（她）仅是一名合格的公务员。基层法官的角色，在法律人、社会人、行政人之间游荡，这或许是转型时期中国法官所特有的现象。①

---

① 黄湧：《基层民事法官如何办案——从一则案件的审理看法官角色混同》，《法律适用》2007 年第 1 期。

法官角色的多重性意味着彼此之间的冲突。"权力结构中的法官"有可能与"法律世界中的法官"发生冲突，这在行政权侵犯司法权时表现得较为典型。无论在何种社会制度中，执掌行政权的政府总是居于国家权力的重要和核心地位，政府的政治权威从来都是以整个国度为其空间的。一方面，政治的性质及其影响力使得它常常并不只停留于对司法过程的简单评判和监督上，而是通过种种方式尽可能把自己的要求变为现实，从而在一定程度上改变司法行为及其过程。另一方面，尽管司法机构通常都有排斥政府行为干预的要求，但是法官在经济、政治以及其他方面的千丝万缕的联系决定了法官不能完全无视政府的某些意旨。因此，如果政府的某些意旨或某些政府机构人员的非法要求与法律规定发生冲突，就有可能导致某些法官放弃对法律规范的恪守。

"社会文化中的法官"也有可能与"法律世界中的法官"发生冲突。法官既然生活在一定的社会文化环境之中，他就不能不考虑整个社会文化共同体对其裁判行为和结果的接受和评价。裁判的道德、习俗基础常常会成为法官判案时考虑的因素之一。在一定意义上说，道德与习俗比法律规则更容易得到社会认同，因此，在严格依法裁判有可能与道德和习俗相悖时，法官不可能无视道德和习俗的存在，通过对法律规范的一定程度上的变通甚至牺牲以保证裁判得到广泛的社会赞同。公众舆论倾向是法官在审判过程中不得不考虑的又一重要因素。对诉诸审判的社会冲突，公众舆论所表现出来的支持、反对等倾向势必影响它对法官审判行为的评价。一般来说，在没有充分信心能够使公众舆论发生逆转的情况下，法官不愿把自己的判决建立在与公众舆论完全相反的基础上。在实际生活中，不管是文化道德与习俗，还是公众舆论，都不一定与法律规范的要求保持一致。当它们之间发生偏离时，同样有可能导致法官放弃对法律规范的恪守。

但是，当一个现实的争议被推到法官面前，他必须作出确定无疑的判决或结论。角色冲突的发生意味着依照不同的角色规范（法律规范、权力的组织原则、文化规范及其观念等）对同一案件将产生不同的推论。来自三种角色期待的压力都作用于法官，但他却必须选择其中的一个推论作为终极性结论。作为一个现实的理性人，他往往会采纳对他最具安全或收益价值的那一个推论。

这就不难理解，在当下的基层司法实践中，法官除了分析法律、法理之外，还会关注一些法外的因素，如当事人态度、社会意见以及地方党政部门的政策性要求等都在法官的考虑范围之内。在成熟的法治环境中，人们对法律的认同程度高，法官以其法律人的角色即可胜任司法工作。但在社会转型期，法官不得不面对着更为复杂的规范与文化环境，他们必须在法律人、社会人、政治人角色之间辗转游走。各种角色要求抑或一致，抑或分离，法官必须拿捏好分寸。如果不能应对多重角色的挑战，则难以做到案结事了，甚至引发当事人和民众的不理解。这给司法增加了诸多特殊的压力。

第四节 道德争议中的司法公信危机

如前所述，道德因素往往是产生影响性案件的重要原因。公众借助于道德话语向司法机关施加压力，甚至争夺法律决定权。这种状况必然导致司法过程中产生道德争议。那么，这种道德争议是如何产生的？如何成为施加于法官身上的压力？它对于司法公信力又会产生什么影响？

一 司法中的道德争议及其根源

在伦理学上，道德争议也被称为"道德冲突"。所谓道德冲突，是指"个体在道德行为选择中所遇到的一种特殊情境，其特点是个体面临着许多矛盾而必须进行抉择：他为了履行某一道德义务而行动就会导致对另一个或一些同样他应履行的道德义务的背离和摒弃，他必须作出有利于履行其中某一道德义务的选择，以解决矛盾，实现自己的道德目的"①。这里所描述的是道德两难选择的概念，它与价值观的对立和不相容有关。最初的道德冲突指的是先进与落后观念之间的对抗性冲突，如善和恶、正和邪的较量，往往预设了抉择与结果。后来人们发现，所谓的道德冲突可以在多角度、多侧面上发生。甚至成为一种主体难以选择的道德困境。此外，道德上还可能会出现"二律背反"现象。这是指某一道德准则出现了例外，即在特定情况下，不得不做出与该准则相悖的行为。比如，"不得说

---

① 唐凯麟：《伦理学》，高等教育出版社2001年版，第264页。

谎"是一般的道德准则，具有普遍性，但是为了某种特殊的利益或者面对特殊的情况，善意的欺骗就是允许的。类似的情况在社会道德生活中比比皆是，在此情形下，行为主体必然经受心灵的煎熬。①

但司法上的道德争议又有其独特性，即它既表现为人们对于道德上的是非对错所产生的不同意见，又反映了人们对法律和司法的不同期待和需求。例如，2010年南京某大学副教授因组织换偶被诉聚众淫乱罪，引发人们的争议。其中显然包含了道德争议，如换偶活动的参加者认为，换偶是一种性自由实践，性自由是人作为自由的个体所应该具有的正当权利之一；反对者则认为，换偶行为违反了社会风尚，社会风尚提供了批判该行为的正当理由。②但对该案如何处理又引发人们对于法律制度的反思，如刑法应当如何应对这种无被害人的犯罪？追究刑事责任是否违反刑法谦抑原则？甚至一夫一妻的婚姻制度也成为人们讨论的对象。从这个角度来看，司法中的道德争议具有更深层次的根源，即产生于特定社会法需要的不平衡性。

其一，社会结构各领域中法需要的不平衡。这是指来自经济、政治、文化等不同社会领域的法需要具有相互背离、不可兼得的内在倾向，无法得到同步的满足和实现。一般而言，经济需要是与人类生存和发展相关的物质需要，政治需要是建立并维持人类生存和发展所必要的社会秩序的需要，文化需要则是赋予人生以某种意义的需要。不同的属性使得各种需要之间并不总是保持相互一致，而是相互冲突、相互压制的。在此领域内有价值的东西，在彼领域内可能是无价值，甚至是负价值。比如，资本主义原始积累时期的圈地运动，在客观上促进了经济的发展，迎合了经济的需要，但却无情地践踏了人类的善良与正义。社会结构各领域需要的不平稳常常导致法律价值的不同理解。如庞德所说，可以从不同角度来理解正义：在伦理上，它是一种个人美德或是对人类需要或者要求的一种合理、公平的满足；在经济和政治上，它是一种与社会理想相符合，保证人们利益与愿望的制度；而在法律上，它是指在政治上有组织的社会中，通过法

---

① 李彬：《社会转型期道德困境的理论表现及其启示意义》，《伦理学研究》2011年第3期。

② 郑玉双：《道德争议的治理难题——以法律道德主义为中心》，《法学》2016年第10期。

律调整而实现的人与人之间的理想关系。①

其二，社会主体法需要的不平衡。这是指同一社会中的人们，尽管处在相同的时空之中，但他们的法需要却具有不同的性质和指向，无法得到同步的满足和实现。在迄今为止的任何社会，社会差别的存在是一种普遍现象。社会学认为：人类社会是一个多层次的结构，按照生产资料的占有关系，可以划分出不同的阶级；按照所处社会经济地位与作用，可以划分出不同的阶层；按照收入与收入的源泉、劳动分工、教育程度、宗教信仰等，可以划分出不同的层界。其他如区域、城乡、职业、性别、年龄等也是导致社会主体间产生差异的重要原因。差异的主体产生差异的需要，表现为不同主体的需要往往具有不同的性质和指向，它们或是相互偏离，或是相互对立。相互偏离的需要一般处于直接对抗状态，它们不可能得到同步满足和实现，某些需要的满足总是以另一些需要受抑制甚至牺牲为代价。

其三，主体自身法需要的不平衡。这是指在单个主体的心理结构中，法需要不是单一的，而是一种多层次、多样化的存在，不可能得到同步满足和实现。主体需要的法律意义在于，它必定会在主体的社会活动中，逐渐推演和外化为主体的权利要求：①生理需要——生命健康权（包括人身自由）、劳动并获得报酬权、获得物质帮助权等；②安全需要——生命健康权、财产权、住宅免受非法侵犯权等；③归属和爱的需要——婚姻自主权、监护权、信仰自由等；④尊重需要——名誉权、荣誉权、言论和出版自由等；⑤自我实现的需要——受教育权、工作权、发明权、专利权和著作权等。② 当主体需要被外化为具体的权利要求时，它所具有的各种特性必然体现在这些权利要求之中，而不同的权利要求又逐渐转化为相互分裂的价值体系，而"这种价值体系的不统一、分裂、对立都溶合在实定法的内容之中"③。

在社会转型期，道德话语与法治话语之间存在不契合甚至矛盾，进一

---

① ［美］罗·庞德：《通过法律的社会控制 法律的任务》，沈宗灵、董世忠译，商务印书馆1984年版，第55页。
② 参见刘茂林《现代人格权的理论基础和发展》，《天津社会科学》1994年第4期。
③ ［日］川岛武宜：《现代化与法》，申政武等译，中国政法大学出版社2004年版，第249页。

步加剧了这种法需要的不平衡性,导致司法中的道德争议成为可能随时引爆的"问题点"。只是在司法案件的语境中,社会中的道德争议还会渐次转化为指向司法机关的压力,从而呈现出自身的转换规律。

二 道德疑难案件与争议主体的转换

在法理学上,疑难案件是与简单案件相对称的一对范畴,区分的标准则是疑难的出现,产生的标志通常是案件处理意见的不统一。英国学者比克斯认为,疑难案件是指合格且尽职的律师或法官在经过深思熟虑之后仍然可能得出不同结论的案件。[①] 我国学者刘星也认为,疑难案件是指在一定时期、一定范围的法律适用(案件具体事实已经查清)过程中人们没有较为普遍一致的意见的案件。[②] 无论是结论不同,还是无法达成普遍一致意见,它都表明,在某一点上,该案件是存在争议的。

道德疑难案件的争议点出现在道德问题上。一方面,正统法治理论的策略是努力摆脱道德因素对于司法的困扰,或者说将道德争议转化为法律争议。方乐教授细致地描述了这一转换过程:"将纠葛在案件背后错综复杂的社会关系'裁剪'为单一的法律关系,或者把繁复的社会现实压缩成法律事实,抑或者将导致事件发生的各种原因、'来龙去脉'提炼成法律上的因果关系。"[③] 这一转换过程有助于法官运用法教义解释的成熟理论来解决道德疑难案件。

另一方面,道德思维似乎并不甘于"就范",它不会简单屈从于法律思维的抽象性,而是再次将法律争议转换化道德争议。所有的一切又将"颠倒":法律关系重新转换为道德关系,法律事实又将复归其原始的具体性与丰富性,或者又赋予道德色彩,法律上的因果关系又被还原成道德上的因果关系。如果法律话语与道德话语之间产生较大的差异,司法的法律效果和社会效果之间就会出现背离。需要注意的是,这一转换不是简单的复归,而是存在着一个重要差异,即原初置身事外的司法机关也被卷入

---

① Brian H. Bix, *A Dictionary of Legal Theory*, New York: Oxford University Press, 2004, p. 81.
② 刘星:《疑难案件中法律适用的理论与实践》,《比较法研究》1994 年第 Z1 期。
③ 方乐:《司法如何面对道德?》,《中外法学》2010 年第 2 期。

道德思维的考量范围，甚至成为道德考问的对象。

在此，依托于一定的道德疑难案件，道德争议的主体有可能发生微妙的转换，而道德争议也由纯粹的社会事实转化为针对司法机关的压力源。道德争议一开始发生在不同的社会主体之间。只是在司法介入之后才会传递到司法机关的身上。从原始状态来看，道德争议的确暴露了不同社会主体之间的道德观差异，但是，当司法机关有所确认之后，道德争议主体就发生了改变，原来发生在两方普通社会主体之间的价值观之争，就变成了其中一方与司法机关之间的价值观之争。可见，即便是以法律推理为专长的司法机关也终难逃脱社会道德争议的纠缠。

如此，就能理解为什么在社会转型期司法机关会成为一个压力的聚焦点。一方面，它需要介入社会中的道德争议，并体现法律和国家的立场，另一方面，它又需要背负起因传统与现代之间的话语对峙所造成的"负荷"。道德争议本来发生在普通的社会主体之间，但从社会心理的角度来看，司法机关的介入使遭遇否定的那一方社会主体瞬间产生了发现"幕后黑手"之感，于是迅速将矛头对准只是事后确认的司法机关。而司法过程中，日常话语与法律话语之间的差异、司法活动处理纠纷的独特方式进一步使这一部分民众产生心理上的"疏离"之感，对司法机关在案件审理中能不能代表他们的道德利益产生怀疑。加之，在社会转型期，经常会出现贪污贿赂、枉法裁判的负面报道，从而加深了他们对于案件存在司法黑幕的怀疑甚至恐惧。在这种状态下，在整个社会出现一种道德恐慌，进而导致司法的公信力出现危机。

三 道德恐慌与司法公信危机的产生

（一）公众道德恐慌中的比例失调效应

个案中的道德元素进入司法场域形成道德争议，由于当事人、律师、旁听者、媒体等社会力量的推动，社会公众成为司法场域的行动者，他们用道德话语对抗法律话语，参与对司法决策权的竞争。转型期社会道德话语与法律话语之间的张力，使法官面临多重角色期待压力。司法场域中的道德争议如不能得到良性的纾解，就会愈演愈烈，其最高形式是在整个社会形成道德恐慌。

在社会学上，所谓的道德恐慌产生于公众之中，它是指当某一个体或群体被定义为对社会价值、利益构成威胁,在大众和媒体中所呈现出来的一种类型化刻板模式。[1] 其驱动力来自公众对某种威胁的一致性道德判断,恐慌的产生意味着一种不相称的风险认知和带有恐惧心理的集体反应。愤怒的公众不但将特定对象直接判定为存在道德问题并对社会构成威胁,而且预言它在将来对社会可能造成更大的危害。这种恐慌往往建立在虚假、错误信息的基础上,对相关道德行为的解释明显比例失调,呈现夸大化倾向。[2]

集体性道德恐慌的形式一般会经历社会关注、仇视性共识、扭曲化传播、标签化等环节,直接最终产生比例失调效应。举例来说,"彭宇案"及其后续影响实际上就是一个典型的道德恐慌事件,其发展环节包括:①社会关注。彭宇案进入媒体(包括正规媒体和自媒体)的视线,引发各种各样的报道,吸引公众广泛的关注与评论。②仇视性共识。结合不断发生的见死不救事件,公众由点及面地形成谴责性的意见,进一步催生对社会道德缺失、甚至沦丧的担忧。③扭曲化传播。虽然见死不救现象在现实生活中并不具有普遍性,而见义勇为现象也不在少数,但是,这些事实被有意无意地忽略,而社会道德缺失、国人道德沦丧的观点却被无限放大。④标签化形成。具体有两种类型的标签:一是针对摔倒的老人;二是针对司法机关。"摔倒的老人"由此成为具有负面形象的群体,而司法机关也被指责,并要为"中国道德风气倒退一百年"承担无法推卸的责任。由此,一个小小的案件引发了深远的社会效应。

(二)司法公信危机中的比例失调效应

在司法活动中,道德恐慌的形成往往就是司法公信力的丧失过程。无论是何种类型的案件,道德恐慌中的仇视性共识、负面情绪、标签化的承受者,累积性的效应是导致司法公信力丧失的重要推手。

传统观点司法公信看成是一种司法能力,即"既能够引起普遍服从,又能够引起普遍尊重的公共性力量,它表现为司法权所具有的社会公众信任和信赖的能力"[3]。但令人诧异的是,实证研究表明,当下我国司法公

---

[1] Stanley Cohen, *Flok Devils and Moral Panics: The Creation of the Mods and Rockers*, London and New York: Routledge, 2002, p. 1.
[2] 汪明亮:《道德恐慌与过剩犯罪化》,复旦大学出版社2014年版,第7—8页。
[3] 郑成良:《论司法公信力》,《上海交通大学学报》2005年第5期。

信力并未随着审判质效的提升而提升。公允地说，随着法治建设的深入，我国法院的审判质效不断提高，取得了喜人的成绩。这具体表现为一审判决案件改判发回率的逐步下降趋势，以及生效判决改判发回率保持在较低水平。① 这说明一审裁判与生效案件的质量较高，案件的实体正义得到较好地实现。

但是，另有调研却发现，公众对于司法活动的满意度却并不高。据2009年的一项统计，在2226名被调查者中，对我国司法现状很满意的只占3.5%，比较满意的占26.1%，认为一般的占39.9%，不大满意的占21.8%。② 2014年华东政法大学曾经以上海居民为对象对"司法公信力"进行调查。在所获2300份有效答卷中，绝大多数人对"现在法院和法官更值得信任"这样的正向选项，近三分之二的被调查者选择了"不太同意"和"非常不同意"；而在"打官司就是打关系"一栏中近半数被调查者选择了"比较同意"和"非常同意"③。这些调研结果表明公众对于司法活动的满意度不高，面临公信力不足的窘境。

我国司法面临信任危机还有更极端的表现。一是法官与当事人之间关系的恶性化发展。近年来，屡有法官受到当事人伤害的案件发生，以化解社会冲突为天职的法官却身陷冲突的困扰。全国各地出现了一些令人痛心的恶性案件，例如，2004年5月12日，贵州省贵阳市某区法院，刑事案件被告人赵某因对判决不满，迁怒法官蒋庆将其刺死；2010年6月1日，湖南省永州市某区法院，当事人朱某枪杀3名法官后自杀；2016年2月，北京市某区人民法院法官遭到不满判决的当事人枪击，身中两枪，经抢救无效死亡。客观地说，上述案件的起因多数是由于当事人对法院或法官产生偏见和极端心态所致，但在当下的背景中，这些案件无疑也凸显出司法公信危机的现实。

二是当事人维权行为的非法律化。基于不信任司法的心理，当事人发生纠纷后不是通过正常的司法程序来解决纠纷，而是诉诸法外甚至非法的

---

① 汤媛媛：《司法参与：双层次结构下司法公信力之提振》，《人民司法》2013年第17期。
② 毕玉谦主编：《司法公信力研究》，中国法制出版社2009年版，第406页。
③ 沙继超：《关于提高司法公信力若干问题的分析与研究——以上海市居民法律认知和行为调查数据为样本》，《赤峰学院学报》2014年第11期。

手段；进入审判程序后，又主观地认为法官判案一定会徇情、徇私，于是千方百计找关系，无理者试图寻求非分的利益，有理者则担心权利得不到应有的保护；裁判生效后，不是服判息诉，或者按照法律所规定的程序进行上诉、申诉，而是到政府各个部门或者越级上访、申诉；甚至将案件诉诸网络、媒体，制造舆论，对人民法院施加压力等。[①]

尽管说不能仅以社会的主观评价或者少数恶性案件来作为司法公信力的评价标准，但不能否认，司法与公众之间动态、均衡的信任交往同样构成司法公信力的基础。道德恐慌的比例失调效应破坏了公众对司法的理性认知基础，但不能简单地归之于公众的主观偏见，相反，它提醒人们，对存在道德争议的影响性案件应当给予特别的重视，对于公众的道德需求应当给予主动的、认真的回应。

---

① 马兆婧：《论司法公信力的生成》，博士学位论文，中共中央党校，2015 年。

第 四 章

道德与司法的理论脉络

第一节　法律与道德关系的历史轨迹

在人类社会的历史进程中,法律与道德的关系不是一成不变的,而是呈现出一种动态的发展过程。庞德对此曾有一个理论上的描述,他将法律的发展分为原始法时期、严格法时期、衡平法时期和成熟法时期。① 在原始法时期,法律与道德浑然一体,不作严格区分,如古希腊;在严格法时期,国家与政治结合更为密切,法律与其他社会规范相分化,法律与道德相分离,如古罗马和英国中世纪;在衡平法时期,道德的力量空前强大,侵吞到法律的领域,法律是道德的分支,法学附属于伦理学;在成熟法时期,法律和道德在更高层次上重新分离,呈现出既分离又联系的作用。在立法过程中,立法者依据道德判断进行立法,法律与道德相联系;在司法过程中,法官依法裁判,法律与道德分离,但仍然会保留司法造法、自由裁量、法律解释和法律适用四个接触点,道德观念仍然发挥作用。②

庞德的这段描述固然带有他个人的理论推断成分,但却基本符合历史上法律与道德关系的实际发展情况。法治的架构从古希腊、古罗马发展至今,固然经过很多的变化,在不同的国家、地区、文化也呈现出各具特色的样式。但是,法律与道德之间既相互排斥又相互吸引的张力关系始终是

---

① ［美］罗斯科·庞德:《法理学》(第 1 卷),邓正来译,中国政法大学出版社 2004 年版,第 372—438 页。
② ［美］罗斯科·庞德:《法理学》(第 1 卷),邓正来译,中国政法大学出版社 2004 年版,第 441 页。

贯穿其中的脉络。

一 法律与道德的联结论

在西方文明史上，苏格拉底或许是第一个系统研究法律与道德关系问题的思想家，其思想具有原始的朴素性与混杂性。一方面，他认为道德善是法律的正当性基础，他指出："我们所欲求的任何善，惟有通过阐明那支配我们行为的规则才能说清楚，这些规则支配着的行为总是或者促成那个具体的善。"① 另一方面，他又坚持实证法律的至上性，公民与国家之间达成了契约关系，服从国家的法律就成为一项义务，哪怕这个法律是非正义的，人们不能因为其道德上的缺点而颠覆其权威。前一种观点强调了法律与道德之间的密不可分，后一种观点又表明法律与道德之间可以分别加以考虑。苏格拉底被雅典法庭以不信神和腐蚀雅典青年思想的罪名判处死刑，这一判决在实质上是不公正的，但是这种不公正的判决在形式上却符合了法律程序，因此他选择了服从，来表明作为城邦公民的守法义务。

柏拉图把法律当成是正义的衍生。只有符合正义，法律才具有正当性。正义本身也是一个伦理学范畴，法律正义与道德正义虽不完全统一，但两者之间存在着密切的关系，法律正义需要体现城邦成员利益和需求，它服务于道德正义。只有这样，经由法律机器而获得的判决才具有正当性，也才能获得人们的普遍遵从。如果法律违背了道德上的正义，甚至出现极其不正义的后果，人们有权利抵制它们。

亚里士多德主张良法之治，善被赋予本体地位和意义，并且成为自然法的核心。亚里士多德说："人的每种实践与选择，都以某种善为目的。所以有人就说，所有事物都以善为目的。"② 善是万事万物的目的，也是自然法的核心，人定法须建构于然法之上，这是建立法治国的基本思路。统治者必须依据自然法制定法律，道德的法律化就成为一种必然的选择，

---

① ［美］阿拉斯代尔·麦金太尔：《伦理学简史》，龚群译，商务印书馆2003年版，第61页。

② ［古希腊］亚里士多德：《尼各马可伦理学》，廖申白译，商务印书馆2003年版，第3页。

"那些被视为是社会交往的基本而必要的道德正当原则，在所有的社会中都被赋予了具有强大力量的强制性质。这些道德原则的约束力的增强，当然是通过将它们转化为法律原则而实现的"①。亚里士多德提出了法治的两个必要条件：其一，法律须是制定得良好的法律，其二，制定得良好的法律须得到共同的遵守，这一以"良法"为基础的著名法治公式一直流传至今，影响深远。

德国古典哲学时期，康德将基本道德原则推崇为世界规律和绝对命令，或者"权利的普遍法则"。法律只是从外部约束人们行为的行为准则，具有外在的强制性，这是道德与法律的主要区别。但法律的法则与伦理的法则都归属于道德的法则，法律是"绝对命令"在国家政治生活中的体现。② 法律担负的使命是由道德赋予的，其正当性基础也来源于道德。这种观点虽然强调道德对于法律的先在性，但是，由于它也同时强调法律对于权利的支撑作用，其中蕴含着法律去道德化和法律世俗化的取向，并预示着其后法律科学化的发展趋势。

二　实在法科学的分立

法律的去道德化以 19 世纪法律实证主义的兴起为标志。19 世纪初的欧洲风云激荡，在政治领域，法国资产阶级大革命爆发，新兴的资产阶级开始主导历史进程；在宗教领域，宗教改革推翻了教会等级制，每个信徒有权直接面对上帝，平等地进行忏悔并得到救赎；在法学领域，自然法之"永恒"与"至善"遭遇挑战，直至被拉下云端，跌落尘埃，法学也在寻找世俗的新视角。

历史法学在人类理性之外寻找法律的基础，通过考察法的历史发展和民族精神等来确立法律的本原。萨维尼否认了自然法意义上的道德理性在立法中的作用，他认为，法律只能是土生土长和几乎是盲目地发展，不能通过正式理性的立法手段来创建。法律的基础不在于具有

---

① ［美］E. 博登海默：《法理学：法律哲学与法律方法》，邓正来译，中国政法大学出版社1999年版，第374页。
② 肖小芳：《道德与法律——哈特、德沃金与哈贝马斯对法律正当性的三种论证模式》，光明日报出版社2011年版，第5页。

普遍性、绝对性的自然理性，而是民族的共同意识（the common consciousness of the people）。① 一个民族的法律制度，像艺术和音乐一样，都是其文化的自然体现，不能从外部强加给他们。这样的法律与道德相分离既是必要的，也是可行的。

功利主义法学在法律与道德之上找到了一个更高的原则，即功利原则。其代表人物边沁指出："自然将人类置于两个主宰——快乐和痛苦——的统治之下。只有它们能够指示人们应当做什么和决定人们将要做什么。是非标准，因果联系，俱由其定夺。"② 既然道德与法律均以功利原则为其基础，那么，法律无须从道德中寻找正当性基础。根据功利主义法学的基本原理，个人利益是可以通过计算折合成相同质不同量的痛苦或快乐来加以衡量，社会利益正是组成社会的个人利益的总和，法律要保护社会利益，就要保护最大多数人的利益，才能使这种保护功利最大化。因此，"最大多数人的最大幸福"是功利主义法学的最高原则，也是法律的最高目标。这样，法律与超验的自然理性彻底脱离关系，回到了世俗的人伦社会之中。

功利主义法学推动了法律的世俗化，分析法学则以法律的科学化为宗旨。分析法学家奥斯丁将法理学的研究对象限定为实在法，将价值判断驱逐出法律思维领地。他说："一个法，只要是实际存在的，就是一个法，即使我们恰恰并不喜欢它，或者，即使它有悖于我们的价值标准。"③ 如此，法的存在不同于法的优劣，前者是一个事实问题，后者是一个价值问题，二者之间没有必然联系。作为功利主义的追随者，奥斯丁主张将功利原则视为法律的最终检验标准，完全排斥道德因素的渗入。奥斯丁还主张"恶法亦法"，也就是说，凡以主权者的命令形式颁布的法律即具有法律效力，即便在内容上不具有正当性，甚至在道德上是邪恶的，也具有当然的效力，并应该得到人们的遵守。他的观点非常明确："在没有明确的宪

---

① ［德］弗里德里希·卡尔·冯·萨维尼：《论立法与法学的当代使命》，中国法制出版社2001年版，第9页。

② ［英］杰里米·边沁：《道德与立法原理导论》，时殷弘译，商务印书馆2000年版，第57页。

③ ［英］约翰·奥斯丁：《法理学的范围》，刘星译，中国法制出版社2002年版，第208页。

法与法律规定的情况下，仅仅从一个规则违反了道德标准的事实，不能够说这个规则不是法律规则；相反地，也不能仅仅从一个规则在道德上是值得赞扬的，就说它是一个法律规则了。"①

历史法学、功利主义法学以及分析实证主义法学的崛起，逐步将道德排挤出法律的界域，道德与法律被割裂开来，法律成为统治社会的最高权威，在学理上则形成了封闭、独立、自洽的体系。

三 失去道德支撑后的法律

去除了道德的羁绊，法律开始了独立的发展轨迹。其初始的发展是卓有成效的，具体的体现便是促进了法学学科的理性化发展，法律制度的科学性得到增强。在美国，以兰德尔为代表的形式主义法学将法律与自然规律相等同，并将法官适用法律看成一种绝对客观的科学认识活动，由此形成了一种类科学的理论景观：法律是封闭的、逻辑的系统；法官从不制定法律，他们只是宣告法律；司法的职能不在于根据变化了的环境对法律规则作出调适，而在于发现真正的法律规则；这些规则就像柏拉图理想一样，不仅早就存在，而且永恒不变；法官通过探究真正的法律规则，可以揭示过去的错误并加以纠正；但是法律的真理一旦获得，就成为一种永恒的存在。② 作为法律的科学家，法官的法律实践与科学家的科学实践并无本质区别。正如科学家不能创设规律一样，法官也不能制定法律；由于法律上的真理与科学规律一样属于永恒的存在，因此，法官在司法时不能根据变化了的环境对法律规则作出任何的调适，其最大的能动性是发现真正的法律规则，纠正过去的错误，推翻因误读法律意旨而导致的先例。第二次世界大战以前的欧洲，主宰欧洲的法律思想主要是分析法学理论，尤其是凯尔森的纯粹法学主张在法学理论中摒除价值判断因素，强调法律规则的效力来源于自身体系的授予，关闭了道德与法律的联结通道。

然而，人们很快发现，将法律的公正性与客观性仅仅建立在规则与逻

---

① ［英］H. L. A. 哈特：《法理学与哲学论文集》，支振锋译，法律出版社2005年版，第208页。

② Marcia Speziale, "Langdell's Concept of Law as Science: The Beginning of Anti-Formalism in American Theory", *Vermont Law Review*, Vol. 5, No. 1, 1980, p. 1.

辑的基础上是靠不住的，甚至是危险的。其原因在于，法律规则难以达到技术理性所要求的完美程度，具有天生的不确定性。首先，语言的不精确性导致法律规则通常是模糊的、易于引发歧义的。卢埃林说："运用一个规则或原则进行推理之前，必须划定它清晰而严格的适用边界。而在这个规则尚未形成确定的文字形式的范围内，一旦法庭将这种非文字的规则转变为文字形式的判决意见，则这一转变方式将使正在受理的案件变得全然不同。"[1] 其次，法律概念的分类与案件中的事实不能精确地加以对应。对事实情境的准确描述不是非此即彼的范畴，而是一种连续体，比如强迫和自由意志这两个法律概念并不是互不包容的范畴，而只是一个连续状态的两极，某一特定的事实状况只是处在这两极之间的某一点而已。如此看来，能够精确表述客观事实状况的不是范畴，而是连续体。这样，司法过程显然不能用机械的方式来加以描述，其间必然会涉及法官的自由裁量行为。[2] 最后，法律规则之间存在着内在的不协调性。在法律体系中，"可供选择的基本假定之间却存在着大量彼此矛盾之处：'相互竞争的'规则，'相互竞争的'原则，'相互竞争的'类推。"[3] 就某个案件而言，总是可以找到不同的甚至是对立的规则来进行适用。

最为致命的是，法律实践与司法活动出现了无道德性乃至反道德性的趋向。将法律与道德彻底分离会使法律本身遭遇更为严峻的现实挑战，因为恶法亦法成为一种可以接受且不容置疑的正常实践。第二次世界大战中发生了惨绝人寰的种族灭绝惨剧，一切都是以法律的名义实行，在合法性上没有问题，但却挑战了全社会的人性底线。在第二次世界大战以后的纽伦堡大审判中，纳粹战犯们否认犯罪指控的理据便是，每个公民都有义务执行主权者的命令——法律，纳粹虽然邪恶，但德国是主权国家，其法律具有当然效力。虽然这些审判最终以指控方的胜诉而告终，然而，判决的结果不能仅凭胜利者的地位而确定，否则不免沦为德国纳粹的同道中人

---

[1] ［美］卡尔·N. 卢埃林：《普通法传统》，陈绪刚、史大晓、全宗锦译，中国政法大学出版社 2002 年版，第 10 页。

[2] Kenneth J. Vandevelde, *Thinking Like a Lawyer: An Introduction to Legal Reasoning*, Boulder, Colo.: Westview Press, 1996, p. 123.

[3] ［美］卡尔·N. 卢埃林：《普通法传统》，陈绪刚、史大晓、全宗锦译，中国政法大学出版社 2002 年版，第 10 页。

了。在此，法律与道德的关系问题需要实现理论上的转折。

可见，失去道德支撑后的法律是孤立无依的，"恶法亦法"的坚持将法律陷入无法摆脱的尴尬境地。一个尖锐的问题摆在了法学界的面前："难道真如实证主义者所主张，只要是人类的法律，不论它的道德内容究竟如何，都有效力而且应该被人类遵从？"① 按照形式理性的标准，以及分析法学的法律概念推演，纳粹德国的法律毫无疑问应当被称为法律。但是，既然纳粹德国的法律是法律，人们的守法行为为何要受到审判？又为什么有那么多的人觉得遵守纳粹德国法律的行为是如此丧失人性，而从内心坚决地持有否定的态度？为什么人们对于法律正当性有着如此强烈的渴求？伴随着这些问题的思考，第二次世界大战前分析法学一统天下的局面逐步被打破，一种试图重新融贯法律与道德的新自然法学走入人们的视野。

四　法律与道德的关系再反思

在第二次世界大战以后新自然法学的阵营中，比较重要的代表人物有德国法学家拉德布鲁赫，美国法学家罗纳德·德沃金和富勒。

对学术界的转向，拉德布鲁赫的思想经历颇具有标志性意义。第二次世界大战之前，他坚信新康德主义两个基本原则：一是将"实然"和"应然"分离；二是价值相对论。他甚至说过："我宁要不公正的秩序，也不容忍混乱。"② 第二次世界大战以后，他对前期观点进行反思，区分了正义的法与不法的法，并认为法学的任务就是检验法律是否具有正义的性质，对于不具有正义性质的法律，不是该不该遵守的问题，而是其本身是不是法律的问题。他指出："自然法不赋予敌视正义的法律以任何效力。"③ 由此，法律之上和之外的正义和良知标准被重新拉回法学的正殿之中。

德沃金主张法律理论并不能仅仅从作为制度的法律规则出发，而应

---

① ［英］Dennis Lloyd：《法律的理念》，张茂柏译，台北：联经出版事业公司1984年版，第78页。
② 张文显：《二十世纪西方法哲学思潮研究》，法律出版社1996年版，第52页。
③ ［德］古斯塔夫·拉德布鲁赫：《法学导论》，米健、朱林译，中国大百科全书出版社1997年版，第205页。

当从更加高级的基础出发，"规范理论将植根于更为一般的政治与道德哲学之中，这一政治与道德哲学反过来又有赖于关于人性或道德目标的哲学理论"①。德沃金在其论述中试图区分使用"规则""原则"以及"政策"这三种有相似性的社会规范，并且更加重视在司法实践中原则的重要性。他以帕尔默案为例进行了经典的分析。在该案中，由于如果拘泥于法律字义的解释，会导致社会良知不能接受的判决结果。对于作出如此行为的一个人，应当依据何种规范进行处理，因此法官主张适用普通法上一项具有强烈道德色彩的原则。法官指出："一切法律以及一切合同在执行及其效果上都可以由普通法的普遍的基本的原则支配。任何人都不得依靠自己的诈骗行为获利，亦不得利用他自己的错误行为，或者根据自己的不义行为主张任何权利。"② 原则的适用使判决更契合公众的道德观念，但却不会偏离法律体系的融贯性解释。原则是规则之外的因素，通过它，道德因素成为法律的内涵之一，也成为法官的判案准据。

富勒的理论主要倾向于研究现代法治的道德基础问题，他指出："可以肯定的是，我们找不到任何理性的根据来主张一个人负有道德义务去遵守一项不存在的法律规则，或者一项对他保密的规则，或者一项在他已经行动完之后才颁布的规则，或者一项难以理解的规则，或者一项被同一体系中的其他规则相抵触的规则，或者一项要求不可能之事的规则，或者一项每分钟都在改变的规则。"③ 这一观点实际上是对"法律是什么"这一法学元问题所做的道德倾向设定。换言之，规则如果违反了外在或内在的标准，便不能称其为法律。富勒将道德分为义务的道德和愿望的道德，他指出："如果说愿望的道德是以人类所能达致的最高境界作为出发点的话，那么，义务的道德则是从最低点出发。它确立了使有序社会成为可能或者使有序社会得以达致其特定目标的那些基本规则。"④ 基于法哲学视角的追问，富勒指出了法律与道德相互区分的意义，道德的法律之维与至

---

① ［美］罗纳德·德沃金：《认真对待权利》，信春鹰、吴玉章译，中国大百科全书出版社1998年版，第3页。
② ［美］罗纳德·德沃金：《认真对待权利》，信春鹰、吴玉章译，中国大百科全书出版社1998年版，第41—42页。
③ ［美］朗·富勒：《法律的道德性》，郑戈译，商务印书馆2005年版，第47页。
④ ［美］朗·富勒：《法律的道德性》，郑戈译，商务印书馆2005年版，第8页。

善的道德被理解为相互关联的两个方面，它们对于法律与司法的影响具有不同的方式。

至此，一个基本的共识正在逐步确立，即任何一种法律制度都包含着一定的社会目标与政治理想，法治应为"善法之治"，法律的运作必定要受道德因素的制约。某种程度上说，主张区分法律与道德的实证法学观点不过是学者控制观察条件的一种研究策略。法律应当体现最基本的道德价值才不至于失去其存在的社会根基，法律应当符合社会主流道德才不致发生实施上的阻碍。所以说，法律是有道德性的，人们的分歧只是在范围与程度方面。

第二节　法律与道德关系的理论重建

维拉曼特说："生活总是在法律规则和道德戒律之间摇摆不定。"① 这指的是西方法律文明中法律与道德从结合到分离、再到更高层次结合的历史。在法理学和法哲学上，法律与道德关系的理论重建成为法学家们大显身手的学术高地，具体可以概括为以下路径。

一　分离论与结合论之间的妥协与调和

第二次世界大战以后，自然法学说开始复兴，但它不是对古典或神学自然法学说的原样复制，而是进行了新的阐释和修正。同时，实证主义法学也在反思旧学说的不足与缺漏，进而拨乱反正、推陈出新。于是，人们观察到一个清晰的发展脉络，即自然法学与实证主义法学相互借鉴、逐步靠拢，关于法律与道德关系的分离论与结合论之间出现了妥协与调和的趋势。

分析实证主义法学的代表人物哈特对法律与道德的关系作出了新的阐释，呈现出向自然法学说靠拢的取向。首先，他承认："每一个现代国家的法律工作者处处表明公认的社会道德和广泛的道德理想二者的影响。这些影响或者是通过立法突然地和公开地进入法律，或者是通过司法程序悄

---

① ［澳］C. G. 维拉曼特：《法律导引》，张智仁、周伟文译，上海人民出版社2003年版，第228页。

悄地进入法律。"① 当然，基于实证主义法学的基本立场，他反对将法律反映或符合道德要求看成必然的真理，或者将道德直接看成是法律的效力来源。其次，他接纳了"自然法的最低限度的内容"理论，即"这些以有关人类、他们的自然环境和目的的基本事实为基础的、普遍认可的行为原则，可以被认为是自然法的最低限度的内容"②。其中包括有关人类社会的五个基本事实，即人的脆弱性、大体上的平等、有限的利他主义、有限的资源和有限的理解力和意志力。哈特以此来说明法律和道德之间的联系。最后，他也承认，在缺乏明确法律规则，或者法律规则出现空缺结构的时候，法官的判决应当遵循司法德性，他说："在观察两种抉择时的公正性和中立性；考虑一切将受影响的人的利益；注意列出一些可接受的一般原则作为判决的合理基础。无疑地，由于这些原则一直可能是多样化的，人们不能证明一个判决是唯一正确的，但是使这一判决作为已知的公正选择的合理产物，还是可以接受的。"③ 哈特的这些观点被认为是第二次世界大战以后实证主义法学"退却的第一个重要的一步"④。

可见，哈特等实证主义者们已不再排斥法律与道德在事实上或实践中的关联性，与此相对，新自然法学则需要证明二者在概念或逻辑上的必然联系。富勒的"法律内在道德"理论是其重要代表。他提出了法治失败的8种情况：①未确立任何规则；②未能将规则公之于众；③立法上溯及既往性；④不能用便于理解的方式来表述规则；⑤制定相互矛盾的规则；⑥颁布强人所难的规则；⑦频繁修改规则，人们无所适从；⑧公布的规则与实际执行情况不相吻合。他说："这八个方向中任何一个方向上的全面失败都不仅仅会导致一套糟糕的法律体系；它所导致的是一种不能被恰当地称为一套法律体系的东西。"⑤ 这8项主张是从技术性层面作出的，富勒称其为"程序道德"，并不属于一般性的社会道德范畴。新分析法学看

---

① [英] H. L. A. 哈特：《法律的概念》，张文显等译，中国大百科全书出版社1996年版，第199页。
② [英] H. L. A. 哈特：《法律的概念》，张文显等译，中国大百科全书出版社1996年版，第188—189页。
③ [英] H. L. A. 哈特：《法律的概念》，张文显等译，中国大百科全书出版社1996年版，第200页。
④ 沈宗灵：《现代西方法理学》，北京大学出版社1992年版，第184页。
⑤ [美] 朗·富勒：《法律的道德性》，郑戈译，商务印书馆2005年版，第46—47页。

到这一点，认为所谓"程序道德"实际上并不对立于新分析法学理论，只是角度不同而已，这种判断也是去道德化的。正是在这一点上，新分析法学认为富勒的理论实际上并不是真正的自然法理论，反而更像新分析法学理论的一种改进。

总体来看，为了摆脱"恶法亦法"的道德困境，分析实证主义法学寻求最低限度自然法的支撑，走向了与道德因素的有限认同；而自然法学派则走下了神坛，用现代法律话语模式来构建新自然法体系。如此，两种学派走向了趋同与共识。

二　为法律寻找合理的道德界限

法律与道德的关系中有一个重要却十分难解的问题：一个行为不符合道德标准，是否足以使该行为成为应受法律惩罚的行为？或者说，能否将法律视为是对道德的强制？① 对这个问题的回答产生了一种立场，即主张道德标准足以证成法律特别是刑法对于个人自由的强制干预，这种立场被称为法律道德主义。围绕法律道德主义，西方思想界展开了激烈的争鸣，其要旨是为法律划定合理的道德界限。

早在19世纪，英国哲学家密尔就主张用"伤害原则"来作为法律强制道德的界限，即政府和社会对个人行动进行限制的唯一正当理由是其行为对他人造成了权利或利益上的伤害，而不应以法律道德主义立场来进行限制。② 但英国大法官斯蒂芬持不同意见，他认为，道德上的"恶"可以构成惩罚的正当理由，"存在着如此残暴和残忍的邪恶行为，以至于当它们极为严重时，必须不惜任何代价对罪犯的这类行为加以防范并予以惩罚（姑且不谈对他人的保护）"③。当然，斯蒂芬也反对无限扩张基于道德理由的法律制裁，对于一些过于细小、模糊的不道德行为，法律不能予以规制，法律不理会琐细之事，个人生活不能受到法律过多的干涉。但他认为，"伤害原则"使法律强制道德的范围显得过于狭窄，法律应当在更为

---

① ［英］H. L. A. 哈特：《法律、自由与道德》，支振锋译，法律出版社2006年版，第1—4页。
② John Stuart Mill, *On Liberty*, New Haven: Yale University Press, 2003, p. 80.
③ ［英］詹姆斯·斯蒂芬：《自由、平等、博爱》，冯克利、杨日鹏译，广西师范大学出版社2007年版，第163页。

广泛意义上遵循道德上的要求。

德国纳粹时代，严密的社会控制手段引发了巨大的人道灾难。第二次世界大战后的反思，促成了自由主义思潮的再度兴起，密尔的思想受到重视。1954 年，英国为了调查英国社会同性恋与卖淫问题，成立了沃尔芬登委员会。该委员会以密尔思想为指导撰写了研究报告。当时在英国，同性恋、卖淫等行为大多数被提起刑事起诉。但沃尔芬登报告以密尔的"伤害原则"为指针，主张个人应享有就私人道德问题作出选择和行动的自由，社会与法律不应干预，尤其是不应对同性恋行为提起刑事追诉。

沃尔芬登报告的观点引发了英国一些法官与法学家的激烈反对，德夫林勋爵是其中的代表人物。他认为，社会的存续需要一个共同的"道德纽带"，法律对此应加以维护，而不能因为是私人道德就采取放任的态度，完全交由个人来评判。其后，德夫林又在与哈特的论战中，进一步梳理并论证了较为完整的法律道德主义思想。这一理论将刑法作为维护道德的工具，其公共道德的概念及作用范围相当宽泛。但法律强制道德也不是无所限制的，而应当遵循一定的限制条件：①只要不损害社会整体利益，法律应容忍最大限度地个人自由；②容忍道德标准发生一定程度的改变；③尽可能尊重个人隐私；④法律关心个人价值的底线而不是上限。德夫林还特别指出，在与良心和宗教道德有关的刑法问题上，应当容许个人有进行选择的自由。[1] 因为这四种限定原则，德夫林被哈特及后世的学者们视为"温和的"法律道德主义者。

美国法哲学家范伯格试图对不同的观点进行调和，提出了能够为犯罪化提供道德辩护的四种原则，包括：①损害原则，即刑法的正当性在于防止、消除或者减少对行为人之外的其他人的损害。②冒犯原则，即刑法应当有效而必要地防止行为人对他人的严重冒犯。③法律家长主义，即刑法对防止对行为人本人（包括生理、心理或经济上的）的损害可能是必要的。④法律道德主义，即根据行为固有的不道德性，即使该行为对行为人或他人既未造成损害，也未形成冒犯，禁止该行为在道德上是合法的。[2]

---

[1] Patrick Devlin, *The Enforcement of Morals*, London: Oxford University Press, 1965, pp. 17-19.
[2] ［美］乔尔·范伯格：《刑法的道德界限（第 1 卷）：对他人的损害》，方泉译，商务印书馆 2013 年版，第 28—29 页。

范伯格承认法律道德主义可能导致泛道德化，过度干涉个人自由，因此倡导"严格的法律道德主义"，要求"道德"应为普适的道德标准，而"邪恶"仅指特定的道德邪恶。①

法律强制或犯罪化正当性原则的建构意在为法律寻找合理道德界限，通过反思道德价值，化解法律实践必须面对的正当性难题，并实现个人自治和社会共同体基本善良价值之间的协调。

三 建立道德与法律之间的融合或商谈关系

在法律与道德之间划分界限只具有静态的意义，但在社会的发展过程中，这两种社会规范却不是静止不变的，静态的界限也不是一成不变的。因此，如何在动态的社会历史发展中把握法律与道德之间的互动关系也是现代思想界着力考察的一个问题。

（一）卢曼系统论法学：法律与道德之间的联系与沟通

德国学者卢曼将稳定社会的普遍化规范期望作为法律的一项重要功能，但要获得普遍化规范期望，并不是回到自然法传统来找寻其基础，而是要使法律决定之间保持融贯性或一致性（consistency）。所以，法律系统自主性应予维护。卢曼说："对与错之间的决定，只能在法律系统自身内做出。"② 法律之中虽然存在着道德的因素，但决定道德原则适用的却是法律，而非道德自身。例如，民法中关于"诚实信用"的道德要求已经细化为法律内部的一系列构成要件和先例理由，只有在法律许可的范围内，司法机关才能对这一原则做直接援用。就此而论，他似乎是延续了法律实证主义的传统。

同时，卢曼十分重视法律系统对外部环境的依存性，因为这种依存性是解释法律系统变化发展的动力因素。他说："对法律的演进起决定性作用的变化涉及预料之外的规范性期望的交流。"又说："在这样一种与规范相联系问题上出现矛盾的倾向性中可能存在着进化的出发点，进化就是试

---

① 方泉：《犯罪化的正当性原则——兼评乔尔·范伯格的限制自由原则》，《法学》2012年第8期。

② 宾凯：《卢曼系统论法学：对"法律实证主义/自然法"二分的超越》，《云南大学学报》（社会科学版）2009年第6期。

图摆脱从中产生的要搞清楚上述问题的这一压力。"① 法律进化的动力来自规范性期望的压力，这种压力来自包括道德在内的外部系统，法律系统通过开放认知来吸收外部的需求，并通过认知开放来感知环境的变化并对自身加以调整，这样，它在与环境互动时能够保持稳定性与一体性。②

法律的自主性与开放性互为条件，这是一个悖论。卢曼系统论法学超越传统法律实证主义之处，正是在于对这个悖论的承认和发掘。他试图绕过传统自然法学与实证主义法学的争论，在法律与道德之间建立联系与沟通。

（二）伽达默尔解释学：法律与道德之间的视域融合

德国哲学家伽达默尔的解释学为思考法律与道德之间动态关系提供了一种新的思路。他将对法律文本的理解看成一种"解释学循环"，这是一种解释者与文本之间的"内在相互作用"，通过循环往复的互动和整合，对文本内容的意义达成一致意见。解释者对文本意义的理解实质参与了文本意义的创造。③ 换言之，带有"前见"的解释者与法律文本之间的"内在相互作用"修正着、决定了法律的本体意义。而道德因素正是这种"前见"的重要组成部分。

法律与道德之间的互动关系还可以通过其视域融合理论得到解释。法律文本和解释者是法律解释的两个视域。法律文本在制定之时已然融入了当时历史条件、社会环境、政治因素等的考量，传统理论认为，在解释法律文本时，解释者应放弃自己的思想，通过"心情移情"的方法，进入立法者的视域，这是解释者对立法者视域的意向服从。解释者身处其被赋予的独特的历史境遇，由此养成了他自己的独特视域。只有重视解释者视域，才能达成所谓的视域融合，即通过立法者视域与解释者视域之间的相互影响，相互渗透，形成辩证统一的交融。通过这一过程，法律文本的意义，才能"向一个更高的普遍性提升"④。视域融合显

---

① ［德］尼古拉斯·卢曼：《社会的法律》，郑伊倩译，人民出版社2009年版，第135页。
② 朱兵强：《卢曼的法理学检视——一个系统论的视角》，《山东科技大学学报》（社会科学版）2015年第5期。
③ 高鸿钧：《伽达默尔的解释学与中国法律解释》，《政法论坛》2015年第3期。
④ ［德］汉斯-格奥尔格·伽达默尔：《真理与方法：哲学诠释学的基本特征》，洪汉鼎译，上海译文出版社2005年版，第394页。

然适合于法律含义的动态性解读，道德因素也会融入其中，新的含义被不断地创造出来，顺应此时此地的新需求与新期待。视域融合的结果是产生了所谓的效果历史，效果历史是指解释中视域融合的状态和结晶。换言之，视域融合是对文本意见和解释者前见的超越，由此，文本内容的意义得到创造性提升。

（三）哈贝马斯的商谈理论：法律与道德之间的对话

德国哲学家哈贝马斯对传统法学中道德与法律的紧张关系有着深刻的认识，认为其本质上是实然法与应然法之间的矛盾与对立。自然法学认为，法是由事物的性质产生出来的必然关系，是理性与自然法则的体现；实证主义法学则认为，法来自经验的现实，抑或是主权者的命令，或法院判决的预测。自然法学派侧重于法的应然，实证主义强调的是法的实然，两种观点如同鸡同鸭讲，无法调和。

这种实然法与应然法的对立导致了诸多范畴之间的扭曲与矛盾。实证主义凸显了法律规则的事实有效性，但是忽略其规范有效性，自然法学虽突出了法律的规范性维度，但是弱化了对法律的事实有效性的认知。但执其一端总是存在片面性的。法律如果只有事实有效性而无规范有效性，则会丧失其合法性或正当性的根基，甚至沦为赤裸裸的暴力；而法律如果只讲规范有效性而无事实有效性，则会成为空洞的道德说教，亦不符合法律运行的现实。传统的自然法学与实证主义必然造成法律规则在事实有效性与规范有效性之间的阻隔，需要一种新的理论范畴来实现贯通。

哈贝马斯基于交往行为理论的基本构想，提炼出交往理性或对话理性这一基本范畴，力求超越法学理论中实然与应然之间的张力，消解法学话语中"合法律性"（legality，对应于事实有效性）与"合法性"（legitimacy，对应于规范有效性）之间的对立。[①]

在此理论框架中，哈贝马斯对法律与道德关系进行了一种新的建构。这种新型的道德与法律关系需要通过商谈理论来加以建构，所谓商谈，是指程序主义视角下的对话。法律与道德之间的商谈如何发生？法律与道德是相互独立的，"法律获得充分的规范意义，既不是通过其形式本身，也

---

① 胡军良：《现代西方哲学的"对话"之维：从布伯、伽达默尔到哈贝马斯》，《浙江社会科学》2016年第11期。

不是通过先天地既有的道德内容,而是通过立法的程序,正是这种程序产生了合法性"①。这样,虽然现代法律需要从道德那里获得正当性基础,但是,道德却不能先验地决定法律的内容。可行的路径是通过商谈达成共识,并重构二者的关系。于是,哈贝马斯用交往参与者的话语实践取代了社会契约的私法模式,这个意义上的法成为一个作为事实性与有效性之间的社会媒介范畴。在哈贝马斯看来,要获得规范有效性,必须借助于公民积极参与公共领域的民主商谈程序,在源自生活世界的意见交流中提炼出约束公民自身的法律规则,道德由此融入了法律体系,而法律也因此获得了正当性基础,这就是法律与道德之间的新型辩证关系。

第三节 道德与司法应然关系的基本立场

在当下转型期的中国,该如何定位与重构司法与道德之间的应然关系?这不仅是个法学理论问题,更是事关国家治理的实践问题。中国共产党十八届四中全会审议通过的《中共中央关于全面推进依法治国若干重大问题的决定》明确提出:"法律是治国之重器,良法是善治之前提。"这一规定将"良法善治"看成依法治国方略的实现途径,它不仅为中国特色社会主义法治道路的开拓提供了具有实践意义的新思路,也成为我们定位与重构司法与道德之间应然关系的出发点。

一 良法善治:司法与道德应然关系的出发点

(一)良法善治的基本含义

良法善治以法治与德治关系为基础,蕴含着从良法到善治,再从善治到良法的双向互动关系。

1. 良法善治是法治与德治的统一

法治和德治都是规范人类行为的基本手段,前者所依靠的是法律规范和外在的约束,后者依靠的是伦理规范和内在的约束。法治与德

---

① [德]尤尔根·哈贝马斯:《在事实与规范之间——关于法律和民主法治国的商谈理论》,童世骏译,生活·读书·新知三联书店2003年版,第167页。

治的统一意味着关于两者关系的理性认知：一是对彼此特点、优劣的认知。道德规范和法律规范都是维护社会秩序所必需的，但它们都不是万能的，各有内在的不足。法律重在外部的强制，它可以有效维护人类的外部秩序，但却难以维护人们的内心秩序；道德重在内在的自律，它可以有效调整人们的内心秩序，但却难以整饬人类的外部秩序。二是对其各自功能领域的认知。德治与法治有着不同的社会职能，社会政治领域重在规范公共权力，更需要依靠法治的刚性；公民私人领域重在协调关系，德治的柔性会发挥更大作用。所以，在国家治理中必须强调法治，而在社会治理中则应当倡导德治。① 三是对相互作用关系的认知。二者之间不是相互对立，而是相辅相成、互为补充的，法治之中包含着德治的内容，德治之中涵括了法治的因素。道德为法律提供正当性基础，法律则为道德提供合法性界限，而且，在特定条件下，道德规范与法律规范可以相互转换。

2. 良法是善治之前提

亚里士多德很早就提出，法治具有两重含义：一是"已成立的法律获得普遍的服从"，二是"大家所服从的法律又应该本身是制订得良好的法律"。要取得普遍服从的治理效果，良法是一个重要前提。良法的制定可能要遵循很多的标准，如体现人民的意志，拥有完备的体系，具有科学合理性、现实可行性等，但所有的良法都必定有一个共同点，那就是，它是具合乎道德之法，至少说不能偏离道德的轨道。良法与恶法相对称。良法体现人权、人性的精神，贯穿公平公正的理念。社会主义法治最根本的目的是保障人民的主体地位和公民的正当权益，因而成为良法。而恶法则是侵犯人权、泯灭人性的法律，会导致社会不公，损害多数公民的利益。在恶法之下，不可能出现善治。

3. 善治是良法之落实

陈广胜教授认为，善治有四层含义：基于治理主体的"善者治理"；基于治理目的的"善意治理"；基于治理方式的"善于治理"；基于治理

---

① 俞可平：《依法治国：良法善治的本土智慧与中国道路——深度解读十八届四中全会〈决定〉精神》，《中国法律评论》2014年第4期。

结果的"善态治理"①。无论何者，都体现了对良法的尊崇。从治理主体的角度，只有良法才能确立为广大公众所信赖的合格治理者。从治理目的的角度，良法体现民意，实现社会公众福利的最大化。从治理方式的角度，良法反对权力压制，强调建立在契约基础上的合作，更能体现善治之意。从治理结果的角度，善治是政府不断回应公众需求的过程，一种多元治理、和谐治理的社会形态，这就需要通过良法来化解、包容、消除各种社会的矛盾与冲突。

（二）司法是良法善治的重要环节

良法善治是关于整体社会治理的大概念，它广泛地覆盖了立法、行政、司法等社会治理各个领域，贯穿到科学立法、严格执法、公正司法、全面守法全过程。法院的司法活动是其中的重要组成部分。

传统上，法院一般被定性为审判机关，法官是审判权的行使主体。罗杰·科特威尔曾说"法院的主要功能就是处理诉讼，几乎是普遍的观点"②。但在社会转型期的中国，人民法院又被赋予了参与社会治理的责任。首先，人民法院是社会治理创新的多元主体之一，是必要参与者。其次，人民法院是社会治理创新的重要促进力量，是积极推动者。再次，人民法院是社会治理创新的司法职能所依，是有力保障者。③

在良法善治的大框架之下，法院参与社会治理，承担社会治理责任也是题中应有之义。有人将法院的审判职能与社会治理职能对立起来，事实上，二者之间并不矛盾，它们之间完全可以并行不悖，相互促进。从广义上说，社会治理是一个系统工程，在这个系统工程中，政府机构、司法机关、社会组织以及公民个人都基于自身的角度而承担不同的功能，但同样都是社会治理的主体。社会治理的路径是多渠道、多路径的，参与社会治理的方式可以存在差异。人民法院通过对具体案件的审理裁判来解决社会纠纷，肩负着实现社会公平正义、保障社会和谐稳定之使命与责任。如果司法制度残缺不全，司法过程运行不畅，那就不可能出现整个社会的良法

---

① 陈广胜：《走向善治》：浙江大学出版社2007年版，第101—102页。

② ［英］罗杰·科特威尔：《法律社会学导论》，潘大松等译，华夏出版社1989年版，第238页。

③ 《人民法院参与社会治理创新的着力点》，中国新闻网，http://www.chinanews.com/fz/2014/07-04/6349899.shtml，2017年6月22日访问。

善治，所以良法善治的效果在相当程度上取决于人民法院定纷止争的能力和审判质量。① 司法治理构成现代社会治理系统的主要分支，人民法院所从事的审判工作既是社会治理的固有内容，也是国家善治的必要条件。

二 司法裁判中道德话语存在的必然性

历史地看，最初的法律是与道德、宗教等外部规范混杂在一起的，随着社会生活的日益复杂和人类抽象思维的发展，法律才逐渐脱离出来，有了自己独立的领地。但法律与这些外部规范所体现的价值之间的联系并未就此截断，相反，法律需不断地从它们之中汲取着养分而得到丰富与发展。就法律与价值之间的这种抽象联系，即便是实证主义者也是不否认的。分析实证主义者哈特认为："不容认真争辩的是，法律在任何时候和任何地方的发展，事实既受到特定社会集团的传统道德、理想的影响，也受到一些个别人所提出的开明的道德批评的影响。"② 社会实证主义者霍姆斯也坦承："法律不仅见证我们的道德生活而且是其外化后的积淀。它的历史正是我们民族道德发展的历史。"③ 当然在自然法学那里，法律的道德性更是被当成了法律有效性的前提。因此，他们将道德当成比法律更高的"法"的一种形态，要求立法者制定的法律与之相符，在一定意义上，法律只是实现道德律令的一种工具。如果法律背离了人类最基本的伦理目标和人类道德，它势必失去规范人们行为的合法性基础。

不过，在这种抽象联系之外，法律制度还"必须展示出与道德或正义的某些具体的一致性"④。在立法层次上，外部价值规范可以处于指导准则的地位，甚至，许多法律规范本身就是从外部价值规范直接转化而来。在这个意义上，即便是法官的严格依法裁判，司法的价值性也是毋庸置疑的，即他是通过形式推理来实现法律规则中的价值要求的。但只是立

---

① 江国华：《通过审判的社会治理——法院性质再审视》，《中州学刊》2012 年第 1 期。
② [英] H. L. A 哈特：《法律的概念》，张文显等译，中国大百科全书出版社 1996 年版，第 181 页。
③ Oliver Wendell Holmes, "The Path of the Law", *Harvard Law Review*, Vol. 10, No. 1, 1897, p. 459.
④ [英] H. L. A. 哈特：《法律的概念》，张文显等译，中国大百科全书出版社 1996 年版，第 181 页。

法价值衡量的延伸,而不属于司法价值衡量的范畴。争议最大的问题是,法官能否在司法过程直接进行价值衡量,并影响最终的裁判结果?

对此问题,许多法官与学者都给出了肯定的回答。例如,美国大法官霍姆斯坦言:"在逻辑形式的背后,存在着一个对彼此竞争的立法理由之相对价值及重要性的判断;确实,它经常是一种未经表达的无意识判断,但它却是整个过程的根基和神经。"① 卡多佐则指出:"就如同一个人不可能从他的房间和生活中排除至关重要的空气一样,伦理因素也不再能从司法(正义)活动中被排除出去。"② 就司法价值衡量的范围存在着理论上的分歧。分析实证主义认为,只有在"边缘性"(penumbral)疑难案件中,由于不能单凭规则语言和演绎推理来适用法律,法官不得不像立法者一样进行价值判断。哈特说:"在暗区问题中,一个明智裁决不应是机械地做出的,而必须是依据目的、效果和政策,尽管其并不必然依据任何我们所谓的道德原则。"③ 而在自然法学看来,价值因素在法官司法中不是有限存在,而是无处不在。富勒认为,即便是在简单案件中,目的性判断不可或缺。不知法律的目的却在解释法律的词语,几乎是不可能的事情。④ 理论分歧之中也形成了一定的共识,即法律规则是技术要素与价值(或目的)要素的复合体。技术要素表现为规则的逻辑结构,它使形式推理成为可能,却难以支撑法律规则的全部效力。在裁判个案之时,法官应当依循规则的价值或目的来解释其字面含义,价值要素的作用具有决定性意义。

综合各学派观点,对司法裁判中道德话语存在的必然性可以形成两点认识:

首先,司法过程中法官的价值衡量是不可避免的。原因在于:法律本身具有价值性,法官负有实现法律价值的义务;司法具有实践性,在司法

---

① [美] 奥利弗·温德尔·霍姆斯:《法律的道路》,张千帆、杨春福、黄斌译,《南京大学法律评论》2000 年秋季号。

② [美] 本杰明·卡多佐:《司法过程的性质》,苏力译,商务印书馆 1998 年版,第 39—40 页。

③ [英] H. L. A. 哈特:《实证主义和法律与道德的分离》,翟小波译,《环球法律评论》2001 年夏季号。

④ Lon L. Fuller, "Positivism and Fidelity to Law: A Reply to Professor Hart", *Harvard Law Review*, Vol. 71, No. 4, 1958, pp. 630 – 672.

的实践理性背后必然隐藏着许多现实的价值追求；与此同时，囿于立法理性的局限，规则体系能够存在不完备之处，在出现疑难案件时，法官不得不求助于外在价值的参照，来弥合规则与事实之间的脱节与背离；而且，相对于社会变迁，法律发展具有滞后性，法官需要借助于价值衡量来提升裁判对社会新情势的适应性。诚如美国学者孙斯坦所言："规则的解释通常要求某种实质性的道德或政治性判断——不仅包括受法律本身约束的实质性道德判断，而且还包括不可避免地进入到法律术语解释中的实质性判断。"① 由此可见司法价值衡量的必然性。

其次，法官在司法过程中的价值衡量还具有必要性，即它有助于裁判活动达到合理而正当的判决结果。价值的判断与衡量使法官进入了法律的"灵魂层面"，如果法官不能从法律的"灵魂层面"来理解法律，那么，他对于法律条文的理解终将是肤浅的；而如果他已经认知了法律的精神，却不能通过能动的衡量将其运送到个案之中，那么，他的操作方式是机械的、拘谨的，而他对于司法正义、社会正义的贡献是微末的、可悲的。较之立法者，法官更深入地贴近社会生活，更真切地感受法律效益的具体状况，即法定权利和义务的实际分配效果。尤其是在社会发生急剧变化的时候，他们能够先知"春江水暖"。在裁判中出现法律价值的冲突与背反时，由法官按照法律目的和法律精神，通过价值的比较与权衡，做出合理的选择。这是必要的，它将"法治之网"锻造得更有包容性，也更具韧性。

三 司法裁判中运用道德话语的风险性

时至今日，完全排除司法过程价值因素作用的法学流派已不多见，但是，关于价值因素的性质及其作用的大小、范围、方式，不同的法学流派之间仍然存在着分歧。美国学者比得曼观察到，"实证主义为法官的个人价值在法律的缝隙之间找到了安身之地，而法律现实主义所找到的地方却是个又大又深的峡谷"②。之所以如此，是因为不同学者对于在司法裁判

---

① ［美］凯斯·R. 孙斯坦：《法律推理与政治冲突》，金朝武、胡爱平、高建勋译，法律出版社 2004 年版，第 149 页。

② Paul L. Biderman, "Of Vulcans and Values: Judicial Decision-Making and Implications for Judicial Education", *Juvenile & Family Court Journal*, Vol. 47, No. 3, 1996, p. 64.

中运用道德话语的风险存在不同的认知。因此，我们需要对司法裁判中运用道德话语的风险进行探讨，以确立正确而妥当的立场。

（一）不确定性风险

人们担心，法官进行价值衡量会使司法失去确定性，甚至走到法治的反面。这种担心并非完全空穴来风。就字面而言，"价值"和"衡量"这两个词的主体性特征就十分明显。价值衡量的主观性或不确定性表现在以下四方面：①价值缺乏如法律规范逻辑结构那样客观化的形式，也难以通过经验观察或实证的方式来得到证明，恰如英国学者拉斐尔说："你不可能用你的眼睛看到杀人是对还是错。"[①] ②价值判断具有强烈的主体性色彩。日本学者川岛武宜说："对于判断主体来说，价值判断这种行为是一种以价值的优先选择为媒介、具有高度主观性的活动。"[②] 尽管人们都认同公平、正义、人权、秩序等价值形态的积极意义，但是，就这些价值形态的具体内涵却总是见仁见智，难有统一的意见。③不同的价值之间具有冲突性，对冲突的价值进行取舍也没有确定的标准。在价值之间发生冲突时，选择或取舍就变得更加困难。[③] ④现代社会具有价值多元化的特征，价值多元化本身成为一种价值，于是价值的主观性在一个价值多元的社会里会显得尤为突出。

（二）泛道德化风险

司法的泛道德化风险表现为，在司法过程中，依赖于道德观念或伦理准则的直接援引，法律判断与道德评价之间的纠缠不清；同时，不区分底线道德与高尚道德，用过于理想化的标准来评点被评价对象，导致了道德行为的法律强制，将本来应通过内心强制的道德事项直接通过国家强制力来加以执行。这种直接将道德义务上升为法律义务的做法是成问题的，如果这种道德义务在性质上属于富勒所谓"义务的道德"或者"底线道德"，尚可接受；但是，如果用强制手段强行推行"愿望的道德"，会导致国家公权力过度侵入公民的私生活，压缩公民社会的自由空间。同时，

---

① ［英］D. D. 拉斐尔：《道德哲学》，邱仁宗译，辽宁教育出版社、牛津大学出版社1998年版，第15页。

② ［日］川岛武宜：《现代化与法》，申政武等译，中国政法大学出版社2004年版，第241—251页。

③ 秦策：《法律价值的冲突与选择》，《法律科学》1998年第3期。

这种做法增加了判决的复杂性,使司法行为变得极其弹性,不可预期,司法寻租的可能性大为增加,容易滋生徇私舞弊、枉法裁判等司法腐败现象。

(三) 非中立性风险

司法裁判中不加节制地运用道德话语还会影响法官的司法中立,使程序公正遭到质疑,进而使判决后果失去公信力。法官中立是司法公正的重要前提。如果法官用自己的道德倾向代替了法律的推理,甚至在裁判过程中直接运用道德话语来说服或谴责当事人时,法官就是把自己的道德倾向直接转化法律的判断,明显已经表露出对具有某种道德上优势的一方当事人的支持,因此,道德话语的运用固然能够感化当事人,使司法过程更具有人情味。但是,它也可能让另一方当事人感觉不到应有的程序保护,中立性的丧失会使当事人对判决的结果产生怀疑。在此我们看到,对于司法公信力而言,道德因素的引入是一把"双刃剑",有可能实现公众对判决结果的认同,也有可能导致公众对程序不公的质疑,如果缺乏必要的司法尺度,道德话语的使用效果可能会适得其反。

(四) 法官个人价值公共化的风险

卡多佐法官指出,在司法过程中,法官"必须谨防纯粹个体的或主观的价值论。通常而言,一个法官适用的不是自己的价值标准,而是在阅读社会观念时所揭示的价值标准。他尤其不能用自己的理解取代立法机关在宪法允许的范围内用成文法确立的价值标准"①。这是卡多佐法官关于法官应如何在司法过程中运用道德话语的告诫,但其中也包含着他对于一种道德风险的担忧,即法官用自己的个人价值观念代替社会价值标准,导致了司法的恣意裁量。对此,他是坚决反对的,他说:"如果一个法官打算将自己的行为癖好或信仰癖好作为一个生活规则强加给这个社会的话,那么,他就错了。"② 因此,如果司法权成为法官个人价值的工具,会使司法彻底丧失其公信力。

此可见,司法裁判中运用道德话语的确存在着一定的风险,有可能与追

---

① [美] 本杰明·卡多佐:《法律的成长 法律科学的悖论》,董炯、彭冰译,中国法制出版社2002年版,第125页。

② [美] 本杰明·卡多佐:《司法过程的性质》,苏力译,商务印书馆1998年版,第67页。

求确定性、客观性的法治精神产生冲突与背离,严重者甚至会破坏法治的基础。如何避开这个风险,理论上会产生不同的路径。如实证主义试图尽可能多地将价值问题排斥于法律或司法领域之外来保证法学的科学性,但价值无涉的"真空"状态并不存在。既然司法裁判过程无法绝对地排除法官价值判断的作用,那么,我们所要做的不是去想方设法地否认价值衡量的存在,而是应当重点关注如何在司法过程中建立起法律与道德的协调关系。

四 司法裁判中法律与道德协调关系之构建

理论脉络的梳理有助于我们认知法律与道德的异同及互补,并以此为基础,探索司法过程中法律与道德协调关系之构建。

首先,司法过程应当体现法律与道德在价值目标及社会使命基本方向的一致性。

这种基本方向的一致性至少表现在两个方面:其一,公平正义是法律与道德的核心联结点。法律以规范的形式展现,但决非冰冷规则的混合,它内含着一套价值体系,记载着人们对理想生活的追求;在法律精神之中,最核心的便是对社会公平和正义的追求。而社会的公平正义也是道德的价值目标,尽管道德规范所调节的领域十分广泛,人们对道德问题的看法具有多元化的特征,但是,人们都能认同,公平正义是道德的内在精神,一旦失去这个内在的基础,道德理想就会失去其生长的土壤,甚至道德自身也失去了其应有价值。实现社会公平正义是法律与道德共同负载的社会使命,我们找到道德与法律的共通之处,就能够发现法律与道德在司法过程中的平衡点。

其二,规范和引导人们的应然行为模式。法律规范的逻辑结构,由行为模式和法律后果两个部分构成。行为模式是指从大量具体的实际行为中概括出来的一般行为标准,指引三种方向:可为、勿为和应为;而法律后果是指法律根据一定的行为模式对人们实际行为的肯定或否定。道德则通过向人们宣示社会生活中的"该"与"不该",同样给人们提供行为标准,并通过社会舆论的评判和内在良心的审视来对实际行为进行褒贬。这样看来,无论是道德还是法律,都会给人们的行为提供指引,也会影响人们的内心思想,如果两种规范的行为指向是一致的,那么会形成一种合力,促使一定行为持续的形成;相反,如果指向不一致,两种规范就会相互掣肘，实施效果也会大打折扣。因此，法官司法过程应当有意识地寻求法律和道德在规范方向上的一致性。

其次，司法过程应当发挥法律与道德在实现司法公平正义方面的优势互补作用。

道德与法律同样是社会规范，有着不同的调整内容与作用方式。一方面，道德对人的引导是潜移默化、诉诸内心的，它往往能够反映民众最朴素的情感，社会的主流道德能够获得大多数人的认同。但是，现实社会充满着复杂的利益关系，利益之间的冲突往往很难单纯通过道德来加以规范，道德的治理相对柔性，无法提供足够的惩罚力量，不能从根本上阻止破坏各种道德规范的行为。道德的作用因人而异，对于一个置社会评价于不顾的人，社会舆论对他的行为难有足够的约束；而一个人如果丧失羞耻心，良心对他将会毫无意义。这时，就需要法律以更加权威的方式来影响人们的行为。

另一方面，法律调节人们的行为，依靠国家强制力实施，力度比道德更强，但未必能够走入人们的内心。法律具有自身的局限性，道德可以成为法律的有益补充。例如，人类行为多种多样，有些社会领域并不适合由法律来调整，而法律不可能在制定时事无巨细，无所不包，这时道德的作用就凸显出来了。又如，由于法律具有抽象性，与现实生活丰富多彩之间的矛盾，只有通过解释才能加以适用，道德可以内化为法律的精神，而对法律的解释与适用提供助力。

总之，法律和道德可以双管齐下，良法善治就是努力将社会基本道德需求体现法律的治理之中。无论是法律还是道德，各自都不是万能的，需要发挥取长补短，有效形成协同之力，向社会运送司法的公平正义。

再次，司法过程应当实现法律与道德之间的良性互动，并保持二者之间的内在统一。

受制于共同的物质生活条件，特定社会的法律与道德往往具有内在的一致性和协调性。在一个稳定有序的社会中，两者之间会形成良性的互动关系。社会的变迁会促使法律与道德发生改变，但这种改变也不是各自孤立的发展，两者之间又会形成各种动态式的内在关联。因此，我们有必要在立法与司法实践中促进道德与法律的统一及融合，以实现社会秩序的德法并治或良法善治。在立法环节，良法的制定是重要的前提，所谓良法，应该是符合人类本性，尊重人的尊严与价值，体现社会最基本的伦理要求。良法的制定要求立法者充分考虑伦理道德价值，使实证法不偏离社会的主流道德价值观念。良法能够在社会上得到广泛的遵守与支持，在司法中则会减少法律与道德之间的矛盾与冲突。在司法环节，善治要求确立司法道德性的基本立场。尽管立法上已有良法存在，但由于个案事实的复杂性，法律与道德之间又有可能发生一定的偏离。司法道德性的立场要求，一方面，在具体个案的层面形成法律与道德之间的和谐，缓解国家法与社会观念之间可能存在的紧张关系，进而提升司法的社会效果；另一方面，应当体现司法活动的自身特点，维护现代法治最起码的安定性与可预期性，防止因为追求道德价值的实现而出现"一面倒式"的道德司法或价值司法。故步自封的机械司法固然不可取，但一味地迎合、屈从于外部压力也会沦为庸俗的实用主义，偏离法治的追求。因此，真正体现善治精神的司法应当实现法律与道德之间的良性互动，有效兼顾"法内"与"法外"的不同逻辑。

最后，司法过程应当彰显协调法律与道德之间冲突与矛盾的态度与能力，铸造新时期"法断"与"情断"相综合的司法模式。

不能否认，社会的急剧转型造成了法律与道德之间的割裂和错位，寻求两者之间的和谐是当下社会治理的一项迫切任务，如果不能在中国的社会场景中妥善地协调二者关系，中国法治建设的基础就难以夯实。人民法院是社会治理的重要参与者，肩负着在司法领域协调法律与道德之间二者关系，并引导社会道德水准提升的职责。就此而论，司法道德性应当得到尊重与提升。但是，核心的问题在于，如何在法治的框架之下实现司法的道德性？在笔者看来，司法道德性的提升并不能依赖于道德观念或伦理准则的直接援引，因为这会导致司法的泛道德化，以及法律判断与道德评价之间的纠缠不清。我们应当找到司法道德性与实定法或客观价值之间的联结点，在这个联结点上，法律方法论所发挥的作用是不可替代的。在新形势下建立"法断"与"情断"相结合的司法模式，形成"法情相谐，综合为治"的裁判进路。这需要法官通过掌握相应的裁判技巧，遵循一定的司法方法论原则，在社会道德需求与依法裁判的职责之间获得一种平衡，使道德追求与法治精神得以相互兼容，由此产生的判决能够在社会道德共同体与法律共同体之中同时得到检验和接纳。唯其如此，司法的道德性才能获得恒久的生命力。

第 五 章

回应型司法的理念与模式

第一节 回应型司法的类型学分析

在社会转型期,公众道德需求经由疑难案件的道德争议,通过道德信息的独特传递方式嵌入司法场域,不仅给承办案件的法官带来了沉重的压力,而且可能导致司法公信危机。如何应对公众道德需求关系重大,回应型司法模式的建立成为必然的选择。

一 回应型司法的缘起与特征

回应型司法是关于司法制度、司法方式的一种类型划分,归属于司法类型学研究。司法类型学通过对特定时空下的司法制度与实践,从指导思想、价值追求、运作方式等诸方面进行理论概括、体系化,揭示出共有的类型特征,并与其他的司法制度与实践进行比较,以探讨其对特定社会的适用性。在学术史上,成熟的司法类型学研究发端于韦伯的"理想类型"方法论。韦伯将法律制度划分为四个理想形态:实质理性、形式理性、实质不理性、形式不理性。这四种不同的理想形态各具特色,同时又代表法律制度发展的不同阶段,法律历史变迁大致依循下列顺序:形式不理性→实质不理性→实质理性→形式理性,通过阶段式的发展逐渐走向法律的理性化。[①]"理想类型"方法论开启了法律和司法的类型学研究。

---

① [德]马克斯·韦伯:《经济与社会》(下卷),林荣远译,商务印书馆1998年版,第18页。

在诸多的法律类型学研究中，美国学者诺内特和塞尔兹尼克的理论颇具特色。他们从历史发展的角度，总结出三种依次序产生的法的类型：压制型法、自治型法、回应型法。其中，压制型法表述的是作为压制性权力工具的法律；自治型法是一种能够控制压制并维护自身完整性的法律形态；而回应型法则是指能够成为回应各种社会需要和愿望的便利工具的法律。这三种法律类型的划分构成了"法律与政治秩序和社会秩序的关系的进化阶段"①。

以法律制度类型划分为基础，产生了司法的类型化。借鉴诺内特、塞尔兹尼克的法律类型说，各种各样的司法类型也应运而生。意大利学者卡佩莱蒂将司法责任制度分为压制型（或依赖型）、社团自治型（或隔离型）、回应型（或利用者本位型）三种模式。②沈国琴将司法制度类型分为压制型、管理型和超然中立开放的司法模式。③也有学者直接借鉴诺内特、塞尔兹尼克的概念，直接将司法制度的类型划分为压制型司法、自治型司法以及回应型司法，并认为，当前我国的司法制度正处于自治型司法向回应型司法转变的过程中。④更有学者认为，作为一种最贴近现实的理想类型，回应型司法代表了促使中国司法走出目前困境的、较具竞争力的一条路径。⑤尽管在类型划分的称谓上存在不同，但回应型司法作为一种司法类型已为越来越多的学者所认同，也成为我们思考应对公众道德需求的逻辑起点。为此，有必要汲取压制型法、自治型法与回应型法的概念内涵，剖析回应型司法的本原特征。

首先，回应型司法是对压制型司法和自治型司法的扬弃与超越。

在诺内特和塞尔兹尼克的理论体系中，压制型法、自治型法与回应型法分别对应于法律演进的不同阶段："压制型"法大致对应"作为统治阶级暴力机器"的法律，这是前现代的法律治理类型；"自治型法"大致对

---

① ［美］P. 诺内特、P. 塞尔兹尼克：《转变中的法律与社会》，张志铭译，中国政法大学出版社1994年版，第21页。
② ［意］莫诺·卡佩莱蒂：《比较法视野中的司法程序》，徐昕、王奕译，清华大学出版社2005年版，第105—106页。
③ 沈国琴：《中国传统司法的现代转型》，中国政法大学出版社2007年版。
④ 苗建勇：《从自治型到回应型司法转变》，《人民法院报》2011年10月1日第2版。
⑤ 高志刚：《回应型司法制度的现实演进与理性构建——一个实践合理性的分析》，《法律科学》2013年第4期。

应"法治"模式即现代法律治理类型;① 而"回应型法"代表了法律与社会的未来发展方向。因此，诺内特和塞尔兹尼克提出，与回应型法相对应的法律改革方案，并不是对以前两种法律类型的简单否定，而是吸取了两者合理因素后的超越与扬弃。正是在这个意义上，应该说，这三种法律类型各自具有相匹配的司法模式，在法律的总体特色之下，相应的司法模式也会体现出相应的特点。法律类型的发展同时也是司法模式的发展，在司法层次上，所谓"迈向回应型法"也就是"迈向回应型司法"。

其次，回应型司法应当融贯实质与形式、价值与经验。

诺内特和塞尔兹尼克指出，回应型法的要旨是在特定制度的框架内将实质正义与形式正义统合起来，"在维护普遍性规范和公共秩序的同时，按照法的固有逻辑去实现人的可变的价值期望"②。如果司法过程不能有效地将实质与形式融贯起来，是不可能体现回应型法发展的主旨的。同时，两位学者又提出，在具体的方法论上，应当"将价值追求和经验实证结合起来"③，尤其是要重视对于社会现实的实证研究。为此，法学理论应当及时反映社会科学的新变化，通过分析经验材料来赋予法律概念更符合时代要求的内涵。之所以如此，乃是因为社会的快速转变与多元化趋势已侵蚀与动摇了传统的法律权威体系，如果法律与司法仍然固守常规，则会成为僵化的教条，不能有效应对法律治理的诸多危机。在此过程中，道德发展也将给司法带来时新的实质内容。

最后，回应型司法是具有开放性、应答性、问题导向性的司法模式。

诺内特和塞尔兹尼克写道："对回应型法律秩序的需要，则已成为所分享 R. 庞德那种功能性、实用性和目的性精神的人的首要论题，成为法律现实主义者和规则模型的当代批评者的首要论题。"④ 依两位学者的看法，法律目的的开放性和回应性增强了司法者通过法律解释处理社会纠纷

---

① 于浩：《迈向回应型法：转型社会与中国观点》，《东北大学学报》（社会科学版）2015年第2期。
② ［美］P. 诺内特、P. 塞尔兹尼克：《转变中的法律与社会》，张志铭译，中国政法大学出版社1994年版，第16页。
③ ［美］P. 诺内特、P. 塞尔兹尼克：《转变中的法律与社会》，张志铭译，中国政法大学出版社1994年版，第2页。
④ ［美］P. 诺内特、P. 塞尔兹尼克：《转变中的法律与社会》，张志铭译，中国政法大学出版社1994年版，第20页。

的能力,因而回应型法是一种更具张力、更能容纳社会变革的法律范式,甚至是一种"以问题为中心的、社会一体化的"机制。[①] 法律不断地从社会中汲取新的实质性内容,又在既有法律框架内进行重构,推动新的制度以及新的司法样式的建立。在此过程中,法律与社会之间的关系于是变得更加弹性,也更有活力。法律范式通过强化其合法性与合理性,在政治层面增强其话语权,在社会层面获得更为广泛的接受性,一种新型的得到公众普遍服从的法治秩序得以建立。

二 回应型司法的中国特色

在当下中国转型期,回应型司法模式的确立有其特殊意义。这不仅是因为它能够回应转型期中国的特殊国情或时代需求,更是在于这种体现司法运行阶段规律的司法模式契合了我国司法政策的发展取向,从而彰显出鲜明的中国特色。具体而言,置身于中国当下转型期司法的具体场景,回应型司法可以归纳出以下核心要旨:司法为民、个案正义、感受正义、问题导向、均衡办案。

(一) 司法为民

中国的司法以"人民司法"为主要特色,"从群众中来,到群众中去"既是中国共产党的基本路线,也是司法工作的指导方针。司法为民被确定为司法工作的主线,并以此为出发点,着力解决影响司法公正、制约司法能力的深层次问题,确保人民法院依法独立公正行使审判权,不断提高司法公信力,促进国家治理体系和治理能力现代化。[②] 为此,司法机关要将人民群众的根本利益作为法院工作的出发点、落脚点,始终将人民群众是否拥护、是否赞成和是否满意作为衡量司法工作质量的主要标准,及时回应人民群众的司法需求是新时代司法工作的应有之义。

在当下中国,人民群众的司法需求日益增长,但司法工作或司法机关所能提供的服务却不能满足这种需求,二者之间的矛盾可谓当代司法的主要矛盾。司法改革的目标就是要解决人民群众司法需求与司法能力之间的

---

① [美] P. 诺内特、P. 塞尔兹尼克:《转变中的法律与社会》,张志铭译,中国政法大学出版社1994年版,第103页。

② 最高人民法院《关于全面深化人民法院改革的意见》,2015年2月4日。

不匹配矛盾。人民法院的改革纲要始终将满足人民群众司法需求作为维护人民利益的根本路径。在司法活动中，司法人员应当充分听取人民群众的意见，重点解决群众不满意的问题，司法判决要体现和融汇群众的意愿，自觉接受群众的监督和检验。人民的意愿和需求成为决定司法工作的主导力量。正如宋鱼水法官指出："法律欲得到大众的欢心需要走向大众、研究大众，万不得抛弃大众"；"法官不是决定者，真正决定法官的是经济发展的需求和社会公众的压力"①。因此，回应型司法的要旨在于及时回应人民群众不断增长的司法需求，而司法审判也应当关注公众道德需求所表征出来的内在价值冲突，及时调节公众朴素道德情感与司法理性之间的不一致，努力满足民众对公平正义的期待。

（二）个案正义

根据人民法院改革纲要，全面深化人民法院改革应当紧紧围绕让人民群众在每一个司法案件中感受到公平正义的目标。公平正义落实在每一个司法案件中就是一种个案正义。个案正义是指在一般正义的指引下，对个别人、个别案件处理的公正。在司法活动中，个案正义之所以重要，主要是因为立法所确立的一般正义由于法律规范本身的局限性，在适用于个别案件的时候，这种一般正义并不能"天然地"转化为个别正义，而有待于能动的司法活动。面对不断变化的社会生活，面对复杂多样的案件情况，立法者难以预先以完美无缺的公平方法来应对。立法上的正义总是带有这样或那样的缺憾。在这种情况下，司法活动的价值就益发显现出来，因为它是个案处理的机制，能够在一定程度上弥补法律规范的抽象性、概括性和确定性所可能损及的某些公正。由此观之，个别正义可以说是一种"衡平"的正义。② E. 博登海默也说："刚性适用不受衡平法制约的严格不变的法律规则，往往会导致巨大的灾难和重大的非正义现象。"③ 一般正义只能通过个别正义来实现，一味追求法律的机械适用不仅不能实现个案正义，也会在很大程度上歪曲一般正义的意旨。

---

① 宋鱼水：《论法官的选择——谈学习社会主义法治理念的体会》，《法学家》2008 年第 3 期。

② 陈兴良：《刑事司法公正论》，《中国人民大学学报》1997 年第 1 期。

③ [美] E. 博登海默：《法理学：法律哲学与法律方法》，邓正来译，中国政法大学出版社 1999 年版，第 459 页。

法律是反映人民意志的，但在中国的司法场域中，司法为民的理解不能仅仅局限于法官应忠实地适用反映人民意志的立法，这种理解太狭窄了。司法为民要求法官所服务的不单是抽象的人民意志，而是落实到其所处理的案件中的诉讼当事人，以及他的判决可能影响到、可能对他的判决进行评价的社会主体。在法官的职责中，人民群众已经被具体化为特定的人群，人民群众的根本利益也已经被具体化为特定的利益诉求。因此，法官应该意识到他的生活场域始终是具体的，他必须能够以"一滴水"而见"阳光"，通过对特定人群特定利益诉求的处理来展示对人民群众根本利益的服务。由此看来，回应型司法不仅要求及时回应整体性的人民利益需求，更要回应人民群众的个体的、具体的司法需求。

（三）感受正义

司法工作的目标是让人民群众在每一个司法案件中感受到公平正义，这意味着，司法所实现的公平正义应当是人民群众所能"感受到"的，所以这一种"感受正义"。如果说客观正义实现与否主要看其是否符合某种客观的外在标准，感受正义则需要诉诸相关主体的主观感受，是主观感受层面的正义。实际上，公众基于日常经验得出的关于司法判决公正与否的判断，就属于感受正义的范畴。对感受正义也可以进行科学的探究。社会心理学曾运用田野调查和实验研究的方法，对被观察者和实验研究中的参与人的主观感受进行数字化表达，试图发现公众对程序正义的心理感知特点与规律，评估程序正义的程度。①

感受正义的提出，实际上对转型期的司法工作提出了更高的要求。公正审理案件，防范冤假错案，是感受正义的根本与客观基础。但除此之外，感受正义还要求社会公众能够认同法院的判决，并培养起一种对于司法公正的信赖感。如果能够通过辨法析理，达到胜败皆服的效果，当然是十分理想的。但是，败诉方当事人基于对自身利益的追求，往往倾向于对判决采取敌视、对抗的态度，要求他们对于不利于己的判决完全心服口服，或许不太现实。但是，如果他们在司法过程中感受到了公平对待，在法官的辨法说理中感受到了法律的本意所在，因而对不利判决给予理解，

---

① 郭春镇：《感知的程序正义——主观程序正义及其建构》，《法制与社会发展》2017 年第 2 期。

这同样也是感受正义的一种形式。感受正义还是一种同理心正义，同理心在旁观者和当事人之间架起了跨越鸿沟的桥梁，并促使旁观者投射、模拟并采用他们的观点，关切和体谅他们，自然能产生情感共鸣和感同身受的积极回应。所谓"人同此心，心同此理"①。这样可以通过社会对判决的广泛认同，产生说服不利当事人，平抑不合理诉求的效果。

（四）均衡办案

司法是一种平衡的艺术。法律适用并非基于给定的大小前提的简单演绎，而是对各种判决理由进行权衡的过程。法官在作司法裁决时，应当考虑与案件相关联的诸多道德原则和价值，"一项明确的法律义务是在对'所有关联因素'进行衡量和权衡的基础上得以确定的"②。权衡的目标是实现各种法律与法外因素的平衡，在维护法律制度的稳定性与形式合理性的基础上，实现司法的实质合理性，最大限度地满足社会主体的多样性需求。

在当下的社会转型期，强调均衡办案具有更深层次的现实意义。首先，所以转型期社会结构的剧烈变动，社会利益的分化导致了社会主体之间的利益冲突加剧。利益主体的多元化发展，使不同主体间的利益诉求未尽一致；同时，利益类型也呈现出多元化特征，除了传统的经济利益、人格利益之外，还有新型的信息利益、情感利益等。这就需要法官在个案的裁判中主动平衡不同利益主体间的诉求，既包括案件当事人之间的利益平衡，也包括案件当事人与案外第三人之间的利益平衡，还包括涉案个体与社会之间的利益平衡。其次，由于转型期法律的发展与社会的发展并不完全同步，法律对社会各领域的调节尚未达到圆融自如的程度，这就需要司法以回应的姿态，成为法律与社会之间的平衡器，消解二者之间可能发生的紧张关系。正如丹宁勋爵所说："法律就像一块编织物，用什么样的编织材料来编织这块编织物，是国会的事，但这块编织物不可能总是平平整整的，也会出现皱褶；法官当然不可以改变法律编织物的编制材料，但是他可以也应当

---

① 杜宴林：《司法公正与同理心正义》，《中国社会科学》2017年第6期。
② 王彬：《司法裁决中的实质权衡及其标准》，《法商研究》2013年第6期。

把皱褶熨平。"① 最后，由于转型期法律的发展与其他社会规范的发展并不完全同步，法律的规定与社会意识之间存在不匹配的情况，甚至会出现紧张关系，在法律适用过程中关注民众对裁判的可能的道德反应，是提高判决社会接受程度的重要方面。德国学者拉伦茨指出：法官先是在法律中寻找案件的解答，然而，结论能够在伦理上被正当化才是最重要的。② 建立回应型司法制度，并不表明我们要抛弃专业化的严格法治，而是要求在司法中均衡地兼顾法律效果与社会效果。

第二节 回应型司法的道德供给功能

司法要从满足人民群众需求出发来进行改革，这就需要研究转型期人民群众的各种需求及其产生根源，有针对性作出回应。公众道德需求的提出其实意味着社会道德供给的不足，法律制度尤其是将法律与现实联结起来的司法过程应当成为社会道德需求的重要供给机制。

一 转型期社会道德的需求与供给

转型期社会道德供给的不足是产生强大公众道德需求的根本原因。经济学上的供需关系模型可以提供一个独特的视角。就此而论，道德需求是指为行为主体在特定时期和范围内所期待的道德规范及合道德行为的数量；道德供给，是指行为主体在特定时期和范围内，愿意而且能够提供的道德规范及合道德行为的数量。

（一）转型期社会道德供给不足的根源

转型期社会道德供给不足具体表现为社会上能够得到普遍遵守的道德规范的缺失，以及人们的合道德行为数量的下降，相反，失德、悖德的行为却大量上升，使得人们的道德需求得不到均衡的满足。究其原因，有两点至为重要：

一是与市场经济相匹配的道德体系尚未建立。亚当·斯密曾指出，在市场经济条件下人们需要拥有一些道德素质，包括：自爱、自

---

① ［英］丹宁勋爵：《法律的训诫》，杨百揆等译，法律出版社1999年版，第12页。
② ［德］卡尔·拉伦茨：《法学方法论》，陈爱娥译，商务印书馆2003年版，第28页。

律、乐善好施、同情、公平、正义感、仁慈、慷慨、宽容以及公共道德规范等。① 这大致描述了与市场经济体制相配套的道德观念体系。如果缺失市场信用，市场交易成本必然提高，交易链甚至会因此中断；如果社会到处充斥着"琐细的哄骗和欺诈手段"，势必造成经济活动的无效率或低效率；② 社会的普遍失信状态，将使市场经济陷入严重的无序状态。所以，现代市场经济需要现代市场道德相适应，但是，社会转型只是打破了传统的道德体系，新的道德规范体系尚未建立；而市场经济的求利本性却释放出强大的个人主体性，这虽然创造了极高的社会效率，推动了经济的发展，但如果没有足够的规范来加以制约，势必引起主体性求利行为的泛滥。

二是现有道德资源的非匹配性。事实上，转型期并非没有可资利用的道德资源，分析起来，这种道德资源大致分为三类：其一是中国传统道德思想，其二是革命传统道德思想，其三是近现代西方道德思想。③ 这三种道德思想虽然从不同角度影响着当下中国道德意识的转型，但并不完成匹配于当下道德需求的满足。例如，以儒家伦理为核心的传统道德思想源远流长，在国民道德意识中根深蒂固，但其中夹杂着与现代社会不相符合的糟粕成分，需要去粗取精，进行创造性的转换，才能契合当前的道德需求。又如，革命传统道德思想在长期的革命和建设实践中逐渐形成，所传承的优秀价值理念需要我们进一步发扬光大，但是，由于这些道德思想来自战争年代与计划经济时代，与当下的语境并不完全契合，同样需要进行价值重构和整合。再如，西方道德思想虽然根植于市场经济和法治传统，具有更强的现代性，但由于文化的差异，西方道德思想也不能拿来就用，而应当进行认真的价值过滤和价值选择，也要去伪存真，进行切实的民族性重构。

（二）合道德行为的增加与减少

在市场经济中，合道德行为的提供者也具有经济人的特征，即"总

---

① ［英］亚当·斯密：《道德情操论》，蒋自强、钦北愚等译，商务印书馆 2003 年版，第 25、96—97 页。
② 姚剑文：《市场经济的"道德悖论"与道德供给机制分析》，《求实》2004 年第 2 期。
③ 寇东亮：《公民道德教育中道德资源供给的三个基本路径》，《云南社会科学》2008 年第 5 期。

会努力使他用其资本所支持的产业的生产物能具有最大价值,换言之,能交换最大数量的货币或其他货物。……他通常既不打算促进公共的利益,也不知道他自己是在什么程度上促进那种利益"①。经济人在做出一定道德行为时,虽然不以追求经济利益为唯一目标,但理性选择与功利判断仍然对其行为的发生、发展产生实质影响。这样,我们也可以用经济模型来分析一个人的合道德行为。

道德实践往往是两种选择之间的权衡。实施道德行为意味着要放弃自由、财富、闲暇,由此带来负效用;但合道德行为也带来社会赞誉、自我实现等正效用。问题不在于有无负效用,而在于正效用能否大于负效用。道德奉献的正效用(快乐)大于负效用(痛苦),总效用增加,道德奉献就有足够的支撑;相反,如果负效用大于正效用,总效用减少,人们面对道德奉献就会犹豫、退缩。因此,要增加道德奉献行为,就要使行为实践者的边际收益(效用)大于或等于边际成本(负效用)。② 当然,道德信念的坚定程度是因人而异的,对于少数道德高尚者而言,追求道德信念本身就可以消解一部分负效用,但对于大多数为生计而操劳奔波的普通人而言,他们不能也不愿接受道德行为负效用显著大于正效用的状态,如果这种状态得不到化解,甚至持续下去,这会在他们心中导致道德焦虑,进而催生强烈的道德需求。

人们对处于困境中的他人进行帮扶,与行为后果的大致预期有很大关系,这种预期未必指取得很大的收益,而是至少不会给自己带来无法承受的麻烦和成本。作为一种负效用,这种现实的麻烦和成本会影响到帮扶者的行为决策。彭宇案判决为什么产生了持久的负面社会影响,就在于这一判决改变了潜在帮扶者的行为预期。他们可能承受连句"谢谢"都收不到的情境,但至少自己不会受到诬告,卷入更大的麻烦。彭宇案判决却展示了一种更严重的负效用,即自己很可能被反咬一口,即使法院最终公正地查清事实真相,自己也仍须因为诉讼付出额外的时间和精力。这样,一部分原先愿意提供低水平救助的帮扶

---

① [英]亚当·斯密:《国民财富的性质和原因的研究》(下卷),郭大力、王亚南译,商务印书馆1974年版,第27页。
② 胡海鸥:《道德行为的经济分析》,《合肥联合大学学报》2002年第2期。

者将由于成本太高选择退出。① 如果存在此类负效用的预期，理性行为人会改变帮扶的方式，降低帮扶的水平，甚至选择不予帮助的态度，整个社会中的合道德行为会因此减少。

因此，当人们提供了道德行为，社会就要给予正面的肯定，增加其边际利益，减少边际成本，使道德成本的收益超过可能的成本；而如果有人实施了不道德的行为，社会就应给予负面评价以及惩罚，以减少其边际利益，增加边际成本，使其成本超过收益。这样才能促进道德行为的增加，不道德行为的减少。如果对道德行为缺乏正面的肯定，甚至要求其支付不应有的成本，对道德行为人缺乏公平对待，势必会对人们心理产生消极影响，助长不道德风气，也会使道德行为减少，并反向促使不道德行为的供应量增加。

在当前的社会转型期，如何使人们的合道德行为数量增加，不道德行为减少已成为一个亟须破局的问题。由于法律制度具有稳定性和可持续性，建立增加社会道德供给的法律机制将会有助于解决这一问题。

二 增加社会道德供给的法律机制

法律制度可以成为道德资源的供给通道。在西方制度经济学中，制度的含义较为广泛，包括正式约束和非正式约束借以实施的各种机制。公正合理的制度本身就是一种道德资源，它通过营造抑恶扬善的社会氛围，形成稳定、可预期的社会秩序，减少行为的不确定性，降低交易费用，促进经济效率和社会发展。在所有的制度形式中，法律居于核心地位，司法则是将法律转化为生活秩序的路径，在增加道德供给方面具有其他方式无法比拟的优势。

首先，它有助于在市场参与者中间建立和维持稳定的社会预期。

市场经济带来个人主体性力量的释放，随着人们互动和交往频率的加大，世界的景象变得越来越复杂和不确定。听任求利行为或非道德冲动的无序蔓延，将会增加市场和社会的摩擦与损耗，社会有可能陷于失序状态。因此，市场经济行为单凭道德的维持是相当困难的。制度是以明确、

---

① 李锦辉：《无关道德的"老太太摔倒均衡"分析——从"彭宇"案到"佛山女童"事件的理性逻辑》，《中国政法大学学报》2013年第5期。

客观的方式规定了社会关系网络中各种角色的权利与义务关系,其优势于是凸显出来。哈耶克指出,制度"在本质上便意味着个人的行动是由成功的预见所指导的,这亦即说人们不仅可以有效地运用他们的知识,而且还能够极有信心地预见到他们能从其他人那里所获得的合作"①。明确的规则有助于减少整体环境上的不确定性,非人格化特征有助于平等地对待所有的参与者,市场主体对于激励和约束的边界了然于胸,为道德资源的供给提供了可预期的制度与秩序环境。

其次,它有利于道德自律与利益追求的有机结合。

市场经济个体都是追求利益最大化的理性人,在交易时往往计算预期收益与预期成本。如果缺乏对个体利益追求的足够约束,个体预期违约成本小于守约成本时,则可能会置诚实信用于不顾;而当少数人因失德行为获取经济收益时,他们可能成为整个社会的效仿对象,失德行为会蔓延开来,于是"劣币驱逐良币",经济秩序发生紊乱。法律和司法能够为失德行为确立明晰和刚性的底线,向市场参与者提供稳定的规则预期,确保了市场经济运行对信用和合作的供给。每个人都一面提供信用和合作,一面又接受信用和合作;既有要求信用和合作的权利,同时又有履行信用和合作的义务。在这种关系之中,遵守道德成为利益互惠的生存方式,社会的道德水平必然会得到大大的提高。② 所以,良好的制度向市场中的理性人清晰地传达了应该如何行动的信息。如美国学者罗尔斯所说:"当制度公正时,那些参与着这些社会安排的人们就获得一种相应的正义感和努力维护这种制度的欲望③。"④

最后,它有助于实现对道德供给的主动调节。

在社会生活中,法律与道德并不处于相互隔离的状态,它们所调整的社会关系有重合之处,如道德规范中的尊老爱幼思想与《老年人权益保

---

① [英]弗里德利希·冯·哈耶克:《自由秩序原理》,邓正来译,生活·读书·新知三联书店1997年版,第200页。

② 姚剑文:《市场经济的"道德悖论"与道德供给机制分析》,《求实》2004年第2期。

③ [美]约翰·罗尔斯:《正义论》,何怀宏、何包钢、廖申白译,中国社会科学出版社2009年版,第456页。

④ [英]弗里德利希·冯·哈耶克:《自由秩序原理》,邓正来译,生活·读书·新知三联书店1997年版,第200页。

障法》《未成年人保护法》的相关规定，以及刑法中的虐待罪、遗弃罪规定存在着密切的关系。法律向社会传递着道德精神，尤其是在婚姻家庭法、妇女权益保护法等伦理法领域，诸如尊老爱幼、夫妻忠诚、相互扶助、家庭和睦等既是法律的内在精神，也是在日常生活中朴素道德情感的体现。相关的法律之中对这种道德精神进行了明白的宣示，并且落实到一些具体的规定和条文之中，以明确的方式实现了对这类行为的调节作用。而且，道德供给还可以通过主动的方式来实现。为了增加社会中的某类道德行为，提升其在制度上的保障不失为一条有效路径。例如，社会中经常出现一些"英雄流血又流泪"的案例，见义勇为者付出了不该付出的成本，消解了人们进一步实施见义勇为行为的意愿和积极性。因此，要在法律制度层面解决见义勇为者的责任及激励问题。非制度化方式来推行这一措施在效果上会大打折扣，只有通过制度的方式才能使这一举措得到真正的落实。法律与司法应当成为增加全社会道德资源的重要供给方式。

三 转型期司法机关的道德建设担当

可见，无论是从回应公众道德需求，还是向社会增加道德资源的制度供给，都对司法机关的道德建设担当提出了新的要求。近年来，司法的价值引领功能受到理论界与实务界的重视。这是指司法不单是字面规则的机械适用，同时也要在精神实质上表现出对惩恶扬善的正义观和民众道德行为的引领。[①] 在司法实践中，将社会主义核心价值观融入司法裁判已逐渐成为司法机关的主动追求。在转型期，司法机关应当以更为能动的角色参与到社会道德建设，体现出更大的道德建设担当。

首先，司法机关是政治公共道德责任的积极履行者。

现代政治生活的主要力量是公权力机关，公权力的行使并不是单纯的管理行为，它也是履行其政治责任的一种方式。司法机关必须积极履行法律赋予的各种司法责任，也要履行其政治角色所赋予的社会责任。在诸多政治责任之中，公共道德责任是其中重要的一项。这就要求司法机关必须站在社会治理者的立场上，致力于建设一个道德责任的氛围。在这个意义

---

① 蒋传光：《司法的价值引领功能》，《中国司法》2015年第8期。

上，政治话语与道德话语之间其实存在着诸多的一致性。中华人民共和国成立以来，我国司法历来强调司法的人民性，这不仅是党的群众路线在司法活动中的落实，同时也是维护政治合法性的一种实践；寻求人民群众的支持，需要以道德上的正当性作为保障。通过倡导来自人民群众的、正面的价值观，司法机关引导民众的积极行为，促使良善社会风尚的形成，这是司法机关政治责任以及公共道德责任的积极履行路径。

其次，转型期司法是满足社会道德需求的重要供给机制。

在社会转型期，由于道德失范行为的大范围存在，合道德行为成为稀缺资源，人们在日常生活中遇到了伦理道德与精神信仰上的困惑，期待司法能够在道德问题上有所作为。司法是社会公正的最后一道防线，一旦司法抛弃了道德立场，社会心理的底线也将随之崩溃。在性质上，司法能够将抽象的法律与具体的案件联结起来，法律的精神在司法活动中获得了具象性的表现，因此，司法作为满足社会道德需求的重要供给机制是其他供给方式所无法取代的。因此，法官在审理案件中应当从转型时期社会的基本特点出发，关注民众对裁判的可能道德反应，从法律与道德合理协调关系的角度来更新司法理念，以妥当的方式主动回应社会的道德需求，成为增加社会道德供给的重要管道。规则整合与道德重建理应成为转型期司法过程的一体两面，通过司法的价值引领，实现社会整体法治意识与道德素质的共同提升。

再次，司法中的道德教化是一种值得延续的优良历史传统。

中国人的世界观实际上是道德观。道德是传统中国法秩序的正当性基石。自古以来，中国政治生活中就突出道德管理和道德教化的作用。美国学者费正清认为："儒家在多数帝国的统治者们主要依靠宗教权威的时候，却为当朝的政权提供一种合乎理性的道德权威，以行使他们的权力，这是一个伟大的政治发明。"[①] 由于传统文化的影响，道德在中国人的生活中处于很高的位置。在这种观念氛围中，司法既是一种法律实践，也是一种道德实践。司法不仅要解决纠纷，还需要承担道德教化的功能。法官不能仅是个被动的法律适用者，他还需要占据道德制高点；判决不仅要有法律的强制效力，更要有道德上的示范作用。司法工作者在司法的过程中

---

① 周奋进：《转型期的行政伦理》，中国审计出版社2010年版，第236页。

不能仅仅依靠机械地运用法条解决问题，而是应该站在社会的角度，透过民众的道德观正义观来审视案件，结合法律原则，弥补法条的不足，通过法条与法律原则的结合实现司法判决。由此得来的判决，既有法律的威慑力，又有法律原则的合理性，间接影响社会民众的道德水准。[1]

最后，司法的价值引领有助于提升判决的社会认同。

引领社会价值并未赋予司法某种前所未有的职能，它本就是提升判决社会认同的支撑因素。判决融入社会道德观念的考量能够有效拉近司法机关、司法人员和社会生活之间的距离，一方面加深了民众对法律的理解，另一方面也展示了法律不背离天理、人情的精神。如果司法机关在依法裁判之外，采取以德服人的姿态，这对于化解矛盾、缓和社会关系会发挥更为积极的作用。同时，判决的社会认同是司法活动合法性的一种体现，如果判决总是与"世道人心""天理人情"不合拍，最终会侵蚀司法本身的正当性基础。现代法治社会崇尚法律至上，有时候可能走向另一种极端，即漠视道德与人情，忽视了法律维护社会和谐稳定的政治功能。道德话语的运用恰好可以弥补立法空白或法律脱离实际的缺陷。[2] 可见，司法的价值引领不仅可以向社会提供更多的道德供给，同时也能提高当事人和社会公众对判决结果的认同度，形成互动共赢的良性局面。

第三节　回应型司法与司法方式的转型

回应型司法要求法官采取与之相适用的司法策略。它不仅表现为对裁判结论中的某种调整或变通，而且通过运用裁判的技艺来化解法律与道德之间的摩擦危机，使法律与道德与案件处理中各得其所。这种司法策略其实是整体司法方式转型的一个侧面。

一　由机械性司法转向目的性司法

正统司法以法律形式主义为典型模式，其包含一种特定的司法方式。

---

[1] 蒋传光：《司法的价值引领功能》，《中国司法》2015 年第 8 期。
[2] 刘畅：《论司法裁判中的道德话语》，《人民论坛》2012 年第 12 期。

美国学者纽博恩说："纯粹的形式主义将司法系统看作是一种巨大的三段论机器，由确定的、源于外部指令的法律规则提供大前提，客观真实的、已经存在的事实提供小前提。法官的工作类同于技术熟练的机械工人，他肩负着鉴别正确的外部规则的重要职责，却对于规则的选取不享有合法的自由裁量权。陪审员的工作就是竭尽所能地发现真正的事实，并将它们填入这台机器。结论在逻辑上可以自我生成。"① 逻辑方法是法律形式主义唯一认可的法律适用方法。尽管逻辑方法并不限于纽博恩所说的三段论，但演绎推理的确是形式主义法律推理的核心，任何一种与判决结果相关的裁判行为都可以按演绎推理的形式表达出来，法律适用体现了逻辑上的必然性。

在这样一种法律推理模式中，法律以客观的和无差别的方式加以适用。正如伯顿所说，法律形式主义是这样一种主张，即"法律推理应该仅仅依据客观事实、明确的规则以及逻辑去决定一切为法律所要求的具体行为"。按照形式主义的法律推理模式，"无论谁做裁决，法律推理都会导向同样的裁决。审判就不会因为人的个性的怪异而变化。法律和法律推理足以使律师有信心地去预测政府官员的行为。法官就可以无须判断力而裁决案件。评论者也可以有信心地说，司法判决是依法作出的"②。

法律形式主义的司法方式要求法官对法律规则作出绝对性的遵从，时刻提防并避免对立法权的僭越和侵犯。其基本假设是：法是全知全能的；法官不能以无法可依为理由来拒绝作出判决，而必须通过解释发现包含在法律体系之中的具体的规范。法被理解为一个自我封闭、等级森严的体系，一切事实关系都必须而且能够包摄其中。严格区分立法和司法的功能对于维护该系统的自足性具有重要意义，立法可以相对自由地追求国家的政策目标，但司法只能在严格的法定条件之下进行判断。在此过程中，司法者必须尽量排除主观的价值判断，通过逻辑三段论的推理保持法律决定的首尾一贯、无懈可击。这种极端形式主义的"法治"理论完全排除了

---

① Burt Neuborne, "Of Sausage Factories and Syllogism Machines: Formalism, Realism, and Exclusionary Selection Techniques", *New York University Law Review*, Vol. 67, No. 2, 1992, p. 421.

② ［美］史蒂文·J. 伯顿：《法律和法律推理导论》，张志铭、解兴权译，中国政法大学出版社1998年版，第3页。

司法过程中人的作用，并使司法推理成为一种近乎机械和自动的活动，因而不具有现实性。法律规范被认为具有普遍性和永恒性，可以"放之四海皆准"。不言而喻，这是一个按照牛顿力学原理建立起来的法律空间。①而法官在其中总是一个无面目、无个性的中性人，是法律规范的机械适用者，是一张"重复法规语言的嘴巴"②。

显然，法律形式主义只是一种无法实现的司法理想，它脱离了具体的社会历史条件和个体的自身生存经验，未能体现司法过程作为一种社会认识或社会解释的内在规律。由于法律规范以抽象语言来表述，因此，立法者通常是以社会现象的典型情况为依据的。立法者虽然要考虑各种可能性，但由于立法者的预见能力具有无法克服的局限性，因此总是无法穷尽所有的可能性。在某些情况下，抽象规范的表述与具体案件事实之间不存在精确的有序排列的对应关系，机械的任由法治的司法是不存在的，需要有法官的解释和推理来缓解这一矛盾，因此，司法推理无法摆脱法官主观活动的参与。

为了回应社会生活中的真切需求，法官的司法方式需要突破法律形式主义的藩篱。于是，更多的法学理论沿着新的方向向前发展，法官不再被要求过于机械地执行法律，其个人的主动性和灵活性获得了认可，法律推理不能单纯地依靠逻辑的观点成为法学家们的共识。不同学派进一步为法官判案寻找逻辑之外的客观指导原则。如社会法学派强调法律的"社会工程"意义，主张通过减少冲突和避免浪费来实现社会功利主义，因而提出"有法司法"与"无法司法"相平衡的问题。在目前美国学界很有影响的思想家当中，罗尔斯、诺齐克的正义理论，埃利的宪法裁决理论，拉丁的财产权理论，麦考密克和哈特的法律推理理论等，大都采取类似的取向。③

法律现实主义打破了法律自治的壁垒，从功能主义或工具主义的立场来反思法律的目的和效果。卢埃林说："法律是达到社会目的的

---

① 季卫东：《法律解释的真谛（上）》，《中外法学》1998年第6期。
② ［法］孟德斯鸠：《论法的精神》（上册），张雁深译，商务印书馆1961年版，第163页。
③ 朱景文主编：《对西方法律传统的挑战》，中国检察出版社1996年版，第292—293页。

一种手段，但非目的本身，因此，对法律的任何部分都应当不断地从目的、效果的角度来加以研究，并依据目的、效果以及二者相互关系来加以评判"①；"贯穿于程序技术性始终的，是条条的目的之线。如果你们没有将这些目的之线，作为穿起那些单个的珠子的丝线的话，我发现很难想象，你们会理解并掌握这些技术"②。可见，现实主义法学十分关注社会现象对于法律规则的内容、目的和适用的影响。在这一点上，它与社会学法学、实用主义法学是一致的。具有实用主义法学取向的卡多佐大法官指出：（司法中）"主要的问题并不是法律的起源，而是法律的目标。如果根本不知道道路会导向何方，我们就不可能智慧地选择路径。对于自己的职能，法官在心目中一定要总是保持这种目的论的理解。"③ 在这里，基于目的理性的功能主义受到推崇，法律也走下"纯形式"的封闭城堡，成为人类需要、社会福利的促进者，推动包括道德在内的社会生活秩序向前发展。

二　由片面性司法转向整体性司法

法律形式主义的正统司法理论除了显示出机械性司法的特征之外，还呈现出一种片面性司法的特征。为了回应更多的社会需求，美国法学家罗纳德·德沃金提出了一条走向整体性司法的路径。

其一，法律要素的适用由单一走向多元。

法学教科书通常将法律界定为一种纯粹的规则体系，而法治也就是严格规则之治。规则具有针对性强、界定清楚、便于适用的特点，它能给法官提供一种明确的指引，不留自由裁量的空间，能够在很大程度上保证司法过程的确定性。然而，在司法过程中，规则的适用也暴露出一定的局限性。一是有限性。规则虽然众多，但无法涵盖具体案件的所有情况；相对于社会事务的复杂性，规则始终是有限的。这是因为人类理性是有限的，立法者难以预见可能发生的所在情形，并将其设置为明确的规则，如果将法律看作纯粹的规则体系，必然会留下众多的漏洞和盲区，此时法官将无

---

① Karl Llewellyn, "Some Realism About Realism: Responding to Dean Pound", *Harvard Law Review*, Vol. 44, No. 8, 1931, p. 1236.
② Karl Llewellyn, *The Bramble Bush: on Our Law and its Study*, New York: Oceana Publications, 1930, p. 13.
③ ［美］本杰明·卡多佐：《司法过程的性质》，苏力译，商务印书馆1998年版，第63页。

法可依。二是机械性。规则具有严谨的逻辑结构与语言表述，它具有"全或无"的特性，在适用时，要么有效，要么无效，通常无须法官考虑规则中包含的价值或政策。但只能机械适用的法律难以应对案件事实的个别性与丰富性，形式合理性和实质合理性之间的冲突可能会因此加剧，规则的严格适用甚至会牺牲个案的实质正义。如此看来，单一的、以规则为基础的法律要素理论只能使司法活动成为一种"机械法学"，难以适应司法实践的现实需求。

德沃金指出："当法学家理解或者争论关于法律上的权利和义务问题的时候，特别是在疑难案件中，当我们与这些概念有关的问题看起来极其尖锐时，他们使用的不是作为规则发挥作用的标准，而是作为原则、政策和其他各种准则而发挥作用的标准。"① 考察英美普通法的司法实践，实证主义法学的规则观并不能反映法官裁判活动的全貌，也不能为法官司法提供全面的指导。德沃金用里格斯诉帕尔默案（Riggs v. Palmer）和亨宁森诉布洛姆菲尔德案（Henningsen v. Bloomfield Motors, Inc.）等案件作为例子，指出构成法院判决基础的并不是哈特所说的法律规则，而是一种独立的法律要素——法律原则，这种在分析实证主义法学中难觅踪迹的规范形态，却在解决疑难案件时显现了独特的功能。他说："实证主义把法律描绘成一幅规则体系的图画，也许由于它过于简单，对我们的想象力起着一种坚韧的限制作用。如果我们从这一规则模式中解脱出来，我们也许能够去建立一种对我们错综复杂的实践更为真实的模式。"② 德沃金认为，法律是由一套前后一致的、由法律原则和正当程序所构成的整体性体系，这一体系是自给自足的，能够为疑难案件和理论争论提供唯一正确的答案，法的安定性和正当性等难题也可以得到解决。

其二，裁判思维由割裂式的就案办案走向整体性解释。

传统的裁判思维是一种就案办案思维，只考虑法律规则或法律概念与案件事实之间的对应，并得到确定的结论，不关注案件情境所引发的价值

---

① ［美］罗纳德·德沃金：《认真对待权利》，信春鹰、吴玉章译，中国大百科全书出版社1998年版，第40页。
② ［美］罗纳德·德沃金：《认真对待权利》，信春鹰、吴玉章译，中国大百科全书出版社1998年版，第68页。

牵涉与社会关联。这是一种割裂式的、自我孤立的思维，容易引发判决的价值悖论。德沃金认为，既然法律是一个整体性体系，法官也就必须对法律进行整体性的解释，并以此来避免割裂式的就案办案所导致的正当性危机。德沃金指出：法官应当"构建自己对现行法律的整体理论，以使它尽可能反映融贯的政治公平、实体正义及程序性正当程序原则，反映出这些以正确关系结合在一起的原则"①。易言之，已制定的法律规则、先例和原则应被看作一个整体的表达，用一个声音说话，以求获得唯一正确的答案。融贯性不仅使当下案件的判决获得了稳固的正当性基础，而且能够有效消除不同法律认识之间的分歧，获得判决的唯一正解。

为了说明这种融贯性，德沃金将整体性解释过程比作写一部连环小说，当前人写了一部连环小说的前三部之后，第四部的作者需要决定哪种写法与以前的情节、风格相"适合"；同时，适合的写法可能有很多种，他还必须"判断"哪种合适的写法为最佳。法官判断最佳解释的标准是什么？德沃金认为是政治道德。德沃金说："正如对一首诗的两种解读都可以在文本中找到充分的支持，以证明各自的统一性和融贯性，两个原则都能在不同的判决中找到足够的支持以满足任何一种讲得通的适合理论（fit theory）。于此，实质的政治理论（类似于艺术价值的实质思考）将发挥决定性作用。"② 基于适合理论的整体性解释最终会导向"唯一正确的答案"，这就是德沃金所阐释的整体性司法。由于答案是唯一的，司法过程就是绝对确定的。但这种确定不是来源于规则的演绎，而是在既有司法推理框架内容纳更多的包括道德在内的社会因素，通过事实、规范、价值等因素的完美结合，获得具有内在整体融贯的法律论证。

三 由独白式司法转向商谈式司法

在正统司法的意象中，法律适用是一个自上而下的运作，存在一个孤立排他的解释者，即法官，以权威的法律依据作为解释对象。这种经典理论也承认法律不是自动适用的，由于语言的多义性和案件事实的复杂性，

---

① ［美］罗纳德·德沃金：《法律帝国》，许杨勇译，上海三联书店2016年版，第318页。
② Ronald Dworkin, *A Matter of Principle*, Cambridge, Mass.: Harvard University Press, 1985, p. 161.

法律解释对于法律适用来说极其重要。① 而司法就是法官透过法律、并借"法律解释及其续造"来寻找法律答案的过程。② 但经典理论是建立在一种"理想情境"的基础上的。其中的理想化要素包括：完全独立的司法（不仅排斥了其他国家机关、社会组织和个人的干预，也排斥了法律受众的法律理解和感受）；法学教义的自足（建立了自治的专业领地，排斥了政治与道德因素的影响）；法律推理的形式化（不仅排斥了法官的裁量权，也排斥了实质因素的考量）。除此之外，它还需要一种十分完美的社会条件来配合，即公众对司法机关高度信任，法律尽乎完备，社会之中只存在价值共识，而没有价值歧见；或者即使存在价值歧见，只要权威判决一经作出，大家也都会抛弃自己的异见，而选择信服。就如同听到了上帝的声音一样。

然而，这种自上而下的解释模式很快遭遇挑战，其原因是，"主体—客体"二元划分的认识图式被打碎，在解释的过程中多元主体的介入使问题复杂化，封闭的解释过程也被迫开放。如德国学者所言："法之发现不仅仅是一种被动的推论行为，而是一种构建行为，法之发现者一同进入行为过程。"③ 法在实体上变得模糊，而更多地展现出一种关系特征，在"主体间性"（Intersubjectivity）的互动中，法律思维成为"敞开的体系"。于是，法官由孤立排他的解释者转化为嵌入语境的商谈者。在此意义上，法律适用不再是法官及其"法律共同体"的专门事务，它已经开放为一种多主体之间根据自己的先前理解进行相互之间的商谈、对话过程。④

德国学者哈贝马斯曾经对德沃金塑造的理想法官——赫拉克勒斯进行了批判，在他看来，赫拉克勒斯是一个孤独的英雄，"他的叙述性建构是独白式的。他同谁也不交谈，除了通过书本，他没有照面者，他遇不上任何别人，没有任何东西能把他摇醒。没有任何对话者可以妨碍他的经验和

---

① 例如，张明楷教授认为，狭义的刑法学，仅指刑法解释学。参见张明楷《刑法学》，法律出版社 2011 年版，第 1 页。
② ［德］卡尔·拉伦茨：《法学方法论》，陈爱娥译，商务印书馆 2003 年版，第 10 页。
③ ［德］阿图尔·考夫曼、温弗里德·哈斯默尔：《当代法哲学和法律理论导论》，郑永流译，法律出版社 2002 年版，第 146 页。
④ 童德华：《从刑法解释到刑法论证》，《暨南学报》（哲学社会科学版）2012 年第 1 期。

看法的不可避免的偏狭性"①。这是一种"独白式"的司法模式，脱离了诉讼过程的实际；缺乏对话，无法反映司法的商谈特性。这样的孤独法官如处"象牙塔"中，能否作出恰当的判决也大有疑问。哈贝马斯的解决方案是建构商谈式司法。其要点是增加商谈主体，或者说承认多元商谈主体的合法性。将作为审判主体的单个法官扩展到复数法官仍显不足，因为这仍然局限于法律专业共同体的内部。商谈式司法还要将商谈主体扩展到争讼的双方当事人，激烈争讼的双方虽然出于不同的动机而参与诉讼进程，但只要参与，他们就为公平判断的商谈作出了贡献，因为竞争有助于产生真理。②但这仍然还只是司法程序内的商谈，但商谈式司法的含义远不止于此，它有可能逸出司法程序之外。

比利时学者胡克扩展了哈贝马斯的商谈理论，他认为，司法商谈可能存在于五个沟通领域：①当事人与法官之间。"通过当事人和法官的这种沟通过程，某种'司法真实'浮出水面。"③②初审法院与上诉法院。上级法院除了考虑诉讼双方的主张和证据，初审判决也在其考量之中，其中必然包含了上下级法院之间某种形式的沟通。③法律共同体。如针对一些疑难案件，法律学者通过某种方式发表评论，可能影响到未来类似案件的判决。④媒体传播。这会导致一定范围内的普通民众也参与讨论。⑤全社会。由于某些案件涉及基本的道德议题，引发了广泛的关注和普遍的讨论。胡克的"五领域论"犹如五个同心圆，渐次扩大。第一、二个沟通领域在司法程序之内，而第三、四、五个沟通领域则逐渐扩展至司法程序之外越来越大的空间。④

司法商谈的主体包括法律职业人士与当事人并无疑义，但其范围是否应当扩展至诉讼主体之外的其他人，如法律学者、媒体乃至一般的社会民众？就此问题，存在一些争议。较为传统的观点认为，由社会各界参与的

---

① [德]尤尔根·哈贝马斯：《在事实与规范之间——关于法律和民主法治国的商谈理论》，童世骏译，生活·读书·新知三联书店2003年版，第275页。
② 高鸿钧：《商谈法哲学与民主法治国》，清华大学出版社2007年版，第159—160页。
③ [比利时]马克·范·胡克：《法律的沟通之维》，孙国东译，法律出版社2008年版，第237页。
④ 唐丰鹤：《司法的合法性危机及其克服——基于哈贝马斯的研究》，《政治与法律》2012年第6期。

大规模商谈在立法层面上已经发生过了，司法过程应被视为是对立法的适用，因此不能再诉诸由社会公众普遍参与的商谈。但是，笔者认为，随着公民社会的发展，以及民主意识的普遍提升，针对一些疑难案件，可以将商谈式司法的主体范围由法官和当事人之间，根据案件的性质与实际情况扩大至社会的各个层次。从而实现由独白式司法向商谈式司法的深刻转型，以体现司法对社会性需求的回应。

第四节　回应型司法与法官司法意识的调整

回应型司法的一个前置性条件是，法官应当调整自己的司法理念，增强在司法过程中的角色道德意识，提升道德争议案件中法官的道德敏感性。

一　司法过程中法官的角色道德意识

（一）"角色道德"理论的引入

望文生义，角色道德就是承担特定社会角色所必须遵守的道德，其中包含这两个概念要素：一是"角色"；二是"道德"。

"角色"本义是指演员所扮演的剧中人物，作为一个社会学范畴是由美国社会心理学家乔治·H. 米德引入的，又称"社会角色"。它是社会构成的基本单元和社会关系的主要承担者，是社会关系之网的纽结。[1] 费孝通曾指出："每个角色都有一套权利义务和行为规范体系。"[2] 由于与一定的社会地位或身份相关联，社会角色之中天然地包含了与该社会地位和身份所承受的权利和义务。美国社会学家特纳也说，当某人"在运营构成地位的权利与义务的时候，他就是在扮演角色"[3]。可见，社会角色赋予其承担者相应的权利和义务，相应地，整个社会将对特定的社会角色产生一种类型化的认知，对角色的承担者按照角色规范行事产生角色期望。

---

[1]　白臣、张静如：《角色道德自觉及其实现路径》，《河北师范大学学报》（哲学社会科学版）2012年第4期。

[2]　费孝通：《社会学概论》，天津人民出版社1984年版，第63页。

[3]　［美］乔纳森·H. 特纳：《社会学理论的结构（下）》，邱泽奇等译，华夏出版社2001年版，第10页。

这里的"道德"并不是通常意义上的道德，而是指社会角色的承担者所实施的角色行为是否合乎角色要求的评价准则或标准。所以，角色道德与职业道德之间存在着重叠交叉关系，但二者之间并不完全相同。职业道德是人们在从事职业工作过程中应该遵循的行为规范，关乎从事职业过程中人与人之间的伦理关系。角色道德则是某人角色行为是否合乎角色要求的评价。① 例如，一个法官清正廉明，符合职业道德的要求，但却完全有可能因裁判行为不符合社会对他的角色期待而受到负面评价。

换言之，角色道德代表了一种评价标准，它以个人社会角色所承担的权利和义务为评价行为善恶的标准。它包括角色道德价值观、角色权利义务和角色道德行为规范。角色道德价值观是社会对某种角色的社会道德价值的基本认识和期待；角色权利义务是社会依据社会分工和角色道德价值观对每种角色权利和义务的规定；角色道德行为规范关乎角色行为的道德要求和模式。② 角色道德的基本功能是引导人们自觉进入角色，遵守角色道德行为，履行角色权利和义务，化解角色之间及角色与社会整体之间的利益冲突，实现社会的协调发展。

(二) 法官的角色道德

法官的角色道德是指人们对法官在承担司法职责时合乎其司法官角色要求的评价准则或标准。角色道德之中显然包含了职业道德的成分，但涵盖面更宽。法官应当遵循特定的职业道德，这是司法工作取得公信力的一个重要保障。如果法官行为不符合职业道德，会破坏法官自身的良好道德形象，自然不能说履行好了角色道德的要求。但是，即便法官都遵循了其职业道德要求，人们还会要求他的行为符合一定的角色道德预期，即通过司法活动展现一种道德性，宣示国家与法律的道德立场，引领社会道德风尚，实现公正裁判。社会对法官的道德期待会通过各种渠道传递给司法体制之内，给法官行为带来实质影响。

法官的角色道是其社会责任的衍化。法官司法行为是否展现其角色道德，不仅会影响社会对其个人的评价，也会影响到社会对整个司法系统的评价，大而言之，甚至会影响社会整体的和谐与安定。因为，每一个角色

---

① 纪光欣、刘小利：《官德：在职业道德与角色道德之间》，《领导科学》2013 年第 25 期。
② 陈秉公：《论角色道德》，《道德与文明》1991 年第 1 期。

都是整个社会关系之网上的一个纽结,但又与社会整体息息相关。在现代社会,法官的角色道德之中必然包含对于社会主流道德价值观的遵循。社会主流道德价值观是一个社会主导的、理想的、公共的道德价值观,没有它,整个社会就会失去凝聚力,引发道德秩序的崩溃,人们的交往和行为会无所适从,整个社会失去对美好生活的理想追求。正如罗尔斯所说:"公共理性的原则和理想所表达的价值是可以包容其他可能存在的价值冲突,……当这种共识理性要求符合人民的根本利益时,才会得到人们行动上的积极响应,社会的稳定发展才有可能存在。"① 在维护这种社会主流道德价值观以及道德共识的过程中,人们自然会对法官的司法行为产生一种关乎道德准则和伦理规范的角色期望。转型期,整个社会领域都处在剧变之中,道德价值也面临着新的定位,甚至社会主流道德价值也并不那么清晰明确。社会各阶层和个体在判断道德取向时出现迷惘,在道德行为的取舍时举棋不定,在此过程中,法官的角色道德就凸显其导向作用。而作为国家司法职责的承担者,在法官角色的权利义务中,道德建设、价值引领是其中的必然组成部分。这样,整个社会有理由要求法官的司法行为除了要依法进行之外,还要循着道德的脉络展开,在这个意义上,司法道德性是法官角色道德的重要组成部分。

二 道德争议案件中法官的"道德意识"

近年来,一些影响性案件引发了道德舆情。法官只会机械地适用法条,无视案中的道德争议,在舆情发生之后再被动地进行改判,降低了公众与司法的信任度。究其原因,则与法官缺乏必要的"道德意识"有关。概言之,这种"道德意识"可分两个层次:一是法官的角色道德自觉,即法官本人对法官角色在推进社会道德建设、引领社会价值方面的职责或功能具有清晰的认知,这是法官对角色道德的"自悟"或"自明"。二是法律道德敏感性,即法官在道德争议案件中发现公众道德需求、当事人价值诉求或案件道德元素的感受能力。法官"道德意识"的缺失会造成司法中的道德冷漠。司法道德性则要求从以下两方面提升法官的"道德意识"。

---

① [美]约翰·罗尔斯:《政治自由主义》,万俊人译,译林出版社2011年版,第124页。

（一）法官角色道德自觉之提升

这要求法官对于其角色道德应当具有全面而清晰的认知。除了依法裁判的法定职责，公正司法、廉洁司法的职业道德之外，他还应当在推进社会道德建设、引领社会价值方面承担公共责任。一方面，他有义务展示司法权运行的道德正当性，通过判决引导良好的道德风尚和社会主义核心价值观的养成；不仅要考虑当事人权利义务的分配，也要考虑判决对民众道德行为的影响。另一方面，他还应当体察社会对法官以及司法机关维护社会伦理秩序的特定角色期待。中国自古便是礼仪之邦，在诸多社会规范之中，道德处于核心地位。这种传统延续至今，构成了当下中国民众的深层集体意识，成为中国国情的独特方面。只有获得了角色道德的自觉，法官才能清晰认知司法过程的道德侧面。

这种角色道德自觉会影响法官司法职责的行使方式。角色道德理论认为，角色道德自觉意味着相应权利和义务的担当，而角色主体权利和义务的担当与角色道德职责的践履，正是角色主体身份的确证与角色道德自觉的外显与升华。① 法官的角色道德自觉如何发挥作用？美国学者艾森伯格给出了基本的描述："如果道德规范在普通法推理中有其作用的话，这样的道德规范自身应当满足怎样的标准？答案是，道德标准的建立与适用、改善普通法规则相关时，法院应当适用社会道德，我用社会道德这个词，指根植于整体社会愿望的道德标准和基于正当的方法论而可以被公正的认为已得到社会认同的充分支持的道德标准。"②

在现实的司法案件中，不同法官的"道德意识"是存在差异的。例如，在泸州遗赠案中，法官在接受记者采访时明确指出，如果按照《继承法》的规定，支持了原告的诉讼主张，那么就会"滋长了'第三者''包二奶'等不良社会风气"③。虽然说该案判决在判决推理中存在不足，但不能不说法官的"道德意识"是十分清晰的。相形之下，彭宇案中法官的"道德意识"则显得不足，判决认为彭宇将因被撞而受伤的徐老太

---

① 白臣、张静如：《角色道德自觉及其实现路径》，《河北师范大学学报》（哲学社会科学版）2012年第4期。
② ［美］迈尔文·艾隆·艾森伯格：《普通法的本质》，法律出版社2004年版，第23页。
③ 王甘霖：《"第三者"为何不能继承遗产》，《南方周末》2001年11月1日第10版。

送往医院并支付医疗费用的行为不符合"做好事"的社会情理,似乎想撇清法律思维与道德评价之间的关系,更多地展现商品经济之下人的"利己"理性,但正是这一点造成了判决的道德冷漠,招致了网友的"吐槽"与质疑。

(二) 法官道德敏感性之提升

如果说法官角色道德自觉是一种态度或立场,法官对于案件中的道德敏感性就是一种能力了,它要求法官能够在道德争议案件中敏锐捕捉社会公众可能产生的道德需求,同时,他还应对于道德因素与法律依据之间的协同或矛盾的关系具有足够的分析能力,对于道德因素的介入所可能造成的影响具有想象与预见能力。

首先,法官可以从案件事实及所适用的法律中发现道德需求。法律规范本身就包含价值判断,二者的联系不言自明。而运用证据进行事实认定过程也包含着道德元素。彭宇案提供了反面的例证。法官对彭宇不可能是见义勇为者的事实推断,在一定意义上符合了商品社会中人与人之间相互提防的社会现实,但问题是,司法中的事实认定不是纯实证的科学认识,这一事实推断无疑揭开了社会公众所不愿意面对的道德之痛。存在的即是合理的,但存在的未必是公众所愿意接纳的,这里包含着价值的取向。司法判决看似解决过去的纠纷,但同时它又面向未来,影响人们未来的行为。法官在此缺乏道德敏感性,其判决引起强烈的民意反弹,也就不足为怪了。

其次,法官可以从当事人的诉讼请求中发现其道德需求。刘俊教授认为,在判决过程中法官应当进行价值发现。这是因为,讼争各方所进行的所有诉讼行为都包含着一定的价值取向,他们为了使自己的诉讼行为更具有说服力,在说明自己行为的正当性时,总是选择以一定的社会价值取向为其正当性的基础,并以该价值取向作为法律规则的解释基础和辩论说理的基础。而且,讼争各方的诉讼行为作为一种交互行为,各方也希望自己的诉讼行为,尤其是诉讼行为中包含的价值取向,也就是他们的价值需求能得到司法的尊重和认可。[①] 因此,在诉讼中,法官认知讼争各方诉讼行为中内含的价值取向十分重要:如果发现讼争各方的价值需求,寻找到共

---

① 刘俊:《判决过程中法官的价值发现》,《法律科学》2009 年第 6 期。

识性的价值期盼，法官就能够更为有效地解决纠纷。

最后，法官可以在世俗人情的社会现实中发现公众的道德需求。道德敏感性会带领法官走向社会现实，直至社会经验生活的深层核心；法官如果具有对世俗人情的深刻把握，就更容易对当事人所处的生活境遇产生一种同情的理解。正如刘艳红教授在分析赵春华案时所说：法官不应当固守僵硬的法律条文，而应当体察法官与当事人乃至社会公众所共处的当下情境：在中国的大地上，到处流动着各种摊贩。摆摊，既是社会底层赖以谋生的方式，也是普通民众消费与娱乐的方式，这是转型期中华大地上无法消失的一种存在。① 如果法官能够对摊贩的存在缘由心知肚明，对普通百姓的生活感同身受，那么他对于该案中法律的适用会产生一种崭新的理解，避免刑罚的机械适用。

可见，在道德争议案件中，法官裁判时的"道德意识"以及对于道德需求的敏感性至关重要，他是否对案件中所包含的"道德意味"和道德元素有充分的认知，并给予妥当的回应，往往是判决能否获得广泛社会认同的重要原因。

---

① 刘艳红：《"司法无良知"抑或"刑法无底线"？——以"摆摊打气球案"入刑为视角的分析》，《东南大学学报》（哲学社会科学版）2017年第1期。

第 六 章

回应型司法的法律方法

第一节 回应型司法方法论概论

一 道德回应型司法的基本立场

在道德回应型司法的建构过程中,法律方法具有核心地位。美国学者昂格尔曾指出,现代法治的形成有赖于法律获得一种"方法论的自治性"[①],以同质的法律思维来彰显法律职业的基本特色,构筑法律共同体的基础;同时这种方法论犹如司法适用的规程,可以维护司法的独立性和依法而治的法治精神。道德回应型司法要求法官摒除形式主义的机械方法论,在司法过程中将法律思维与道德思维以相互协调的方式兼顾起来:一方面,通过承认司法的道德性来缓解国家法与社会观念之间可能存在的紧张关系,进而提升司法的社会效果;另一方面,防止出现无原则的"道德司法"或"价值司法",维护现代法治最起码的安定性与可预期性。要实现司法的道德性,需要兼顾"法内"与"法外"两种性质不同的"逻辑",这是一个考验法律智慧的难题。

道德回应型司法要求,法官在审理案件时应当保持清晰的"道德意识"以及对于道德争议的敏感性,但仍需探讨,如何在法治的框架之下实现司法的道德性?现代法治理论反对在司法中直接援引道德观念或伦理准则,因为这会导致法律判断与道德评价之间的纠缠不清,乃至司法的泛道德化。妥当的路径是在实定法或客观价值之间寻找联结点,在这个联结

---

① [美] R. M. 昂格尔:《现代社会中的法律》,吴玉章、周汉华译,中国政法大学出版社1994年版,第47页。

点上，法律方法论所发挥的作用是不可替代的。法官通过遵循一定的裁判技巧和方法论原则，在社会道德需求与依法裁判的职责之间寻求一种平衡，使道德追求与法治精神兼容共济，由此产生的判决能够在社会道德共同体与法律共同体之中同时得到检验和接纳。唯其如此，司法的道德性才能获得恒久的生命力。

确立基本立场的一个先置性问题在于，在简单案件的情境下，语义足够明确，法官是否需要进行道德判断吗？这个问题引发了自然法学与分析实证主义法学的持久争议。分析实证主义代表人物哈特的回答是否定的，他把法律规则的语义划分为"核心地带"（core area）与"暗区地带"（penumbral area），前者是指语言所描述的事物的典型或标准情形所涵盖的范围；后者是指含义难以精确把握的边缘区域。例如，有一条规则："禁止车辆驶入公园"，就"车辆"的语义，汽车、大卡车、摩托车处于"核心地带"，而旱冰鞋、玩具车处于"暗区地带"。规则语义处在"核心地带"和"暗区地带"分别构成简单案件和疑难案件，前者不需要目的判断与道德评价，而后者则需要。哈特说："在暗区问题中，一个明智裁决不应是机械地做出的，而必须是依据目的、效果和政策。"① 新自然法学代表人物富勒却认为，有时语言虽然处在意思中心，但却未必是一个简单案件，目的性判断仍不可或缺。他为哈特的例子设想了一种情况：一群爱国人士想在公园内安放一辆第二次世界大战用的卡车作为纪念，反对者引用"禁止车辆驶入公园"进行拦阻。在这种情形中，性能完好的卡车显然处在"车辆"一词的语义核心，照理应当禁止其进入公园。但是，这个案件的合理解决仍然需要诉诸目的解释。既然在词义明确时同样需要参照目的，富勒顺理成章地提出了反问："不用知道法规的目的而去解释制定法的词语，这真的可能吗？"② 从司法道德性的基本立场出发，笔者赞同富勒的观点，质言之，从法律方法论的角度，道德回应型司法要求法官在进行严格的法律推理时也要兼顾道德判断，对法律规则的道德要求

---

① ［英］H. L. A. 哈特：《实证主义和法律与道德的分离》，翟小波译，《环球法律评论》2001年夏季号。

② Lon L. Fuller, "Positivism and Fidelity to Law: A Reply to Professor Hart", *Harvard Law Review*, Vol. 71, No. 4, 1958, pp. 630–672.

或目的获得清晰的认知。

二 道德回应型司法的方法论模型

道德回应型司法要求兼顾对法律思维与道德评价,但这既不是这两种思维的平行思考或平均用力,更不能蜕变为纯粹的道德评价,它要求在法律的体系和框架内,按照特定的思维流程来对道德因素加以考虑,具体可以依一定的递进顺序展开。这一递进顺序可以分解为三个层次:其一,依社会常情形成道德立场,其二,以道德立场引导规范分析,其三,以法言法理限定道德判断。以下分述之。

第一个层次,依社会常情形成道德立场。

何谓"社会常情"?它就是所谓的"常识、常理、常情"。根据陈忠林教授的观点,所谓的"常识、常理、常情",是指长期为一个社会成员普遍认同、而且至今没有被证明是错误的那些指导该社会成员应该如何处理人与自然的关系,如何处理人与人之间关系的基本经验和基本行为规则。从人与自然的关系来讲,它们是人们对客观事物最普遍规律的认识和经验;从人与人的关系的角度来讲,他们是人类社会赖以存在的最基本的伦理要求,或者说是一个社会最基本的善恶观、是非观、价值观。[①] 这种观点被称为"三常法治观",即"常识、常理、常情"是现代法治的灵魂。依社会常情形成道德立场要求法官从普通人的正义直觉出发观察和思考案件,形成案件处理的基本立场。社会常情于是成为打开案件的一种方式。

如何获取"常识、常理、常情"?按照陈忠林教授的观点,"请到你们自己的本性中去找,请到你们心灵深处去找,请到你们自己的良心中去找"。它们其实并不是某种外在的认识对象,而是通过日常生活的耳濡目染而融入了每一个正常人潜意识深处的是非观、价值观,是每一个基于人的本性而对自己生存和发展必需的外在条件的认识,是一个人要生存、要发展的本性与自然规律、社会价值的有机融合,是人的本性在特定社会条件下自然的体现。[②] 换言之,法官不妨将思维暂时从法条上移开,换用普

[①] 陈忠林:《"恶法"非法——对传统法学理论的反思》,《社会科学家》2009年第2期。
[②] 陈忠林:《"恶法"非法——对传统法学理论的反思》,《社会科学家》2009年第2期。

通老百姓的观点来思考一下这个案件，看看从常人的角度来思考会得出什么结论。

以赵春华非法持有枪支案为例。该案之所以引发舆情，就是因为本案的判决结论超出了普通社会公众所能接受的正义观念底线。其实对犯罪的认定，社会危害性的判断不仅有客观的实害或危险结果的证明，也有基于社会意识的价值判断。如果能依社会常情形成道德立场，就能成为案件判断的基本方向，再借助法律技术的工具，实现法律思维的融贯性。正如有人指出，赵春华案的问题所在，首先是本案法官及辩护人社会价值观念的缺失，其次才是法技术的疏漏。①

第二个层次，以道德立场引导规范分析。

以道德立场引导规范分析要求法官探索与道德立场相一致的可行性的技术路径。我们知道，对于法律存在多种解释方法，可以是严格的文义解释，也可以进行稍许弹性的扩大或限缩解释。以道德立场引导规范分析就是要基于恰当的道德立场，寻求恰当的解释方法，这有助于我们找到最为恰当的判决结论。

有人可能会提出，如果道德立场得不到法律的支持，如何处理？在我看来，一个合理的道德立场往往都能够得到相应法学理论和法律技术的支持，何以如此？这是因为人类知识和社会经验是一体化的，法律和道德都是人类信念体系当中的纽结，其内在精神是相互贯通的。当然，要获得这种贯通，需要司法人员精通法学理论，要用足法学理论资源，来寻求案件判决的支撑。

例如，赵春华案最终以"判三缓三"结案，但事实上仍然存在着从违法性认识错误等技术路径来免除其刑事责任的可能。从这个意义上说，技术问题其实就是价值问题，技术合理性的不足，往往也是价值合理性的缺失。

第三个层次，以法言法理限定道德判断。

以法言法理限定道德判断要求法官将某种道德立场限定在法律本意与制度要求的有限空间内，防止泛道德化的无限扩张，维护法律的应有边

---

① 孔德峰：《赵春华非法持有枪支案的法律分析》，微信公众号"法门实务"，2016年12月31日。

界。就此问题，笔者以婚姻法上忠诚义务的法律效为例来加以说明。① 在生活中会出现一种特殊的协议，即夫妻双方约定，婚姻关系存续期间如一方违反忠诚义务的，应向另一方支付精神损害赔偿。这就是所谓的"忠诚协议"。对这种"忠诚协议"法律效力的认定存在学理上的分歧，也导致各地法院判决的不统一。

有观点认为，这种忠诚义务，属于道德性质的义务，不应直接具有法律效力。② 这是一种法律与道德截然分离的观点，不利于构建二者之间的和谐与协同关系，对转型期社会的道德需求也不能进行有效的回应。其实，夫妻之间签署任何协议，如不违反法律强制性规定，又不损害国家、他人和社会利益，完全可以做有效认定。并且，在一定意义上，忠诚协议是婚姻法"夫妻应当互相忠实"规定的具体化，也是对夫妻双方信守承诺的一种确认，符合婚姻法的基本精神。如果忠诚协议条款与婚姻法的价值设定相吻合，这种协议值得受法律保护。但是，如果忠诚协议条款不恰当的将道德义务上升为法律义务，这就需要从法律的角度进行限定。例如，如果其中设定了"不得离婚，必须离婚、放弃对未成年子女的监护权"等涉及特定人身关系的约定，该协议则因违反法律强制规定而应判定无效。③ 又如果损害赔偿金被制定为一个"天文数字"，这意味着一方当事人道德义务的无限扩大，人民法院也不应无原则支持，可以根据民事侵权精神损害赔偿数额的确定原则，结合双方约定及当地社会经济水平确定精神损害赔偿数额。④ 在有些"忠诚协议"中有"净身出户"的表述，通常是约定过错方在离婚时不得要求分割夫妻共同财产，无过错方由此可获得全部夫妻共同财产。这也是对当事一方道德义务的无限扩大，法官应当根据实际情况以及过错大小依法对夫妻共同财产进行分割，超出部分不予支持。

---

① 《中华人民共和国婚姻法》第4条规定：夫妻应当互相忠实，互相尊重；家庭成员间应当敬老爱幼，互相帮助，维护平等、和睦、文明的婚姻家庭关系。
② 如2003年上海市高级法院在相关指导性意见中规定：对夫妻双方签有忠诚协议，现一方仅以对方违反忠诚协议为由，起诉要求对方履行协议或支付违约金及赔偿损失的，人民法院不予受理。
③ 河南省平顶山市新华区人民法院（2008）新民初字第395号民事判决书，载《人民法院案例选》2009年第5期。
④ 浙江省金华市中级人民法院（2014）浙金民终字第723号民事判决书。

三 道德回应型司法的"解释学循环"

道德回应型司法模型的确立为我们思考与讨论案件提供了更为全面的视角。曾有人认为,在司法实践中,"法律适用者的目光将在事实与法律规范的相关部分之间来回穿梭"①。看来这并不全面,因为除此之外,法官的目光还应当在形式与实质、情理与法理之间来回穿梭,完成道德回应型司法的"解释学循环"。

(一)事实和法条之间来回穿梭

传统的三段论司法模式需要一个前提预设,即法律规范完备而明确、案件事实清晰而确定,从而实现两者之间的简单匹配。但其实在司法实践中,这样的理想情况并不多见,在更多的场合,不仅作为大前提的法律规范本身不甚完备且模糊,并且作为小前提的案件事实也常常残缺不全。因此,司法论证与其说是标准三段论的一次性推导,毋宁说是不断往返于案件事实与法律规范之间"循环往复"的反复寻觅。事实问题与法律问题并非截然对立,法官在法律适用中应将事实和法律彼此拉近,在个案裁判中对案件事实与法律规范进行往返审视和反复印证,这是一个将案件事实不断地一般化,并且将法律规范不断地具体化的过程,在两者之间不断地拉拢配对,②直至最终达到最为妥当的结论。

(二)形式与实质之间来回穿梭

法律之中存在着形式与实质两个维度。形式维度来源于法律本身或内部较为确定的结构载体,如语义、逻辑等,而实质维度则来源于法律外部或内部较为开放的结构载体,如历史、政策、价值、利益、原则和后果等。③形式维度和实质维度的诸要素都可能成为法官司法的基准,但彼此之间可能存在着不一致甚至冲突。如果甲方以形式为据点,乙方则可以实质为堡垒,司法中的诸多争议往往起因于此。④道德回应型司法主张,法律的形式维度与实质维度之间并非截然对立,法官在法律适用中应将形式

---

① 焦宝乾:《事实与规范的二分及法律论证》,《法商研究》2005年第4期。
② 郑永流:《法律判断形成的模式》,《法学研究》2004年第1期。
③ 秦策、张镭:《司法方法与法学流派》,人民出版社2011年版,第36页。
④ James Boyle, "The Anatomy of a Torts Class", *The American University Law Review*, Vol. 34, No. 4, 1985, pp. 1051–1062.

和实质彼此拉近，通过两者之间的往返审视和反复印证，以法律与道德之间的视域融合。法官不能仅安于语言与逻辑层次的形式涵摄，亦不能拒斥实质的考量，他应当剖析形式与实质之间的抑或协同抑或矛盾的复杂关系，尤其是当形式与实质相悖时通过二者之间循环往复的互动和整合，促成其形成辩证统一的交融，并型构法律的本体意义。

（三）情理与法理之间来回穿梭

在中国，情理是一个源远流长和含义丰富的概念。它可以作拆分式理解："情"是指人情，亦即社会成员基于伦理原则而形成的权利义务关系。① "理"是指天理，亦即思考问题时所遵循的对同类事物普遍适用的道理。② 合并起来，情理本质上是含有从常理角度思考案情时所具有的更世俗、更实际的道德含义③，简单来说就是"常识性的正义衡平感觉"④。其道德性是不言而喻的。在司法中兼顾情理与法理根植于中国古代的司法实践。南宋官员胡石壁云："法意，人情，实同为一体。徇人情而违法意，不可也；守法意而拂人情亦不可也。权衡于二者之间，使上不违于法意，下不拂于人情，则通行而不弊矣。"⑤ 这里所描述的正是情理与法理之间来回穿梭，完全可以吸纳于当下的道德回应型司法之中。所应注意的是，应当运用成熟定型的现代法治思维，防止产生以情变法、情重于法的现象。

总之，道德回应型司法的"解释学循环"是指，在事实和法条之间来回穿梭的基础上，还应重视法律形式与实质之间、情理与法理之间的反复整合。其要点是将成熟定型的法律思维与情理判断结合起来，尊重公众的道德诉求与法感情，反映社会的普遍正义观念；在司法策略上则关注原被告或者控辩双方各自所取道德立场的强弱，在法律制度或者法理资源之

---

① 张晋藩：《中国法律的传统与近代转型》，法律出版社1997年版，第40页。
② ［日］滋贺秀三等：《明清时期的民事审判与民间契约》，王亚新等译，法律出版社1998年版，第36页。
③ 黄宗智：《民事审判与民间调解：清代的表达与实践》，中国社会科学出版社1998年版，第201页。
④ ［日］滋贺秀三等：《明清时期的民事审判与民间契约》，王亚新等译，法律出版社1998年版，第13页。
⑤ 中国社会科学院历史研究所宋辽金元史研究室点校：《名公书判清明集》卷九"户婚门·典卖田业合照当来交易或见钱或钱会中半收赎"，中华书局2002年版，第311页。

中梳理相关的依据，厘清法律与道德之间的同向或逆向关系，并加以恰如其分的调节；同时，应充分考虑道德标准不确定性的特点，将某种道德立场限定在法律本意与制度要求的有限空间内，防止泛道德化的无限扩张，维护法律的应有边界。这一过程不是一蹴而就的，形式与实质、情理与法理之间的比对与匹配需要多次进行，来回往返，以实现彼此之间的有机融合。

自然，要落实这一"解释学循环"，还需要更具体的法律方法，以下分别述之。

第二节　法律规则的道德性解读

如前所述，法官司法既是法律的适用，也是一种特殊的道德实践。既然法律规范承载特定的价值，那么，"寓于法律规范之中的价值当然成为法律适用的目标"[①]。于是，法官忠实地传达法律规则之中所蕴含的道德意旨就成为司法道德性的一种显现，具体可从三个路径展开。

一　形式推理与道德传达

在实践中，司法的形式推理中内隐着道德价值的传达。传统观点认为，司法的形式推理并不考量道德因素，因此与司法道德性无涉。依近代法治框架的设定，法官的职责是严格依法裁判，即他应当根据权威性律令、规范作出判决，而不应考虑其他包括道德在内的任何法外因素，法官是"宣读法律文字的喉舌"或者类似于操作"自动售货机"的专业工匠。司法过程也被简化为类似于数学演算的形式推理。拿破仑就说过："将法律化成简单的几何公式是完全可能的，因此，任何一个能识字的并能将两个思想联结在一起的人，就能作出法律上的裁决。"[②] 这种关于司法过程与法官职能的理论被讥为"机械法学"，并受到后世学人的猛烈批判。但是，即使是在法官机械司法的状态中，司法的道德性也是毋庸置疑的。当法官将体现道德价值的立法经由形式推理的方式适用于具体案件时，他的

[①] 孔祥俊：《法律方法论》，人民法院出版社2006年版，第27页。
[②] 沈宗灵：《现代西方法理学》，北京大学出版社1992年版，第329页。

工作自然就成了法律这种道德实践的一个基本环节。

在理论上，实证法学也可与司法道德性理论兼容。如纯粹法学强调法律与道德的分离和司法推理的形式性。经典的表述是："法律问题，作为一个科学问题，是社会技术问题，并不是一个道德问题"①；"法的纯粹理论试图发现法自身的性质，并确定其结构与典型形式，而不是专注于因时因人而异的法的内容"②。但是，从其理论脉络来看，这一流派想必也不会反对，在纯粹而精确的形式之中装上诸如道德之类的实质内容。麦考密克和魏因贝格尔指出："实证主义把正义问题缩小为这样一个问题：行为符合实施的规则，或至少符合根据有效的规则做出形式上平等的案件判决。"③ 在此意义上，形式推理不过是实现立法实质性道德目标的手段，因此不能否认，这种推理形式之中本身也蕴含着"内在的道德性"。因此，法官基于依法裁判，通过形式推理来实现法律规则中的道德要求，是司法道德性得以实现的一条基础路径。

二　权利位阶与道德选择

在司法过程中，道德判断能够为法官解决权利冲突提供准据。法律规范虽然具有形式上的严谨结构，但总是以规定一定权利和义务作为内容。权利之间有可能发生相互矛盾或抵触的情况，由此也带来了规范之间的冲突。根据"权利相互性"原理，冲突着的权利往往具有不可通约的性质，即无论法院的最终决定如何，它保护一种权利的时候，实际上必然会侵犯另一种权利。④ 在权利的取舍与抉择过程中，道德因素往往可以发挥重要甚至决定性的作用。

在近代西方国家，道德价值一度是以自然法或自然权利来表述的。1811 年的《奥地利普通民法典》曾明确规定："凡案件尚有疑义

---

① ［奥］汉斯·凯尔森：《法与国家的一般理论》，沈宗灵译，中国大百科全书出版社1996年版，第5页。

② Hans Kelsen, *Introduction to the Problems of Legal Theory*, Oxford: Clarendon Press, 1992, p.4.

③ ［英］尼尔·麦考密克、［奥］奥塔·魏因贝格尔：《制度法论》，周叶谦译，中国政法大学出版社1996年版，第183页。

④ 苏力：《〈秋菊打官司〉的官司、邱氏鼠药案和言论自由》，《法学研究》1996年第3期。

之时，就当审查一切事实，加以充分之考量，而依自然法的原则判断之。"它实际上是要求，在处理权利冲突时将具有更强道德价值的自然权利置于优先位置。在19世纪的欧美国家，强调自然权利的优先性也是司法裁判中的一种通行做法。例如，在德国的"皮士麦尸体照相案"中，两个摄影师通过买通门警的方式，拍摄了一张死者尸体的底片，死者家属就提起诉讼，请求销毁那张底片。德国最高法院认为，原告的请求符合"权利之自然意义"，遂判决其胜诉。① 又如，在1827年美国的"奥格登诉桑德斯案"中，马歇尔法官指出："合同的权利和义务的渊源先于且独立于社会而存在。我们可以合乎情理的断定，像许多其他的自然权利一样，其初始和先存的原则伴随着人们来到社会。虽然它们是可控制的，但却不受人定法的限制。"② 这赋予具有道德色彩的自然权利更高的权利位阶。

尽管之后由于利益法学的崛起，一些自然权利在司法中的重要性有所降低，但是，道德判断始终是法官解决权利冲突的重要准据，权利位阶体系也朝着精细化方向发展。由于权利之上所负载的道德价值存在着强弱之分，因而那些"自然的或基本的个人权利仍然会被恰当地理解为社会利益而受到更好的保护"③。拉伦茨曾提到"内在的阶层秩序"，认为相较于财产法益，生命、自由、人性尊严具有较高的位阶。④ 这是因为，在现代社会，以人为目的已成为无须论证的道德公理，那么，司法活动理应强调权利属性中人的要素的重要性，具有人格属性的权利也优先于纯粹的财产权。当人的健康权与知识产权或其他财产性权利相冲突时，也以健康权为司法裁判的优先考虑。例如，新药品创造者对自己的智力成果享有权利，但社会公众分享智力创造所带来的利益也是基本权利。当创造者以专利权主张禁止生产时，司法机关应遵循人权优先的尺度，通过强制许可的方

---

① ［德］R. 司丹木拉：《现代法学之根本趋势》，张季忻译，中国政法大学出版社2003年版，第26—27页。
② ［美］詹姆斯·安修：《美国宪法解释与判例》，黎建飞译，中国政法大学出版社1999年版，第163页。
③ ［美］詹姆斯·安修：《美国宪法解释与判例》，黎建飞译，中国政法大学出版社1999年版，第188页。
④ ［德］卡尔·拉伦茨：《法学方法论》，陈爱娥译，商务印书馆2003年版，第350页。

式，以交纳使用费的形式代替禁止生产的适用。① 当然，由于权利体系内部较为复杂，人们根据各自价值判断所要求的权利位阶也不是一成不变的，但是，道德价值的强弱始终应当是法官处理权利冲突时的重要判断基础。

三 目的解释与道德判断

绝大多数法律规则都同时包含着技术与价值（目的）两种成分。规则的技术成分主要表现为其逻辑结构，它使形式推理成为可能，但难以支撑法律规则的全部效力。德国法学家耶林指出："目的是全部法律的创造者。每条法律规则的产生都源于一种目的，即一种实际的动机。"② 但法律的目的具有不同的性质，例如波斯纳就将目的归结为一种政策，他说："决定运用一条规则以及如何运用一条规则，这些都是政策决定。"③ 但在政策性目的之外，道德性目的仍然占据了主导地位。恩吉施说："技术教给我达到目的的手段，决定目的本身交予了道德。技术在道德上是中性的或吝啬的，它从其服务的目的之道德性和非道德性那里获取它的道德含义。"④ 因此，在解决个案之时，法官应当将法律的道德性目的置于更高的地位，"将隐含在法律中的正义思想、目的考量付诸实现"⑤，才是司法的最高境界。

目的解释是指根据法律规范的目的，阐明法律条文真实含义的解释方法，但目的的考量亦有复杂的侧面，它可以有法内目的与法外目的，或立法时目的与司法时目的之分。但无论何者，都应当导入道德因素的思考。从传达法律规则中的道德要求这一角度出发，由于道德具有易变性与多元性，因此，应当将当下的主流道德价值与立法本意结合起来，作为目的解释的基准。例如，"于欢故意伤害案"是2017年受到广泛关注的影响性

---

① 徐清霜：《司法裁判中的价值衡量——以知识产权诉讼为视角》，《山东审判》2006年第6期。

② ［美］E. 博登海默：《法理学：法律哲学与法律方法》，邓正来译，中国政法大学出版社1999年版，第104页。

③ ［美］理查德·A. 波斯纳：《法理学问题》，苏力译，中国政法大学出版社2002年版，第180页。

④ ［德］卡尔·恩吉施：《法律思维导论》，郑永流译，法律出版社2004年版，第29页。

⑤ ［德］卡尔·拉伦茨：《法学方法论》，陈爱娥译，商务印书馆2003年版，第9页。

案件。面对母亲被逼债者侮辱，于欢持刀将对方刺死。山东省聊城市中级人民法院一审以故意伤害罪判处于欢无期徒刑，引发网络舆情。案件之中交织着伤人致死的判罚与孝亲伦理的维护之间的冲突。这起案件最终经过山东高院的二审，改判于欢有期徒刑五年。判决书认定，被害人杜某侮辱于欢母亲的行为属于严重违法、亵渎人伦，应当受到惩罚和谴责，认定于欢实施捅刺的目的具有防止性质，但超出应有限度。在裁判理由中，法官对解释立场还进行了明示："认定于欢的行为构成故意伤害罪，既是严格司法的要求，又符合人民群众的公平正义观念。"[①] 事实上，一审判决之所以引发网络舆情，原因正在于法官对于案中的道德因素缺乏敏感性，而二审判决则通过导入一定的道德思维，兼顾法意与人情，方得以获得妥当的结论。

总之，在法律方法层面，法律规则的道德性解读并不需要偏离常规的司法技术，其要点在于，法官在进行严格的法律推理时也要进行一定的道德判断，对法律规则的道德要求或目的有一个清晰的认知。

第三节　原则裁判与道德精神之传达

一　作为规范形态的法律原则

作为一种规范形态，法律原则在法律之中早就存在了，但由于人们对于原则的裁判功能缺乏明晰的认知，因此，原则与规则的区分在理论上并未凸显出来。分析法学将法律视为一种规则体系，法律要素的"规则模式论"一度成为主导性的理论。1945 年，法律过程理论（Legal Process Theory）的代表人物亨利·哈特和阿尔伯特·萨克斯首先提出，作为一般性指令的法律并不表现为单一的规则，而是可以包括了四种要素：规则、标准、政策、原则。[②] 其中，原则乃是一种独立的法律要素，也具有特殊的裁判功能。在此基础上，德沃金系统阐述了原则裁判理论，指出原则具有与规则不同的特性和裁判功能。他用里格斯诉帕尔默案和亨宁森诉布洛

---

① 最高人民法院指导案例 93 号"于欢故意伤害案"。
② Henry M. Hart, Jr. and Albert M. Sacks, *The Legal Process: Basic Problems in the Making and Application of Law* (Tentative ed.), Cambridge, Mass.: [s. n.], 1958, p.159.

姆菲尔德案作为例子，指出构成法院判决基础的并不是哈特所说的法律规则，而是一种独立的法律要素——法律原则，这种在分析实证主义法学中难觅踪迹的规范形态，却在解决疑难案件时显现了独特的功能。德沃金认为，法律是由一套前后一致的、由法律原则和正当程序所构成的整体性体系，这一体系是自给自足的，能够为疑难案件和理论争论提供唯一正确的答案，法的安定性和正当性等难题因而也迎刃而解。

与规则相比，法律原则与社会道德之间具有更为直接的渊源联系。德沃金明确将原则与公平、正义以及其他一些道德准则联系起来，将其视为法律的价值宣示和正当性基石。在成文法中，我们很容易找到具有道德色彩的法律原则，如诚实信用原则、公序良俗原则、人权保障原则。这些原则体现法律的基本精神，构成法律体系的基本框架。而原则在规则与制度之中获得具体化，并将原则中所体现的道德价值渗透至整个法律体系之中。同时，法律原则与纯粹的道德准则又有不同，形式上它通常是由法律明文规定的，或是合乎逻辑地隐含在具体的规则与制度之中，实质内容上它通常是维系社会存在的最低限度道德要求或价值共识，而不属于理想化的高尚品德。可见，法律原则既有道德的内涵，又有法律的分寸。

在结构上，原则与规则也表现出不同的特点。规则具有严谨的逻辑结构，事实要件与后果要件都十分明确。原则不具有严谨的逻辑结构，而只有分量或重要性（weight）的向度。它们在适用方式上也是不同的。规则以"全有或全无"（all-or-nothing）的方式加以适用，原则适用的关键在于衡量其"分量"的强弱，这种"分量"无法精确表述的，只能依据案件的具体情况权衡与之相冲突的原则来进行评价。这种权衡则导致了与规则适用不同的司法技术和论证要求。一定的弹性既是原则的价值之所在，又是原则的固有缺陷。原则论的倡导者认为，司法中的原则裁判有助于消除规则语言的模糊与歧义，弥补法律漏洞；原则论的反对者则认为，原则本身内涵就很模糊，如何来消除规则的模糊？本身漏洞多多，又如何来填补规则的漏洞？[①]但反对论实际上将规则与原则发挥作用的方式混为一谈了。不过，他们所提出的担心还是值得认真对待。为了防止由于法律原则

---

① 大多数学者赞同法律原则的裁判功能，反对观点只占少数，参见李可《法律原则作为法律的限度》，《中国地质大学学报》（社会科学版）2007年第5期。

的适用而导致法官自由裁判裁量权的肆意扩大,以及司法裁判的泛道德化,我们必须为其设定与规则适用不同的约束条件与裁判机制。

二 法律原则的裁判性

法律原则的裁判性是指法律原则能够直接用来对具体案件进行裁判的性质。法律的制度与思想之中包含着众多的原则,但却并不是每个原则都具有裁判性。法律原则的存在方式多种多样,有些原则在制定法和判例中明文规定出来,也有一些原则并未在法律中明示,但却蕴含在法律的观念与价值之中。它们都有可能对司法过程发生影响。

法律原则通常直接规定在法律之中,但并不全部具有裁判性。一些原则仅仅是单纯地宣示法律的目标与精神,如"保障福利""维护秩序"等,这属于宣示性原则。另一些原则为法律制度的确立提供基本的建构性框架,如"权力分立""公检法三机关互相配合、互相制约"等,它们属于构造性原则。这些原则虽然也可能与司法权的行使产生宽泛的理论联系,但是,它们通常不能在裁判意义上加以使用。裁判性的法律原则往往直接用来对具体案件进行裁判,成为法官在司法过程中填补法律漏洞或划分界限的依据,例如民法中的"诚实信用",刑法中的"罪刑法定"等。

值得指出的是,法律明文之外还存在着一些隐含原则,其特征是:①隐含性,即它不能从立法或判例的明文规定中发现,但却隐藏或贯穿于法律整体脉络或过去的法律实践之中,需要通过法官发挥理性能力才能发掘出来。②来源的外部性,按照德沃金的定义,原则的内涵体现为"公平、正义的要求,或者是其他道德层面的要求"[1],显然,法律的隐含原则必须得到外部社会规范或社会意识的支撑与确证。隐含原则要获得裁判性需要一个提炼的过程,正如拉伦茨所说:"尚未实证化的法律原则,经常是借一范例性的事件,突破意识的界阈而进入法律思想之中。"[2] 例如,卡多佐、哈特、萨克斯和德沃金都曾引述过的里格斯诉帕尔默案(Riggs v. Palmer)就是一个典型的例子。虽然帕尔默是合法的遗嘱继承人,但他

---

[1] [美]罗纳德·德沃金:《认真对待权利》,信春鹰、吴玉章译,中国大百科全书出版社1998年版,第41页。

[2] [德]卡尔·拉伦茨:《法学方法论》,陈爱娥译,商务印书馆2003年版,第293页。

为了继承财产，杀死了作为被继承人的祖父，法庭从一系列先例中归纳出"任何人皆不能从自己的错误行为中获利"这一原则，撤销了他的财产继承权。这一原则也经由此案由隐含原则而提升为实定的法律原则。

可见，法律原则是否具有裁判性与法律明文规定并无必然联系，最主要的还是看其在技术上是否具有与具体案件相结合的能力与必要，这可以从以下四个方面来加以考量。

第一，规范性考量，即看某项法律原则能否顺利实现与案件具体事实的联结，从而为人们的活动提供具体的行为导向。原则裁判实质上是将抽象、宽泛的原则与具体的、特定的个案事实相联结的过程，原则裁判性的发挥，关键在于这一具体化过程能否顺利展开。

第二，贯通性考量，即看某项法律原则能否与法律体系融会贯通，能否贯穿于一系列先例之中。换言之，具有裁判意义的法律原则不能是超然于法律的纯粹的道德观念，而是既往的裁判已经有意识或无意识地加以遵循的原则；在技术上则需要通过对既往裁判的归纳来发现这种贯通性。值得一提的是，前文所说的"体现正义及道德要求的外部原则"虽然可以宽泛地包含在德沃金的原则概念之中，但由于难以通过此一贯通性考量的验证，因此不具备裁判性。

第三，衡平性考量，即看某项法律原则的直接适用在效果上能否弥补法律规则的不足，或者填补法律体系上的漏洞，并在个案中实现实质正义，而这个效果是单纯适用法律规则所不可能达到的。这是要求法律原则在司法过程确实起到衡平的作用，其作用方向与相关法律规则是相反相成的。如果针对某个案件事实，原则与规则的作用方向是一致的，则直接适用规则即可；该原则不具有直接的适用性。

第四，论证性考量，即看某项法律原则能否为特定的判决结论提供合乎逻辑、合乎情理的论证，是否具有强于单纯适用规则的论证力。法律原则的裁判本是一种非常规的司法方式，因此法官需要承担更多的论证义务，通过论证说理将法官的思维透明化，使之成为一种可予合理审查的过程，以保证原则裁判的客观性。如果某项法律原则难以提供具有可接受性的论证，或者这种论证缺乏超过单纯适用规则的强度，那么，这样的法律原则不具有裁判性。

三 原则裁判的约束条件

法律原则应当在什么场合下加以适用？尤其是就同一个案件，根据法律规则与法律原则可能得出不同的裁判结论时，应依何者为准？在何种条件下法律原则的效力能够合法地取代法律规则？一般认为，就规则适用与原则裁判而言，规则适用应是法官的优先选项，而原则裁判作为一种非常规的司法方式，往往应在实体上限定于出现"规则不能"的疑难案件之中；在程序（法官的思维过程）上则有"穷尽规则"的要求。

（一）实体上的"规则不能"

规则不能是疑难案件的标志之一，它是指规则由于其内在局限性而不足以妥善解决案件的一种状态。不同的学者对产生规则的原因有不同的认识侧重点。哈特从语言学的角度，把规则不能的原因归咎为规则语言中存在着"空缺结构"[①]。凯尔森从法律体系整体性的角度，把规则不能的原因归咎为规则之间的不一致与冲突。[②] 拉伦茨从法律规整范围的角度，把规则不能的原因归咎为法律"违反计划的不圆满性"[③]，即规则体系因缺乏对某种事实情形的调整而存在法律漏洞。英国学者布莱克斯通从判决效果的角度，揭示了规则不能的另一种情形，即如果按照规则语言含义来理解，有可能会出现"一个十分荒谬的意义"，因而"我们必须从它们的已被接受的意义中作一些偏离"[④]。

关于规则局限性的观点还有很多，但上述四种颇具代表性，代表了规则不能的四种典型情形，因而构成并限定了原则裁判的具体场合。①规则模糊，即规则的字面含义模糊而难以确定，导致不同的理解，此时法官可以基于法律原则来选择其中一种合乎个案公正处理的较好解释。②规则冲突，即在法律文本之中，针对同一事实问题，两个或两个以上不同的规则

---

① ［英］H. L. A. 哈特：《法律的概念》，张文显等译，中国大百科全书出版社1996年版，第127页。
② ［奥］汉斯·凯尔森：《纯粹法理论》，张书友译，中国法制出版社2008年版，第100—101页。
③ ［德］卡尔·拉伦茨：《法学方法论》，陈爱娥译，商务印书馆2003年版，第251页。
④ William Blackstone, *Commentaries On the Laws of England* (Vol. I), Chicago: University of Chicago Press, p. 44.

做出不同的规定与指示，在效力上发生冲突。确定哪一个规则的优先适用，于是成为一个疑难问题，在此，法律原则可以成为一种有用的指引。③规则漏洞，即法律规则对当下案件所涉及的事实情形未作规定，或者依立法者的词语意思、立法计划或其整体脉络，对个案中出现的问题不能涵盖，存在缺失。这种缺失在德沃金的理论中只能称为规则漏洞，而不能称为法律漏洞，因为即使没有明确的规则可用来处理手边的案件，也可诉诸原则的观点。换言之，法律原则可以成为规则漏洞的填充剂。④规则背反，即规则语言虽然明确，规则适用亦无障碍，但是其结果却违反了规则的意图或目的，一般是指判决结果出现了极不公正乃至于荒唐的情况。德国学者拉德布鲁赫曾提到，如果"实在法与正义之矛盾达到如此不能容忍的程度"，以至于成为一种"非法之法"时，它"必须向正义屈服"①。但拉德布鲁赫并未具体指明什么是"违背正义达不能容忍的程度"，对此作出判断并不容易，但却是法律原则展示其裁判功能之处，即以原则来取代规则，减少司法可能产生的实质不公问题。

（二）程序上的规则穷尽

规则虽然不能为原则裁判提供实体上的适用标准，但是，由于人们对于规则不能是否存在仍然可能产生争议，因此有必要设定一条程序上的约束，即规则穷尽。规则的优先适用显然是这一约束的基本指向，换言之，当适用法律规则可以获得妥当的判决结果时，法律规则成为司法的当然依据。在出现了实体上规则不能之时，法官尚须秉承善意，穷尽所有可能适用的相关规则，并针对这些规则运用了各自常规的规则推理方法，仍然不能解决问题时，才能诉诸原则裁判。而且，法官需要对当事人各方所提出的适用某项规则的要求给予回应，论证如此适用所存在的各种不妥帖之处，并确立原则裁判的正当性。这一过程既有隐含在法官思维过程中的部分，也有向当事人及公众展现的部分，但总是要依托一定的程序方可进行。换言之，在事实与法律之间的"往返流转"之中，法官可能会发现关于规则适用的新观点，当事人亦可能提供关于规则适用的新要求，只是这种新观点或新要求在法律论辩与司法论证中被不断地否定。这一过程不

---

① ［德］古斯塔夫·拉德布鲁赫：《法律智慧警句集》，舒国滢译，中国法制出版社2001年版，第170页。

是一蹴而就的，它会一直持续进行，直到不能再为正当的个案裁判找到可适用的相关规则，以及可能导致规则适用的任何新观点为止。这就是穷尽规则的程序。其目的是防止法官轻率地径自适用原则，从而损害到法的安定性和权威性。

四　原则裁判的方法论要点

法律原则适用的关键在于衡量其"分量"的强弱，这种"分量"固然是无法精确表述的，只能依据案件的具体情况权衡与之相冲突的原则来进行评价。为了防止由于法律原则的适用而导致法官自由裁判裁量权的肆意扩大，以及司法裁判泛道德化，必须为其设定与规则适用不同的约束条件与裁判机制。

（一）权衡与更强理由的判断

权衡是原则裁判的一种方式。在法官决定偏离规则而适用原则时，必须进行权衡以确定是否存在需要适用原则的更强理由。对于何谓"更强理由"，德国学者阿列克西做过比较细致的分析。他认为，当法官可能基于某一原则 P 而欲对某一规则 R 创设一个例外规则 R' 时，对 R' 的论证就不仅是 P 与在内容上支持 R 的原则 R.p 之间的衡量而已；P 也必须在形式层面与支持 R 的原则 R.pf 作衡量。这里的 R.pf 是指"由权威机关所设立之规则的确定性"。要为 R 创设例外规则 R'，不仅 P 要有强过 R.p 的强度，P 还必须强过 R.pf。[①] 换言之，欲适用的原则所具有的强度不仅要超过支持它所排除的规则的那个原则，而且，其正当性还应超过维护该规则的确定性要求。而且，主张适用法律原则的法官对更强理由负有论证义务。

（二）原则排序与权利分层

偏离规则而适用原则看起来是规则与原则之间的冲突，其实质仍是两个原则之间分量的较量。接下来的问题是如何在不同的原则之间进行选择与取舍。原则排序可以借助权利分层来细化。以德国联邦宪法法院在

---

① Robert Alexy, Zum Begriff des Rechtsprinzips, S. 79. 转引自舒国滢《法律原则适用中的难题何在》，《苏州大学学报》（哲学社会科学版）2006 年第 4 期。

1973 年 1 月 31 日判决的"私人谈话录音案"①为例,在该案中,法院阐述和演示了以宪法权利为基础排除非法证据的所谓"三步分析法":第一步,判断证据使用会否侵害宪法所确立的个人核心权利,这是个人的最私密空间,超越所有的政府权力。因此,无论指控有多严重,侵犯这些权利的证据必须排除,如在夫妻卧室内装电子窃听装置而取得的证据。第二步,判断证据使用是否会侵入个人核心权利之外的隐私领域。侵犯公民这一领域权益的证据可以在法庭上使用,前提是它所代表的公共利益能够超越私人利益。第三步,分析证据使用是否属于不会泄露公民隐私信息的证据,比如商业会议的录音等。采纳此类证据不会侵犯被告人的隐私权,因此通常不会被排除。②这种权利分层的操作既有相对稳定的排序,又可容纳案件事实的具体变化,可以使原则裁判的思维变得清晰一些。

(三) 附加事实条件

法律原则向个案适用转换的关键在于建立法律原则与个案的联结点,即如何将抽象、宽泛的原则内涵与具体的、相对确定的个案事实联结起来。这一联结的过程也就是所谓"具体化"的过程。附加事实条件即是一个具体化步骤。阿列克西认为,为了解决原则之间的矛盾,不妨结合具体案件为它们附加优先条件 C,假定在 C 条件下原则 A 优先,那么原则 B 必须退让;如果原则 P1 在 C 条件下具有法律效果 Q,则构成了一条以 C 为假定,以 Q 为处理的规则。此处的 C 扮演了双重角色:在原则的比较中构成优先条件,在可表述为 C→Q 的审判规范中构成规范要件。③ 原则的适用实质上是为一项拟排除的规则创设例外规则,这个事实条件实质上

---

① 该案的案情是:一对夫妇将一些财产出售给被告人。被告人为了规避纳税,要求这对夫妇在合同中低估所出售财产的实际价值,然后由被告人将实际差价(70000 西德马克)以现金的形式付给他们。在被告人不知情的情况下,这对夫妇录下了涉及税务欺诈的谈话。随后,他们将录音带交给了警方,于是出现了这盘录音带能否用作证据使用的问题。在该案中,法庭认为所涉及的国家利益并不超过隐私领域内的个人利益,因而不足以引起采纳录音带的效果。不过,法庭也指出,如果所指控的罪不是纳税欺诈而是暴力犯罪,结果则会相反。

② Kuk Cho, "Procedural Weakness of German Criminal Justice and Its Unique Exclusionary Rules Based on the Right of Personality", *Temple International and Comparative Law Journal*, Vol. 15, No. 1, 2001, pp. 24 – 27.

③ Robert Alexy, *A Theory of Constitutional Rights*, New York: Oxford University Press, 2002, p. 50.

构成了例外规则的假定要件。值得注意的是，这个事实条件必须宽窄适度，否则具体化过程难以成功。以"泸州遗赠案"为例。我国继承法规定："公民可以立遗嘱将个人财产赠给法定继承人以外的人"，而该案判决实际上以"公序良俗"原则为这个规定设定一项例外，即"公民不得立遗嘱将个人财产赠给法定继承人以外的与之有非法同居关系的人"。其中的事实要件是"与遗赠人有非法同居关系"，但这个联结点是否宽窄适度？是否所有"与遗赠人有非法同居关系的人"都应当排除在可以接受遗赠的范围之外？事实上，有些非法同居关系是以金钱给付或财物赠予来维持的，但也有一些同居关系虽为非法，但存在感情基础以及彼此的牺牲和帮助，生活中的事实关系是复杂的，如果选择过宽的事实要件作联结点，必然会导致例外规则的可能适用不恰当地扩大化，从而减损既有规则的效力范围。

（四）比例分析与冲突原则的最佳化实现

规则以"全或无"的方式被适用，而原则是以"或多或少"的方式来实现。原则裁判须以原则的这个特点来展开。所以阿列克西指出，法律原则是"最佳化要求"（optimization requirements），[①] 即谋求不同原则中所包含的法益在法律与事实的可能范围内尽最大可能地实现。这意味着在相互矛盾的不同原则之间，可以彼此作出让步与妥协，直到它们都可以得到"最佳的"实现。在此，比例原则的分析方法具有启发性的，这种分析方法包括三个方面：适合性分析要求某一原则的适用能够实现法律的目的；必要性分析要求原则的适用是不可避免的，而且还应将因为适用某一原则而对其他原则、法律安定性价值的减损控制在最小限度；相称性分析要求适用某一原则所获得的法益应当大于不适用该原则所获得的法益。冲突着的原则或许不可通约，但未必不能共容。

（五）构建类型化的适用模式

德国学者霍恩等人在论述了类型化方法对于法律原则适用的重要性指出："没有一个一般公式能够告诉我们什么行为是不道德，从而是不正当的，因为这个问题在很大程度上取决于一个国家的文化传统，以及当前商

[①] Robert Alexy, *A Theory of Constitutional Rights*, New York: Oxford University Press, 2002, p. 47.

业生活所面临的问题；除此之外，人们的观念也在不断地发生变化。因此，讲求实际的法学家所关注的是将各种不同的情况加以归类，并找出每一类情况所应适用的特定原则。有时，立法者在确定具体的法定禁止事项时，实际上就是在将各种情况加以分类。"① 法律原则适用的类型体系可以通过归纳推理的方法来加以建立，虽然没有一个案件会在所有方面都与另一个案件——雷同，然而，还是有许多事例，他们在一些特征上会有一定程度的类似。② 建立法律原则适用的类型谱，提高原则适用的确定性和统一性。从而使法律原则的内涵不至于流于空洞或者飘忽，"法院裁判的事件愈多，提供比较的可能性也随之增长；因此，作出确实可靠的裁判之机会也随之增加，而残留的必须作不那么确定的裁判之判断空间也将随之缩小"③。例如，英美法系国家将违反公序良俗的行为类型化为7种行为：有损家庭关系的不道德两性关系的行为；限制人身自由的行为；限制贸易的行为；射幸行为；妨害国交、公务的行为；妨害司法审判、排除法院审判权的行为；违反公共政策的行为。④ 大陆法系国家亦有类似归纳。这种类型化的思维方式对于克服原则裁判的随意性显然是大有裨益的。

总之，原则裁判的机制需要进一步的优化，以形成具有指导性甚至规范性的操作规程，对司法实践进行具体指导。当然，这需要大量司法经验的积累以及理论上的提炼，非一朝一夕所能成就。

第四节 道德价值的权衡与法官的良心司法

一 道德价值的权衡方式

司法活动经常会涉及价值衡量，但一般认为，这一价值衡量应当遵奉社会主流的道德价值观念为主臬。但这里仍然有两个棘手问题：一是何谓是主流的道德价值观念？如何法官说是就是，说不是就不是，则与他的个

---

① [德] 罗伯特·霍恩等：《德国民商法导论》，楚建译，中国大百科全书出版社1996年版，第313页。
② 刘士国：《类型化与民法解释》，《法学研究》2006年第6期。
③ [德] 卡尔·拉伦茨：《法学方法论》，陈爱娥译，商务印书馆2003年版，第174页。
④ [英] P. S. 阿狄亚：《合同法导论》，赵旭东等译，法律出版社2002年版，第337—365页。

人价值观念没什么分别。这里有一个探知与证明的问题。二是假定存在一个公认的主流价值观念，是否必须作排他性的适用？在价值多元化本身也成为一种价值的现代社会，这样的排他性适用是否会导致"价值专制"，非主流的、少数人的价值观是否应当得到适当的尊重？这里有一个平衡的问题。

首先，如何发现主流的道德价值观念？这与其说是一种探知，不如说法官客观司法立场的宣示，即法官需要表明自己的价值判断是与一些客观因素联系在一起的，并非纯粹的主观裁量，以下途径或有助益。

1. 确认道德观念的基本性

社会道德具有不同的层次，能在司法中加以适用的道德只能属于基本道德。基本道德的基本性表现在两个方面：其一，基本道德应当是"底线道德"，即道德上的最低要求，而不是某种常人难及的高尚道德。其二，基本道德应当是一种共识性道德，一个国家、一个民族、一个社会在一定的时期总有相对的价值共识，这种共识往往构成主流价值观念的主体，法官可以通过对各种价值观的比较、分析和讨论，在纷繁的、冲突着的价值观念中寻找共性的成分，作为判断的基础。法官所适用的价值应当是公众所共有的一种价值，这种价值应当为当事人或其他社会成员所认同，如果一项价值只存在于法官的个人内心之中，而没有一定程度的社会共识为基础，这种价值能否作为司法的依据就值得怀疑；换言之，任何一个价值如果具有足够的强度来影响诉讼的结果，那么，它也应当具有足够的强度，经得住公众的检视和审查。

2. 借助主流道德观念的权威性依据

对于何谓主流道德观念其实也是立法机关所关注的问题，因此，法官可以把立法意图作为一种权威性依据。孙斯坦指出："为了使许多规则能够得到解释，需要引入来自文本本身的道德或政治判断或来自立法者的道德或政治判断。"[①] 由于立法一般可以代表广泛的民意，因此立法中的价值判断可以认定为社会的主流价值观念。从发生学的角度看，立法意图也是具有主观性的，但是由于它已经先于法官价值判断而存在，因此可以视

[①] [美] 凯斯·R. 孙斯坦：《法律推理与政治冲突》，金朝武、胡爱平、高建勋译，法律出版社2004年版，第148页。

作一个客观的指引。立法意图不仅可以从法律的明确规定中寻找，而且可以通过立法历史材料发掘，这些立法历史材料包括：制定某项法律的历史背景，立法机关审议该项法律的工作过程资料和辩论、讨论记录，权威人士的解释性意见等。波斯纳提出运用"想象性重构"的方式来揭示立法意图。这里指，法官将自己想象成正在与立法时的立法者对话，并向他们询问对于法律的理解，然后根据这些立法者的价值和考虑因素，站在立法者的角度，来对立法者的回答进行重构，[①] 以此来获得合理的判断。

3. 体现法律价值体系的整合性

社会主流价值观念与法律价值之间不可能相互排斥，它往往能与法律价值体系融贯起来，这为司法客观性提供了一条保障途径。伯顿将价值判断的整合性称为"法律信念之网"，他说："法官的法律信念之网应该包括法律的惯例性正当理由，它们是一致性和协调性的关键。有序和公正应该是核心，他们维持该网的其他部分，应该实现法律判例、规则、原则及政策的那些价值的核心。为了实现秩序和正义的价值，法律信念之网应把法律经验和法律目的整合为一个和谐有效的整体。"[②] 因此，作为法律解释者的一种主观精神活动，价值判断虽然是主观的，但是，解释者必须将价值判断整合到客观存在的法律目的、精神之中，保证了法律解释中价值判断与现行的规则、制度、程序紧密地联结在一起，从而使价值判断获得一定的客观支持，减少法官的恣意裁量行为的可能性。

4. 引入实证的"社会标准"

霍姆斯法官认为，为了追求司法判决的社会效果，法官应当对适用法律规则所可能赢得的利益和遭受的损失进行比较和权衡。至于比较与权衡的尺度，他从社会达尔文主义的立场出发，主张依靠和援引"社会领域竞争中生活利益的经验"，因为这些经验"教会了我们比较利害得失的价值观念"[③]。同时，他也主张借助政治经济学理论对立法进行手段—成本

[①] William N. Eskridge Jr. and Philip P. Frickey, "Statutory Interpretation as Practical Reasoning", *Stanford Law Review*, Vol. 42, No. 2, 1990, pp. 329 – 330.

[②] [美] 史蒂文·J. 伯顿：《法律和法律推理导论》，张志铭、解兴权译，中国政法大学出版社 1998 年版，第 153 页。

[③] [美] 史蒂文·J. 伯顿主编：《法律的道路及其影响——小奥利弗·温德尔·霍姆斯的遗产》，张芝梅、陈绪刚译，北京大学出版社 2005 年版，第 186 页。

的分析。不过,在确立社会效果的客观基础这个问题上,以霍姆斯这样的大师,似乎也感到了有力不能逮之处。他主张,法官不能为了追求社会效果而成为某个政党或利益集团的直接代言人,他需要将司法判决建立在实证科学的客观基础之上。对这种实证科学的发展,霍姆斯寄希望于未来,他说:"对于法律的理性研究,懂得法条的人可能掌握着现在,但是掌握未来的人是熟练掌握统计学和经济学的人。"① 现实主义法学代表人物之一弗兰克法官主张在法律中引入"社会标准"来求取司法的社会效果,他在雷波埃尔诉美国案(Repouille v. United States)② 的司法意见中指出,对于当事人是否具有"良好道德品质"法庭通常采取司法认知(judicial notice)的方式来加以判断,但是由于缺乏科学的调查手段,"司法认知"就难免沦为"司法无知"(judicial ignorance)。社会道德标准是一种社会性的事实,应当有实证的证据来加以证明,以约束法官的主观裁量。实际上,早在1908年,在美国马勒诉俄勒冈州案(Muller v. Oregon)中,就有使用社会科学方法引入社会标准的成功尝试。为了说明妇女限时工作法的合理性,布兰代斯在代理意见中,引用了美国和欧洲的工厂和医学报告,说明长工时对妇女的健康有害。这些实在的证据完全征服了最高法院。在全体一致的判决中,最高法院宣布俄州限时工作法是有效的。③"马勒案"开了一个重要的先例,即在辩护中为证明立法的合理性而引用社会学和医学意义上的数据,可使用现实的"社会事实"(social facts)来说明印证某种价值判断的合理性,取得良好的社会效果。

其次,对于业已探明的主流道德观念,法官仍需要以一种平衡的方式来加以适用,即尽可能兼顾非主流观念的某些成分,避免发生"价值专制"的情况。这是因为,现代社会中的价值观念具有多元化的特征,"一个社会越是承认和尊重个人的独立、自由和主体性,在价值判断和选择上

---

① Oliver Wendell Holmes, "The Path of the Law", *Harvard Law Review*, Vol. 10, No. 1, 1897, p. 469.

② Repouille v. United States, 165 F. 2d 152(2d Cir. 1947). 基本案情是:马勒是俄勒冈州一家洗衣店的工头,因命令店中一名女工每日工作10小时以上而被地方法庭罚款10美元,理由是他违反了俄州10小时工作法,马勒向联邦最高法院申诉,为俄州10小时工作制法辩护的是在1916年成为联邦最高法院大法官的布兰代斯。

③ Muller v. Oregon, 208 U. S. 412(1908).

的分歧和争论就会越普遍"①。我们有时会诉诸理性来寻求客观的价值，但是，正如哈贝马斯所说："多元性理性本身分裂为价值领域的多元性。"② 此外，价值是易变的，主流与非主流有可能会交换角色，执着于某一种价值很容易造成价值论上的专断，这就要求以一种均衡的方式来处理价值问题。

以泸州遗赠纠纷案为例。法院认为，被继承人生前与"第三者"的婚外同居，有违社会所尊崇的夫妻忠诚、家庭和睦的主流道德标准，因而需要对"第三者"现象作彻底否定；但是却忽视了社会上仍然存在其他的价值观念，如没有感情的婚姻是不道德的，人与人（包括"第三者"）之间的真心付出可以得到适当的回报，弱势群体（同样可能包括"第三者"）的基本生活应当予以保障等，也没有注意到近年来人们对非法同居态度的微妙转变，而是直接以一种价值压倒另外的价值，不免有价值专断之嫌。其实，我们可以观察到，当一部分民众在法庭上为法院的判决鼓掌时，也有人将同情给了那位"第三者"。这充分显示了社会价值的多元与分裂，以及法院在处理此类问题应当采取更为折中与调和的方式。正是在这个意义上，笔者同意郑永流教授对该案所作的"道德骑墙"的处理，③其原因在于它体现了以平衡方式处理价值问题的精神。

二 法官的良心司法

良心是指人的内心对是非、善恶的正确认识，也就是他的个人道德观念。关于法官良心在司法中的作用，两种相互矛盾的观点同时并存。一种观点认为，法官应当摒除个人观念。许多人都同意卡多佐的观点，法官不能"将自己的行为癖好或信仰癖好作为一个生活规则强加给这个社会"④。另一种观点则强调良心对于司法的积极影响。现代自由心证理论要求法官在事实认定时根据自己的良心、理性自由判断证据的证明力，以形成内心

---

① 郑成良：《法律之内的正义》，法律出版社2002年版，第59页。
② ［德］尤尔根·哈贝马斯：《交往行为理论（第一卷）——行为合理性和社会合理化》，洪佩郁、蔺青译，重庆出版社1994年版，第315页。
③ 郑永流：《道德立场与法律技术——中德情妇遗嘱案的比较和评析》，《中国法学》2008年第4期。
④ ［美］本杰明·卡多佐：《司法过程的性质》，苏力译，商务印书馆1998年版，第67页。

确信。良心的这种作用也得到了法律的确认。德国《法官法》要求每个法官在公开审判时都要宣誓："忠实于基本法，忠实于法律履行法官职务，用最好的知识与良心，不依当事人的身份与地位去判决，只服从于事实与正义。"我国《法官职业道德基本准则》用"良知"的表述取代了"良心"，其第35条要求法官"弘扬正义的良知"。

在大多数情况下，法律规定与法官的良心指向是一致的，因法官在依法裁判的同时"讲良心"不会出现问题。但是，法律规定与法官的良心之间也可能会发生不一致，此时法官应当如何司法？法官在办案时能否良心违法？对这一问题的回答考验论者的理论立场。笔者认为，应当重视法官良心在司法过程中的作用。如果说司法是社会正义的最后一道防线，而良心往往是法官正义观的最后一道防线。美国心理学家弗洛姆指出："良心对行为的影响，比外界权威所引起的畏惧感更为有效；因为，一个人可以避开权威，却无法逃避自己，因此也无法逃避成为本身一部分的内在权威。"① 司法过程中法官良心的功能可以概括为以下几个方面。

其一，补充法律不足。1804年《法国民法典》的主要起草人波塔利斯指出："裁判面对很多法律没有规定的事项是必然的。在这种场合，应该允许裁判官在根据正义、良知和睿智光辉补充法律的权能。"② 卡多佐也说："如果公共思想或意愿无法达成一致，就不可能有成文法、习惯法以及其他外在的规定。此时，法官除了遵从自己的价值规范之外别无选择。在这种情况下，客观的意志与主观的意志交融在一起，他将受自身而非其他任何人价值论的引导。"③ 在此，法官的个人良知只是在"法律没有规定的事项"上发挥作用，并不违背其依法裁判的职责。

其二，保障规则得到善意的适用与遵守，防止规则因其刚性而被不当利用甚至操纵。因为，"在既定的审判制度中，一旦法官缺乏应有的良心，那么无论怎样完善的法律都可能蜕变成为恶人对付老实人的工具"④。

---

① [美] E. 弗洛姆：《追寻自我》，苏娜、安定译，延边大学出版社1987年版，第173页。
② [法] 勒内·达维德：《当代主要法律体系》，漆竹生译，上海译文出版社1984年版，第138页。
③ [美] 本杰明·卡多佐：《法律的成长 法律科学的悖论》，董炯、彭冰译，中国法制出版社2002年版，第227—228页。
④ 王婧华：《良心至上方显公平——我心目中的司法格言》，《山东审判》2008年第4期。

法官不能只是机械地应用法律,更不能为了个人办案的某种便利而片面地"利用"法律。否则,我们司法审判中的实质性社会公正或许将在法律形式公正的外衣里不断消失。宋人郑克也指出:"恻隐之心,人皆有之,物所迁,斯失之矣。故有利人之死为己之功者,或文致于大辟,或诬入于极典。"① 因此司法官应"哀矜折狱","生道杀民",始终保留一份"恻隐之心"和"不忍之心"。

其三,引导法官进入社会价值观。良心具有个人性,它是一种内在的善恶判断能力,但是它往往源自于社会价值观念,每个人都不可能独创一套价值观,他会处处受到他所属群体的价值观的影响。"群体的价值观对他来说好像是某种先验的东西,不断地渗入他的精神世界,并通过他自身的价值选择,积淀而生成他自己的价值观。"② 法官对手头的案件既会进行法律评价,也会在良心上有所判断,这种判断会帮助他连接个人价值与社会价值、法律评价与社会评价。

其四,在特定的条件下可以超越法律的不合理规定,恢复法律的正义性。恩吉施认为,虽然法官应当尽量受法律规范文本的既定限制,"如果立法者嘲弄地蔑视最高的法的理念,那么,法官自己脱离形式有效的制定法,就没有那种不正当性了"③。既然法律偏离了基本的道德价值,法官就获得了通过阐释恢复法律规范的道德价值的正当权力。

肯认法官良心在司法中的作用,并许可法官在极其特殊的情形下超越法律语言的限制,体现了一种司法姿态,即"法律技术服务于道德立场"④。但这种司法姿态并不是指法官对于某种道德信条的简单援引,或者干脆是法官的无法司法。法官依良心突破法律的现行规定一方面须受制于诸多外部条件,另一方面须借助一定的司法方法来实现对现有规定的合理适用。这些方法包括:①区别,即通过区分案件的事实条件与法律要件,而导致适用某一法律条文或不适用某一法律条文;②忽略,即对某些

---

① 杨奉琨:《疑狱集 折狱龟鉴校释》,复旦大学出版社1988年版,第434页。
② 陈章龙:《冲突与构建——社会转型时期的价值观研究》,南京师范大学出版社1997年版,第9页。
③ [德]卡尔·恩吉施:《法律思维导论》,郑永流译,法律出版社2004年版,第216页。
④ 郑永流:《道德立场与法律技术——中德情妇遗嘱案的比较和评析》,《中国法学》2008年第4期。

事实条件视而不见或者归入不重要的问题,导致某一法律规定的不适用;③扩张,即将法律规则中所使用的语词的含义扩大到较字面含义更广范围;④限缩,与扩张相反,将法律规定的用语作窄于其字面含义的理解;⑤转化,即将直接的争议转化为其他相关的问题来解决,如将价值观上的分歧转化为价值实现方式上的妥协;⑥变通,即基于基本的人道与人权原则来改变法律的适用方式;⑦寻求合意,即在当事人之间寻找道德上的共识,尤其是说服权利人主动放弃对法律权利的全面要求,或者说服义务人主动承担法律权利之外的其他义务,使纠纷得到妥善解决,在这方面,调解是一种可以选择的策略。

当然,为了防止法官的良心司法沦为其个人的任性专断,有必要为之设定一定的约束与边界,以避免良心司法成为"偏好司法"或"恣意司法"。一方面,法官应以自律的态度"清除情感中那些专断恣意的东西",即通过发挥理性的作用,"将情感同方法、秩序、融贯性和传统联系起来"①。另一方面,法官还需要为自己的良心司法寻找"稳定性因素",以避免由此带来的不确定性风险。美国学者比德曼提出了司法价值衡量的七条指导性原则,可资借鉴:①适用于当前案件的价值应当与相关的法律规则相一致;②法官的价值应当具备事实的基础;③法官行为应当具备理性基础;④法官的个人价值判断不能与基本的法律与社会价值相抵触;⑤法官所适用的价值不能归属于偏见、私利和不义;⑥法官所适用的价值应当为当事人或其他社会成员所认同;⑦法官在适用一定的价值时,应当考量其判决直接和间接的后果,不仅要考虑判决对案件当事人的影响,也要考虑其对其他诉讼参与人,以及任何一个可能因此判决而改变的人的影响。②

法官自律依赖于法官的个人素质,具有一定的局限性。对良心司法有效的约束还来自完善的制度与程序。事实上,法官的价值判断并不是在真空中发生,它往往在一定的制度体系展开,制度与程序的设置对于保障价值判断的客观性具有基础性功能。例如,就审判制度的功能,拉德布鲁赫

---

① [美]本杰明·卡多佐:《司法过程的性质》,苏力译,商务印书馆1998年版,第26页。
② Paul L. Biderman, "Of Vulcans and Values: Judicial Decision-Making and Implications for Judicial Education", *Juvenile & Family Court Journal*, Vol. 47, No. 3, 1996, pp. 77 - 78.

指出:"为防止司法中出现过激的主观性,事实上通过两种设置发挥作用:合议庭和多元审级;通过多个法官以及多个法院之间对一个判决的协作,可以共同控制个别法官的个性,使判决回到传统价值判断的平均线上。"[①] 还有一些制度试图保证法官不违背良心甚至出卖良心,如法官回避制度、法官宣誓制度和法官独立制度等。而通过正当的庭审程序来保障当事人之间的充分论辩,也可制约法官的良心司法不致过分偏离当事人的合意以及社会的价值共识。除此之外,法官制度不能不对法官内心世界的形成有所关切。卡多佐法官深有感触地说:"有时,一个题目会既适合于使用这种方法也适合于另一种方法,并且都很自然。在这种情况下,习惯或效用的考虑就会经常出现,来调整方法的选择。剩下的部分也许就得由法官的人格、他的品位、他的训练或他的精神倾向来支配。"[②] 在这个意义上,法官人格的养成、职业伦理的建设与法院文化的培育对于保证法官良心司法的客观性也是至关重要的。

---

① [德]古斯塔夫·拉德布鲁赫:《法学导论》,米健、朱林译,中国大百科全书出版社1997年版,第110页。

② [美]本杰明·卡多佐:《司法过程的性质》,苏力译,商务印书馆1998年版,第31页。

第七章

回应型司法的道德叙事特征

第一节 司法的叙事学特征

一 叙事学的缘起与扩展

(一) 叙事的概念与叙事学的发展

叙事学的名称由法国著名文学理论家茨维坦·托多洛夫于1969年首次提出。俄国形式主义文学理论家弗拉基米尔·普洛普等人将其发展成为一种相对成熟的研究方法论,而这一学科的系统化则归功于法国结构主义文学理论。[①] 在法文中,叙事学一词由拉丁文词根 narrato (叙述、叙事) 加上希腊文词尾 logie (科学) 构成,其基本含义是研究叙事的科学,而叙事,通俗地讲就是讲述故事。当然,这样的定义有同语反复之嫌,理论上需要对"叙事"这一中心词进行深入的剖析。

文学领域的叙事是一种创作手法,即按时间或其他顺序叙述所发生的事件。基于此,美国学者杰拉德·普林斯将叙事界定为"对于一个时间序列中真实或虚构的事件与状态的讲述"[②]。法国学者热奈特认为,叙事一词包含三种含义:一是指关于一个或一系列事件的陈述,包括口头的和书面的话语;二是指真实或虚构的、作为话语对象的接连发生的事件;三是指某人讲述某事的事件。[③] 可见,叙事既可以指名词形式的"事实陈

[①] [美] 戴卫·赫尔曼主编:《新叙事学》,马海良译,北京大学出版社2002年版,第148页。

[②] [美] 杰拉德·普林斯:《叙事学——叙事的形式与功能》,徐强译,中国人民大学出版社2013年版,第2页。

[③] [法] 热拉尔·热奈特:《叙事话语 新叙事话语》,王文融译,中国社会科学出版社1990年版,第6页。

述",也可以指动词形式的"陈述事实",拓展开来,还可以指记载所陈述事实的语言及其材料。这样,叙事可以表现出不同的类型:故事(story)、叙述(narration)、话语(discourse)或者文本(text)。经典叙事学认为,叙事是故事与话语的结合,"故事是一个事件或事件序列(即行动),叙事话语乃是对这些事件的表征"①。故事是叙事的内容,它可以包括系列事件(包括行为和发生的事)、人物和环境因素,话语则是一种表达,是传达内容的方式。故事与话语是经典叙事学研究的焦点问题,在这两个问题之下,叙事学的领域不断深化。例如,事件被分为核心事件与卫星事件,时间关系被分为顺序、时距和频率,深化了关于叙事与理解活动的认识。

作为一种学科,叙事学经历了漫长的发展过程。最初人们对叙事的研究是围绕文学作品展开的,如亚里士多德的《诗学》包含着丰富的叙事理论研究内容。18世纪小说繁荣之后,文学理论家开始利用"叙述视点"来分析小说作品,为叙事学的产生打下基础。1928年,俄罗斯学者普洛普出版《民间故事形态学》,该著作总结出了一整套民间故事的叙事规则和叙事"公式",成为叙事学的发轫之作。1966年,法国学者罗兰·巴特出版了《叙事作品结构分析导论》,将叙事作品分为功能层、行为层、叙述层三个描写层次,为以后的叙事学研究提出了纲领性的理论设想。同年,格雷马斯也出版了《结构语义学》,这是法国符号学奠基作品,阐释了意义结构的存在方式,并进一步深入研究了叙述结构和话语结构。结构主义叙事学研究是结构主义最具代表性的一个领域,同时也有力地推动了叙事学的发展。因此结构主义叙事学被称为"经典叙事学",代表性人物包括:托多洛夫、热奈特、罗兰·巴特、格雷玛斯、布雷蒙等。叙事学经由法国为轴心辐射至世界各地,成为文艺理论中的一个重要流派。后来,亨利·詹姆斯、卢伯克、布斯等人又发展出了修饰性的叙事理论。修辞性叙事理论和结构主义叙事理论,合称现代叙事理论。

(二)叙事学的拓展

经典叙事学诞生于文学理论,但很快向其他学科拓展。这是因为人们发现,叙事行为并不仅仅存在于文学作品中,而是与人类生活息息相关。

---

① [美]玛丽-劳尔·瑞安:《故事的变身》,徐强译,译林出版社2014年版,第7页。

罗兰·巴特说："叙事无处不在且变化无穷。"① 将叙事置于历史语境，就会发现，它几乎是与人类历史本身共同产生的，所有阶级和人类集团都有属于自己的叙事作品，没有叙事的民族是不存在的，而叙事作品却可以超越国度，超越历史超越文化，犹如生命般存在。② 将叙事置于生活场景，就会发现，叙事几乎是普通人生活的日常，人们每时每刻都生活在各种不同的叙事之中，通过叙事表达自己，互动交流和维系情感。可见，在整体的人类生活中，叙事是不可或缺的重要组成部分，人的生命可以随着时间而流逝，但人的叙事却可以凭借一定的作品而留存。人类从叙事中学习，通过叙事来讲述世界，理解世界，并通过叙事来组织日常生活，建构历史文化。这样看来，叙事学在其知识性质上可以成为一种关于社会现实的本体论，从而与人类的基本生存紧密结合在一起。

叙事学的拓展也得到了心理学研究的支持。1986 年，美国心理学家西奥多·萨宾在论文集《叙事心理学：人类行为的故事性》中首次提出了叙事心理学研究了人类思考、知觉、想象以及进行道德抉择中的叙事结构。不仅人类的生活是一种叙事的过程，而个体要达到心理成熟，也必须从叙事的角度看待自己的人生。通过叙事，我们了解自己和他人，并真正走进彼此内心，进行深入交流。心理学家认为，叙事反映了个体对生活现实的体验，个体的人格也是在叙事的过程中建构的。1987 年，美国心理学家布鲁纳提出了"没有叙述就没有自我"的观点，他把人类的思维分成两类：范式思维（Paradigmatic Mode of Thought）和叙事思维（Narrative Mode of Thought），认为人的大脑同时存在范式思维与叙事思维两种思维方式，由此开始了心理学的叙事转向。③

这样，人们对于叙事的类型有着更加广义的认识，在载体上，它由最初的文学作品，扩展至包括电影、戏剧、绘画、新闻、社会杂闻、日记、编年史等；在表现形式上，书面或口头的语言、固定或活动的画面、姿势或动作以及这些媒介的组合都可以包括在内。广义上讲，我们可以将叙事

---

① ［美］杰拉德·普林斯：《叙事学——叙事的形式与功能》，徐强译，中国人民大学出版社 2013 年版，第 2 页。
② 张寅德编选：《叙述学研究》，中国社会科学出版社 1989 年版，第 2 页。
③ Jerome Bruner, *Actual Minds, Possible Worlds*, Cambridge, Mass.：Harvard University Press, 1986, p. 13.

理解为具有特定叙事结构和叙事功能的文本。文本由其制作者进行处理，体现了制作者的认知与意图；叙事表现出一定的结构，叙事方式有很多种，不同的叙事类型有不同的叙事特点。现代以来，叙事理论成为跨学科研究的一种重要路径，除了原先的文学叙事之外，新闻叙事、历史叙事、法律叙事等泛叙事形式逐步进入了人们的研究视野。

传统意义上，法律的思维是以推理为特征，与叙事无涉，但是随着叙事学的拓展以及泛叙事形式的学术认知，法律叙事学逐步成为一种新兴的知识领域。美国学者怀特认为，法律是"一种社会和文化活动，是我们用语言所做的事情"，也是"一种修辞和文学活动"[1]。科弗则指出"任何法律制度或规章条文都不能离开叙事而存在，叙事提供其背景，赋予其意义。……一旦在赋予其意义的叙事背景中加以理解，法律就不再仅仅是一套供人遵从的规则体系，而成为了一个世界，生活于其中的世界"[2]。20世纪80年代中后期，北美法律与文学运动把叙事学引入司法领域，形成司法叙事理论，通过解释司法案件事实的叙事形成过程，以叙事与证据及修辞的关系、叙事情节化的视角及要素、司法叙事的客观性等为主要内容，寻求一种能够指导司法实践的叙事理论。[3] 法律叙事学或司法叙事学的兴起为我们理解司法活动及其道德实践提供了一个独特的视角，为此，首先要理解司法判决的叙事本性。

二 司法判决的叙事本性

如果我们将叙事广义地理解为具有特定结构与功能的事件或文本，那么，司法判决显然可以归入其中。判决，其实也是在向其受众讲故事，它将现实发生的案件以语言的形式固定下来，传递到各个层次的读者，这其中必然包含着一个叙事过程；在制作判决书这个文本时，法官其实也是通过对素材的整理和组织，编排具有叙事功能的一系列事件。公众通过阅读判决书来进行感知司法的态度，并因而产生特定的个体情感反应和经验联

---

[1] James Boyd White, *Heracles' Bow: Essays: on the Rhetoric and Poetics of the Law*, Madison, Wis.: University of Wisconsin Press, 1985, p. x (Foreword).

[2] Robert M. Cover, "The Supreme Court, 1982 Term", *Harvard Law Review*, Vol. 97, No. 1, 1983, p. 68.

[3] 刘方荣、何向东：《司法叙事理论的内涵及意义》，《光明日报》2013年1月15日。

想,这种独特的沟通和交流的模式难以用司法的推理模型来加以涵摄,而是表现出非常明显的叙事特征。因此,在司法推理模型之外,同样也存在司法的叙事模型。司法叙事既具有普通叙事文本的一般特征,但作为一种法律叙事,又具有自身的独特性。

(一) 司法判决叙事的一般特征

与一般的叙事文本(如文学作品、新闻报道等)相比较,判决书表现出相似的特征。

首先,判决书中的诉讼案件具有故事性。

"一份好的判决书首先是一个好故事。"[①] 判决书的叙述元素同传统叙事学当中的构成元素相同,即时间、空间、人物、事件。生活事件属于未经加工的生活经验。判决书中所描述的案件不同于单纯的日常生活事件,而是被赋予了法律意义,法官依照法律的规定来交代案件发展的过程,案件是法律基于生活事件的基础之上进行了主观加工和客观分析的产物,赋予其法律上的逻辑性。通过将法律意义赋予案件事实,产生一个可以被理解的法律故事或者可以被领悟的法律精神,法官为案件事实要素注入完整的叙事结构并同时使事件本身具有了具有不同的象征意义。这意味着,法官撰写判决书不能仅仅遵循"大前提+小前提→结论"的逻辑推理路径,而应当讲好一个故事,并在故事之中传送法律的意旨。

其次,判决书是作者与读者之间的话语交流形式。

叙事话语的最基本功能是信息交流,既然是交流性话语,它就必然存在着进行交流的双方主体,这就是叙事学中所强调的话语叙述者与话语接收者之间的隐形结构。[②] 叙事文本的这一特征同样适用于判决书。判决书的作者是法官,读者是当事人,判决书的宣告必然表现为两者之间的话语交流,而判决书则是叙述话语的意义呈现。与普通叙事一样,判决书的制作与发布过程也存在着话语叙述者与话语接收者之间的复杂结构。由于法官与当事人之间存在的直接的、面对面的交流,判决需依据特定的案件事实和相关法律作出,因此,法官是判决书的真正作者,当事人是判决书的真正读者。但是,作为文本或作品的判决之中"会隐含着不同的化身,

---

① 马宏俊主编:《法律文书价值研究》,中国检察出版社2008年版,第250页。
② 祖国颂:《叙事的诗学》,安徽大学出版社2003年版,第2页。

不同观念的理论组合"①。因此，判决书也存在着"隐含作者"，即人民法院或公共利益代言人。同理，尽管当事人作为"直接读者"承受判决的实际结果，但公众中的每一个人其实构成了接受判决话语的"隐含读者"，而判决书所欲构建的则是特定时空中的"理想读者"。这样看来，判决书的叙述话语也是在不同的层面上渐次展开的。判决书这一叙事特征的发现，能够使我们注意到，以往对决书的研究，判决书的受众在很大程度上被忽略掉了，如果将法官作出判决当成一种叙事过程，那么我们就应当考虑受众即当事人和公众的接受与认可了。

再次，判决书的叙事基于一定的交流目的而存在。

所有的叙事都是表达一定的意旨。在这个意义上，叙事"不仅是虚构的故事而且是任何语言或非语言的描述，其中有说话者给予意义的一系列事件"②。叙事的交流目的之一在于赋予意义。叙事理论认为，叙事内容和叙事形式都体现着意识形态性，渗透着作者的价值观。作为法院意见的重要载体，判决书同样具有特定的交流目的。从表层上看，它要将法官对特定案件的基本情况以及判决结果等信息告知当事人、其他利害关系人及社会公众；往深层次看，它要展现法官对事实的认定、对法律的解释以及将事实与法律连接起来的推理过程与逻辑性，人们通过这一推理过程可以了解法律的规定及其含义；在更深层次上，判决书的叙事都展现了法院乃至国家对于特定行为、事件的态度与立场，以及所推崇的价值观。

又再次，判决书的表述符合一般叙事的组织程式。

叙事理论认为，叙事的全部意义是由各种叙述程式的话语来实现的。③ 相较之下，司法的叙事也是由各种叙述程式的话语来表达的。当然，判决书的叙事是不可能像文学作品那样自由、灵活，但如果说没有一定的叙事组织方式则是不可想象的。例如，判决书的事实表述部分至少符合了传统叙事学的"线性叙事"模式，这种模式之下的叙事表现为一个符合"时间原则"和"因果原则"的故事；所谓"时间原则"是指任何事件都发生在时间的轴线上，所谓"因果原则"指事件必然经过发生、

---

① ［美］韦恩·布斯：《小说修辞学》，付礼军译，广西人民出版社1987年版，第78页。
② ［美］斯蒂文·小约翰：《传播理论》，中国社会科学出版社1999年版，第306页。
③ 祖国颂：《叙事的诗学》，安徽大学出版社2003年版，第2页。

发展、变化和结束的基本法则。① 叙事表现为因果相接的一连串事件，如古希腊哲学家亚里士多德所说"事之有头，有身，有尾"②，同时也会呈现出时序、速度、时间结构等方面的复杂性。又如，美国学者查特曼认为："叙事事件不仅有联系的逻辑，而且有等级的逻辑。有些叙事比另一些叙事更为重要。"③ 他将叙事中的事件分为核心事件和附属事件或卫星事件，核心事件是结构中的节点或枢纽，如果删除或改变了核心事件，就一定会破坏叙事逻辑。这一分类对于我们理解案件事实认定中的基本事实与非基本事实具有启示意义，同时也有助于法官通过核心事件的合理安排来理顺判决书的叙事逻辑。

最后，判决的效果受到叙事方式与叙事技巧的影响。如果说判决书也是一种文体，那么它是十分讲求客观性的那种类别，较少渗透主观情感性的语言，因此它对语言的运用显得格外严格，要求简洁、平实、精确，在叙述态度上则要求冷静、去情感化。但是，尽管如此，判决的效果还是受到了叙事方式与叙事技巧的影响，典型的例子便是修辞的运用。我国修辞学泰斗陈望道先生在《修辞学发凡》一书中区分了消极修辞和积极修辞。消极修辞是"抽象的、概念的。必须处处同事理符合。说事实必须合乎事情的实际，说理论又必须合乎理论的联系。其活动都有一定的常轨：说事实常以自然的、社会的关系为常轨；说理论常以因明、逻辑的关系为常轨"。而积极修辞是"具体的，体验的。价值的高下全凭意境的高下而定。只要能够体现生活的真理，反映生活的趋向，便是现实界所不曾见的现象也可以出现，逻辑律所未能推定的已经也可以存在。其轨道是意趣的连贯"④。一般而言，判决书属于事务性文体中的公文，应当以消极修辞为主，但也并不完全排除积极修辞的运用，因为后者对判决书的写作也有着独特的意义。例如，积极修辞可以保持司法领域与社会公众的有效沟通。孙光宁博士认为，判决书中的消极修辞主要面向法律职业群体，而积极修辞则大致针对当事人和社会公众。二者分野的原因就在于，在区别听

---

① 李妙岚：《朱淑真诗的叙事学分析》，《美与时代》2017 年第 3 期。
② [古希腊] 亚里士多德：《诗学》，罗念生译，上海人民出版社 2006 年版，第 14 页。
③ [美] 罗伯特·C. 艾伦：《重组话语频道》，麦永雄、柏敬泽译，中国社会科学出版社 2000 年版，第 14 页。
④ 陈望道：《修辞学发凡》，复旦大学出版社 2008 年版，第 37—39 页。

众的基础上使判决书获得最大限度的可接受性。① 尽管从修辞学的角度，两种面向并非截然区分，但至少能提醒积极修辞的存在与功用，对于判决书写作的改进不无裨益。

(二) 司法判决叙事的特殊性

首先，判决的叙事须以法律语言为基础。

法国哲学家利科曾指出：诉讼的原始功能是把冲突从暴力的水平转移到语言和话语的水平。② 语言是判决书叙事的载体与手段，并且，在法律适用过程中，语言的含义既是解释的出发点，同时也构成了解释的界限。判决书虽由日常语言与法律语言共同构成，但是，法律语言在其中起到了主干与框架作用。法律语言相较于日常语言有着自身的特色，其使用也有特殊的要求。不仅其中使用较多的专业术语，而且在使用时要求严密、明确，具备逻辑性。"司法语言在表述法律内容的时候，必须十分重视逻辑推理，注意遵守逻辑规律：同一律、矛盾律、排中律和充足理由律；遵守各种推理规则，在词语运用和复句、句群表达上要严格按照思维的逻辑法则组织语言材料。"③ 同时，法律的话语尽可能以将事情中的情感元素抽离，以使判决乃至司法过程获得一种客观中立的外观。

其次，司法判决所叙述的事实是建立在证据基础上的法律事实。

法官所认定的案件事实，是已经过去的，已随时间的流逝永久地、不可逆转地消失了的事件、过程。时间的不可逆性决定了任何事实都无法完全恢复其原始状态。正如我国台湾省著名证据法学家李学灯先生所作的精彩描述："事实一经过去，永不复返。虽不一定是春梦无痕，也往往是如云烟过眼。"④ 案件事实的历史性可以说是案件事实的基本属性，这意味着，诉讼主体只能凭借案件遗存于时空内的痕迹才能认识案件事实本身。法官在司法过程中最终认定的"事实"是不是真正的事实？怎么判断？我们无法将其认定的事实与案件的原始事实相比较，作出准确的判断，而只能在证据的基础上，借助于我们的感觉、知觉（经验）以及理性思维

---

① 孙光宁：《判决书写作中的消极修辞与积极修辞》，《法制与社会发展》2011年第3期。
② 杜小真编：《利科北大讲演录》，北京大学出版社2000年版，第5页。
③ 马晓燕、史灿方：《法律语言学引论》，安徽人民出版社2007年版，第50页。
④ 李学灯：《司法与求真》，载李学灯《证据法比较研究》，台北：五南图书出版公司1998年版，第687页。

能力并在观念上对案件事实予以重建,成为一种法律事实。法律事实只是观念形态的重建,而法官将其写到判决书中时,必然受到修辞和叙事等有目的的语言活动的影响,判决书中的叙事便成为最终的判决根据。在这一动态过程中,"司法以事实为依据"中的"事实"从原初形态的案件事实,转化成通过证据加以证明的法律事实,再通过法官的修辞或语言上的加工或说理,进而转化成一种叙事真实,而这才是判决的最终基础。

再次,司法判决叙事以方式的理性化与结论的封闭性为特征。

文学的叙事往往具有多样性,它不必拘泥于线性叙事或正常的时间逻辑,可以进行倒叙或逆序地呈现模式,也可以用幻妙的想象来激发读者的情感体验和内心共鸣,还可以用不同的叙事视角来聚集事件、行为或人物,而最终的结局往往是出乎意料的,甚至故意给读者留下未解的悬念。但是,判决只能采用理性的叙事手法,这在事实认定方面表现为逻辑法则与经验法则的运用,在法律适用上则强调推理步骤的严密。《刑事诉讼法》第53条规定,人民法院判决书,必须忠实于事实真相。这隐含地表达出,法官叙事的准确和推理的严谨是一种法定义务。与此同时,判决书的结论最终有"是"与"否"两种结果,刑事被告人究系杀人与否,民事被告人应否承担责任,法官必须给出确定的结论,不能模棱两可,更不能留下悬念。但是,判决书的这些特点并不影响司法判决成为一种叙事,因为一旦结论确立,所有的证据、法律依据都应当指向最终的结论,法官在判决书中的论证与表述都应当与这个结论丝丝相扣。在事实认定层面,证据链的形成与其说是单个证据的机械堆积,毋宁说是事实叙事体系的闭环构建。① 而在法律适用层面,个案的判决结论要与整体的法律在法条和价值体系上取得叙事上的融贯。

最后,司法判决叙事受到判决书格式性要求的制约。

与普通的叙事文本相比,判决书在语言表达上具有强烈的格式性。除了程式化的正规语言句式,其整体结构也具有严谨的格式化色彩。这并不是法官的个人偏好所致,而是法律的规定。例如,我国《民事诉讼法》第138条规定:"判决书应当写明判决结果和作出该判决的理由。判决书内容包括:(一)案由、诉讼请求、争议的事实和理由;(二)判决认定

---

① 秦策:《我们研究什么样的证据法学》,《中国刑事法杂志》2010年第4期。

的事实和理由、适用的法律和理由；（三）判决结果和诉讼费用的负担；（四）上诉期间和上诉的法院。判决书由审判人员、书记员署名，加盖人民法院印章。"《刑事诉讼法》第203条则规定："判决书应当由审判人员和书记员署名，并且写明上诉的期限和上诉的法院。"其中虽然没有内容的具体规定，但同样也是高度格式化的，一般包括：①标题和编号；②公诉人身份；③被告人身份及基本情况；④辩护人；⑤案由；⑥事实；⑦证据和理由；⑧判决正文；⑨交代上诉权和上诉办法；⑩结尾。可见，判决书不同于一般的叙事文本，它有其自身的格式特点。司法语言的格式化便于法律文书的阅读和理解，能够提高司法工作者获取信息的效率，同时彰显法律的威严和专业性。[1] 最高人民法院在《人民法院五年改革纲要》中明确提出，裁判文书的改革要在《文书样式》规定的框架内，寻求增强说服力的写作方法。[2] 在这个意义上，司法判决的叙事不可能像文学叙事一样自由灵活，更贴近所谓"戴着镣铐的舞蹈"。

第二节　司法判决的道德叙事特征

如果我们突破了司法的推理范式，承认司法也是一种叙事，其道德叙事特征也就昭然若揭了。如果我们理解道德叙事的本义，考察司法判决中运用道德话语的实际情形，我们就会发现，司法判决其实具有一种天生的道德叙事特征。

一　道德叙事与司法的关联：实例分析

（一）道德叙事简述

道德叙事是通过话语、文本等叙述故事的方式来表达道德价值观的一种讲述，它存在的范围十分广泛，从官方的道德教化到民间的口耳相传，都存在着大量道德叙事的成分。在人类文明的早期，道德叙事就在发挥着它的作用。《论语》《荷马史诗》等著作都以叙述故事为主要形式讲述

---

[1] 黄娇娜：《论法律语言的特性》，《现代语文》2015年第11期。
[2] 最高人民法院《人民法院五年改革纲要》（1999—2003）（法发〔1999〕28号），1999年10月20日。

其中的道德伦理观，古今中外的教育家们也将讲述故事作为传授道德的常用方法之一。如在西方，人们用《圣经》故事传播宗教价值观；而在中国，孟母"断机杼""孔融让梨"等道德故事所要传达的都是做人的道理。

在伦理学或教育学上，道德叙事是指教育者以口头或文字的方式，叙述蕴含着道德价值的故事，如寓言、童话、神话、历史故事、生活事件等，从而促进受教育者道德成长的过程。① 作为一种教育方式，它与道德灌输、道德说教相对，它具有很多优点，如教育内容的直观性、教育过程的自然性及其与人们生活的高度关联性等，有助于将道德知识深入人心，激发学生学习自主意识，提高学生的批判性思维，因而受到道德教育工作者的青睐。

道德叙事一般具有以下要素。首先，依托于一定的媒介，即包含着特定知识、情感、价值观的故事或事件；其次，包含着道德话语的交流与道德立场的选择，作为一种讲述故事的活动；再次，通过参与者的互动展开，参与者包括活动的施动者和接收者双方；最后，导致有目的的道德传播，通过道德故事的叙述，传达特定的道德知识、道德情感和道德价值，对受教育者的道德发展以及社会道德风气的养成发挥独特的促进作用。

纯粹的道德叙事具有强烈的伦理学或教育学色彩，与司法判决并无直接的关系。德育工作者不拥有司法权，自然不能在道德话语之上赋予法律效力；而司法人员以依法办事为己任，必须以法律话语而不是道德话语来完成法律与事实的结合，并得到具有法律效力的结论。但是，司法判决与道德叙事之间就此全然割裂了吗？或者说，司法判决之中是否可能渗透有道德叙事的某些成分？司法判决能够在多大程度上合理包含道德话语的元素？对这些问题的回答，难以得出统一的结论，因为，在不同的时代和文化传统，在不同的国家和地区，司法判决与道德叙事之间的关联具有不同的方式与程度。

（二）中国古代司法判决的道德叙事

伦理化是中国古代司法的重要特点之一，具体表现便是天理、人情和国法都可以作为裁判标准，三者相互交融，互为表里。天理、人情与国法

---

① 潘莉：《西方道德叙事中的历史叙事》，《教育评论》2007年第5期。

往往处于同样的位阶，甚至具有高于国法的地位。而所谓的天理、人情往往是道德的体现，在有些案件中，道德信条（如儒家的宗法伦理、纲常义理）在适用顺序和效力上的优先性；而如果法律出现不足，道德成为司法官断案的主要甚至是唯一的依据。

在中国古代，司法判决之中使用道德话语的现象十分普遍，使得判决书呈现出极其浓厚的道德叙事色彩。现仅举唐代著名诗人白居易所拟"百道判"第1道来加以说明。

> 案情：甲去妻后，妻犯罪，请用子荫赎罪，甲怒不许。
> 判决：二姓好合，义有时绝；三年生育，恩不可遗。凤虽阻于和鸣，乌岂忘于反哺。旋观怨偶，遽抵明刑。王吉去妻，断弦未续；孔氏出母，疏网将加。诚鞠育之可思，何患难之不救？况不安尔室，尽孝犹慰母心；薄送我畿，赎罪宁辞子荫？纵"下山"之有怒，曷"陟岵"之无情？想《茉苡》之歌，且闻乐有其子；念《葛藟》之义，岂不忍庇于根？难抑其辞，请敦不匮。①

这个案件在唐代并不算是疑难案件。《唐律疏议》卷二《名例》规定："其妇人犯夫及义绝者，得以子荫。虽出，亦同。"《疏议》云："妇人犯夫，及与夫家义绝，并夫在被出，并得以子荫者，为母子无绝道故也。"从法律上看，被出之妻完全可以有凭"子荫"来庇护其罪的权利。本来可以使用从大前提（法律）到小前提（事实）再到判决（结论）的清晰论证，但白居易选择了融情入理、文采斐然却较为曲折的道德叙事。下面我们逐句加以分析。

在判词中，他说："二姓好合，义有时绝"，意思是，婚姻是两个不同家族交好联结的纽带，但世事难料，出现夫妻感情破裂的情况也不足为奇。这是人情事理的分析。"三年生育，恩不可遗"，意思是，母亲怀胎十月，又养育了三年，这样的恩情怎可一旦抛割？这是基于道德规范的教导。"凤虽阻于和鸣，乌岂忘于反哺"，这是用类比来说明：凤凰失去配偶可以永不和鸣，是指甲与妻子双方现在已不是夫妻关系；乌鸦却始终不

---

① 谢思炜：《白居易文集校注》，中华书局2011年版，第1623页。

忘要反哺母亲，是告诫儿子要有作为人子的孝心，要知恩图报，善待其母亲。

一番道德说教之后，白居易将本案的争点问题提了出来："旋观怨偶，遽抵明刑"，意思是，这个婚姻不美满的妻子就要遭受刑事处罚了，该如何处置呢？但白居易仍然没有援引法条，依法裁判，而是举了两个古人的例子来比照说明。一是西汉宣帝时期博士谏大夫王吉。"王吉去妻，断弦未续"。王吉年轻时在长安求学，邻居家有棵大枣树，树枝垂到他住的院子里，妻子从上面摘了些枣子给王吉吃。后来他知道枣树是邻居家的，便把妻子休了。邻居得知这件事，就把枣树砍掉，又经大家再三劝说，王吉才将妻子招回。这里的隐含意义是：王吉是这么严格要求自己的人，在休妻之后还能够将妻子招回；如果听任本案这位被休的妻子得不到庇护，那么，岂不是王吉也不能将妻子招回了？二是孔子的祖孙三代。孔子、孔鲤、孔伋祖孙三代均曾休妻，而孔伋更立下"不丧出母"的家规（《礼记·檀弓篇》），即被孔家休掉的妻子，其去世后，子女不应为其服丧。孔家的家法显然是比国法还要严的，显然不符合当下法律的宽宥精神了。

在这两难之间，白居易向甲之子提出道德追问："诚鞠育之可思，何患难之不救？"只要你心中还存有对母亲养育之恩的思念之情，为什么母亲处于患难而不相救呢？接下来，白居易又援引《诗经》中的礼教故事来加以开导。"况不安尔室，尽孝犹慰母心。"周朝邶国有个妇人，生有七子，后因家境贫困，想要改嫁。七子唱《凯风》这首歌自责，希望母亲回心转意（《诗经·邶风·凯风》）。在儒家看来，这是儿子能尽孝道的一种体现。"薄送我畿，贱罪宁辞子荫？"《诗经·邶风·谷风》中有一位被丈夫抛弃的妇女，控诉丈夫无情时说："按礼远近也该送送我，你却不肯迈出大门槛。"虽然丈夫对离弃的妻子只送到大门口，但儿子是亲生的，为什么贱罪不允许享受子荫呢？

白居易接着对甲子说："纵'下山'之有怒，曷'陟岵'之无情？"你去读一读《诗经·魏风·陟岵》吧，感受一下游子思念母亲的深情，即使你的父亲为此而生气，作为人子，你不能忘却母亲的养育之恩，成为无情无义之人。"想《芣苢》之歌，且闻乐有其子"，你再想想《芣苢》之歌是怎么唱的，就可以体会妇女喜爱自己儿子的心情了。"念《葛藟》

之义,岂不忍庇于根?"《诗经·周南·樛木》中有"南有樛木,葛藟累之"的诗句,犹如葛藟一样,荫庇母亲就是庇荫你的根,你难道还忍心拒绝母亲对于庇护的请求?

在一系列的道德叙事之后,白居易总结道:"难抑其辞,请敦不匮。"意思是,当事人甲你不能阻止你前妻的诉求,相反你应该教导敦促这样的孝子不断涌现。这既是案件的裁判结论,也是对当事人的教导,更是对法律目的的宣示。白居易通过儒家经典以及古人道德范例来唤醒当事人泯灭的情感,同时向天下民众昭示了法律背后的人伦精神。

(三) 美国司法判决的道德叙事

判决结果的合理性与社会认可也是美国法官追求的目标之一,基于美国特殊的法学教育与法官遴选机制,法官往往具有较高的法律素养和社会地位,其判决书的撰写固然要遵循一定的格式,但自由度较高,法官也往往会使用一些道德话语甚至文学语言来强化判决书的可接受性。

美国判决书在结构上分为两个部分:判决理由和附带意见,前者是法官阐释作出判决的法律依据,构成判例规范,成为具有法律效力的判例法。在这一部分,法官为了支持其判决详尽地阐述理由,比较强调说理的合理性和周延性。附带意见部分则相对随意一些,法官在此表达个人针对案件的某些观点或某种感情,其功能主要是说服性的。因此成为道德话语适用的主要领域,这部分虽然不具有法律约束力,但法官对这一部分的撰写却颇为热衷,一方面可以表达自己的观点和情感,另一方面也可以提高判决力的说服性。在一些具有道德敏感性的案件中,美国的法官也试图将法律、道德以及人的情感融为一体,来获得情法兼顾的效果。例如,在1990年美国联邦最高法院在南茜·克鲁赛植物人案的判决中,道德话语的运用就取得了很好的效果。

> 案情:1983年1月11日,一场严重的车祸使南茜·克鲁赛变成了植物人,在确信女儿没有机会恢复意识功能后,南茜的父母(法定监护人)向法院请求撤除南茜的人工饲养和喂水设备,以终止女儿毫无意义的生命。他们的请求得到初审法院的允许,但遭到州政府的反对。州政府向密苏里州最高法院上诉,密苏里州最高法院认为,没有清楚的和令人信服的证据表明南茜本人希望结束维持生命的治

疗，她的父母没有权利提出这样的要求，因而撤销了初审法院的判决。南茜父母不服也提起上诉。联邦最高法院经过调案复审，最终驳回了南茜父母的上诉，维持了密苏里州高级法院的判决。

联邦最高法院的大法官虽然驳回了南茜父母的上诉，但在判决书中的表述却充满了柔情和道德色彩："无疑，南茜的父母是慈爱而善良的。如果联邦宪法允许该州把'代替决定权'授予什么人的话，这对夫妇当然最符合资格。但是，程序公正法不允许把任何这样的权利授予别人除非是南希本人。病人的亲属是会有一种强烈的感情——他们不希望目睹他们所爱的人延续一种没有希望的、毫无意义的、甚至是屈辱的生活——这种感情没有什么不光彩，也不是毫无价值，但这并不能说明亲属的观点与病人本人的观点绝对一致——如果我们假设病人能够在健康的时候就预见了处于'植物人'状态前景的话。因此密苏里州可以尊重家属的意愿，但不能把决定权交给他们。"①

其实，在这段话之前，联邦最高法院在判决书中已经明确表明了判决结论：维持密苏里州最高法院判决，不能中止南茜的药物治疗。就其法律功能而言，这段话显得有些多余，但从回应南茜父母的申诉而言，却又是极其必要的，而且也取得了良好的抚慰效果。

（四）德国司法判决中的道德叙事

相较于美国法院的判决书，德国判决书格式化更强，在语言上也更为严谨，这是大陆法系特有的历史传统、思维方式以及法官在司法体制中的地位所致。但尽管如此，其判决书中仍然流露出法官个人的道德观念、好恶倾向。下面以 Ks 1/59 诉布拉奇刑事判决书为例进行分析。在判决书中，法官以生动的笔触展开了细致的叙事：

> 1959 年 1 月 15 日下午，德国法兰克福卡尔斯鲁厄地区的赫贝尔学校放学了，两个 13 岁的中学生维罗尼卡·布拉奇和希尔德·维伯结伴步行回家。在经过哈尔特小树林时，她们的面前突然出现了一名

---

① 邓冰、苏益群编译：《大法官的智慧——美国高等法院经典判决选集》，法律出版社 2003 年版，第 33 页。

男子。当着她们的面,这名男子竟然脱了裤子,露出了下体,还做一些下流的动作。两个女孩子吓了一跳,落荒而逃。维罗尼卡回家后把这件事情告诉了家人,并向第六警察署报警。

这其实不是她们第一次碰到这样的事情了。根据卡尔斯鲁厄警察局的案卷记录,从1958年4月到1959年1月间,已经发生过至少15次这样的事件。但是,警方的追捕工作却颇为不顺,始终没能将这个身份不明的家伙绳之以法。

1959年2月14日,学校放学后,维罗尼卡骑自行车带着希尔德回家,到小树林时,那个男子又出现了,还像上次一样敞开外套和裤子的拉链。两个女孩子抛下自行车,再次落荒而逃。

维罗尼卡回到家中,父亲乌尔里克·布拉奇正在看医学杂志,一看女儿气喘吁吁,情绪激动,忙问怎么了?维罗尼卡哭着说:"那天骚扰我们的人又来了,他又向我们显出那东西,前面还有白色的什么东西。"布拉奇想起这一段时间女儿在上学、放学路上屡次遭人调戏,不禁勃然大怒,浑身颤抖。

乌尔里克·布拉奇是个军医,正在布切尔空军基地工作,由于离家较远,只能周末回家度假。女儿一直遭遇这样的事情让他烦恼不已。他与妻子育有三个孩子,而这时妻子又怀孕了,哪有能力和精力管偷窥狂骚扰的事情。但警察的抓捕迟迟没有进展,看来这个事情也得靠自己有所行动了。

乌尔里克·布拉奇立即穿上外套,打算出去亲自抓住嫌疑人,将其扭送警察局。走到门厅时,转念一想,或许会在小树林单独遇见嫌疑人,这人极有可能拥有某种武器。于是他转身取了军用手枪装入衣兜,作防身自卫之用。同时他让正在厨房做饭的妻子打电话报警。

出了门,他们兵分两路,维罗尼卡到小树林的现场看看嫌疑人还在不在,布拉奇医生则带着希尔德驾车往赫贝尔学校开,沿途搜索嫌疑人。

途中,希尔德发现了嫌疑人。布拉奇医生把车开到嫌疑人的前面,停好车,让希尔德留在车内,自己走出汽车,扭住了嫌疑人的胳膊,想将其扭送到警察局。嫌疑人名叫雷蒙德·萨克,见势不妙,肩膀一扭,挣脱出来,快步朝邸宅花园的方向跑去。布拉奇医生紧随其后。

在离邸宅花园不远的地方，布拉奇医生喊住了一位名叫朱金·施米特年轻人，说明情况，希望他给予帮忙。施米特身高1.89米，体格健壮。三人一同朝食堂方向走去，施米特在左，萨克在中间，布拉奇在右。萨克几次想突破两人的包围，但没有成功。布拉奇掏出手枪，推上子弹，威胁萨克说，如果不去警察局，他就会动武。但萨克不以为意，说没有时间。三个人走了大约20分钟，前面是邸宅花园的围墙。这围墙有2米高，是邸宅花园与雉鸡花园的分界墙。这时布拉奇又喊住了一对路过的年轻夫妇，请求他们帮忙。

萨克一看无路可走，说要解手。布拉奇相信了萨克的话，便同意了。但这是萨克的计谋，他没有解手，而是走近了靠墙的一棵树，顺着树干攀缘而上，企图越墙而逃。施米特一见，赶紧去抓住了萨克的胳膊。布拉奇被萨克的突然逃跑行为激怒了，从衣兜里掏出手枪，向空中连开两枪示警。听见枪声，施米特吓了一跳，连忙松开了抓住萨克胳膊的手，向后退至小道。萨克趁机又攀树而上，爬到离地面约一米处，在这一位置稍微灵敏一些就可以荡出邸宅花园，跳入雉鸡花园。

布拉奇气愤之极，瞄准萨克开了第三枪。据他事后交代，他当时只想打上萨克的脚，但结果是，子弹射中了萨克的左腹，穿透右心室，击伤右心房，然后又从右心房壁后穿出，插伤脊椎，嵌入背部皮下。虽经布拉奇和稍后赶来的医生紧急救助，但萨克仍然死于非命，萨克临死前含混不清地说，"唉，你也太狠了"①。

法官认定，在法律上，本案也没有为被告开脱罪责的其他因素。首先，被告本人并未提出合理自卫的理由，考虑到本案的事实，就这一点无须进一步解释。其次，本案的情况也不属于刑法规定的胁迫、紧急情况这些违法阻却事由，因此不能以此来脱罪。再次，根据医学专家、精神和神经系统疾病专家的调查结果，被告在性格上虽然存在一些缺陷，但是不存

---

① 宋冰：《读本：美国与德国的司法制度及司法程序》，中国政法大学出版社1998年版，第471—491页。

在精神病或者缺乏行为能力的情况，因此，被告完全应对其罪行负有责任。最后，被告声辩说他并未意识到自己的行为有错，但对法律认识的错误，不能用来开脱被告的罪行。据此，被告故意造成他人重伤而致其死亡，根据刑法典相关规定，应认定控方指控的罪名成立。

在量刑时，法官考虑了以下因素：其一，被告是在精神忧虑下采取行动的，依刑法典有关规定可以减轻刑罚；其二，被告没有前科，从事医务工作兢兢业业，因此法庭考虑减轻刑罚；其三，被告对主要罪状供认不讳，从未掩盖事实，并对自己的所作所为深表后悔，因此法庭考虑从轻处刑；其四，被告一家所处的绝望情境也应予考虑，其女儿屡遭该露阴癖调戏，在枪击事件发生前数周，此类事件有增无减。综合所有因素，法庭判决被告乌尔里克·布拉奇故意伤害罪罪名成立，经减刑判处4个月监禁，并适用缓刑。

这份判决书在说理上颇有特色，叙事与释法相结合，而法官的价值判断也融汇其中，具体特点表现为：

第一，通过案件事实的生动叙述增强判决书的可读性。

本案中，法官采取故事化叙述的手法，对案件的发生与发展过程进行了细致的描述。阅读判决书便犹如阅读小说或剧本，跟随着作者一起经历被告人的整个行为过程。而且，读者只需要具备基本的阅读能力就能够理解事件的前因后果，并根据自己的认知水平作出评价。这样的判决书显然很容易走进社会公众的心里，在理解的基础上产生进一步的认同。这种风格似乎是与司法专业主义相悖离的，要求法官将裁判意见包裹于特殊的法律术语之中，然而却忽略了判决书的可读性。须知，除了当事人外，社会公众是判决书的重要受众。判决书的可读性是其可接受性的重要组成部分，一份公众读不懂、不理解的判决如何能得到真心认同？尽管说判决书不可避免地要使用一些术语来进行法律推理，但是，判决书的可读性仍然是不可忽视的一个评价因素。案件事实的生动叙述无疑是司法叙事的基础特征。

第二，通过精准恰当的事实叙事呼应裁判规范的推理适用。

本案中，法庭强调，只有在所有其他手段均难以成功时，才可以对嫌疑人使用武器，这是必要性原则的体现。为了支持被告人必须承担刑事责任的结论，法官对相关的事实认定做了详细的阐述：

"萨克丝毫未进行反抗。被告当时所处的位置距此仅有3米,看得一清二楚。他没有向施米特发出合适的指示,或自己冲上前去,或再次恳请站在8至10米开外的丹和格伯帮忙,而是毫无必要的两次鸣枪,警告萨克,而他也清楚,他和施米特在力量上足以制伏萨克。布拉奇医生也清楚,整个过程,萨克仅有三次稍示反抗,……最后,当萨克在树上爬到一定高度,两声示警枪响后,施米特吓得退到被告的旁边——更没有理由使用火器了。任何情况下瞄准萨克都是不正当的——即使对准其脚尖也是不正当的。当时,被告离萨克所攀树木仅有3米,左脚离地面约1米。他看见身高1.89米的施米特在其右侧约1米处,而2米的地方还站着丹和格伯。在此情况下,布拉奇医生不该未加示警就瞄准并开枪,而应独自,或与施米特,丹和格伯一同抓住萨克的衣服或肢体,因为,他离地面只有1米多。即使萨克越墙跳入雉鸡花园,年纪较轻,身体较强的被告也有责任独自或同身轻体壮的施米特一起追赶逃犯并抓获他,在必要的情况下,以强力制伏他,被告至少可在施米特的协助下赶上并制伏萨克,这就是他应做的事。被告不该采取最简单、最方便的方式,即使用手枪。"

这里的描述几乎可以说是不厌其烦,甚至有些啰唆了。阅读者于此获得了一种身临其境之感,对于法官的法律适用、判决结论产生相应的理解和认同。相对于生活事实的"无缝之网",无论是媒体报道还是司法陈述,都不可能面面俱到地反映整体性的生活事实,而是要基于一定的目的突出重点部分、忽略无关细节。只是与媒体报道不同的是,判决书中的事实陈述是围绕法律规定或犯罪构成来进行的。以前的理论只讲规范对事实的涵摄,似乎只要做到规范概念与事实要素之间的对号入座就可完事,但是,这种机械的涵摄往往显得很独断,没有说服性。后来有人提出"规范与事实之间的来回穿梭"显然是一大进步。但笔者认为,判决书说理的要点在于,充分展示关键案件事实对于所适用规范、判决结论的支撑。在本案中,这一点表现得尤为突出。

有时,某些事实细节孤立地看并没有什么特别的意义,但如果与判决结论结合起来就显得别具匠心了。例如,判决书记述了被害人萨克临死前的最后一句话——"唉,你也太狠了"。这看起来毫不经意,但其实是对最终判决的一种微妙的支持。

第三，通过价值隐含的语言表述来实现法理与情理的融汇与统一。

在本案的判决书中，法官并没有使用价值判断的语言，但在字里行间，读者仍然可以体味其价值取向。例如，判决书中关于布拉奇医生的个人经历介绍，及其在整个事件过程中的行为，我们可以了解到，他是一个正直、诚实、在家庭生活中有责任心，但处事刻板、笨拙的人。与此同时，判决书还详细介绍了死者萨克的露阴骚扰表现以及之前多次的此类行为，让人感觉是此人虽罪不至死，但情感上令人厌恶。因此，布拉奇医生虽然要为他的鲁莽付出代价，但其行为又是事出有因，情有可原的，这就为定罪之后的减刑、缓刑打下了基础。

严格法治主义者主张，判决应当直接从法律推断出来，法官在司法时必须放弃任何主观的价值观念，严格以客观的、中立的态度进行概念推理，从而保证司法活动的客观性。但是，法官司法毕竟与科学研究不同，绝对的价值中立是难以做到的，法官价值观念的渗透是难以避免的。在司法过程中，重要的问题不是法官有没有价值观念，而是法官如何恰当地运用价值观念。当然，法官的价值判断不是任意而为，而应当与法律精神、社会主流价值取得一致，尽管说法律精神、社会主流价值本身不像规则一样明确，但是，其中所包含的社会共识能够为法官裁量权的行使提供相对客观的尺度。例如，本案法官在论证使用武器的必要性原则时指出，"这一原则在判例及法理中都得到普遍的认同，也符合公众对该法律的理解"，因此，这一原则不仅适用于警察，也适用于本案被告人的行为。这样，法官将判决与法律的精神与社会观念联系起来，有助于该判决在社会上获得普遍的认可。

二 司法判决的道德叙事本性

从古代中国，到当今世界各国，司法判决中都有道德话语的运用，使得判决书显示出鲜明的道德叙事色彩，然而，道德话语的应用只具有表象的意义，进一步的思考会发现，司法判决其实在本性上就是一种道德叙事。不是每一个判决书中都会运用道德话语，但是每一张判决书都与社会道德生活相关联。

（一）案件的道德性

案件事实本身来源于社会生活，具有鲜明、强烈的现实感，其道德意蕴具体地体现于主体行为之中。法律冲突往往也是道德冲突,每一个司法案件其实也都是鲜活的、具体化的道德冲突故事。诉讼抗辩过程固然是法律话语的交流与碰撞,也不是每一个法律争点都与道德评判产生直接或者紧密的关联,但是,在其整体性上,绝大多数司法案件都或多或少地存在着某种"道德意味"。只是有些案件较为明显,另外的案件相对稍弱,但是,一旦将判决与一定的生活细节联系起来,这种"道德意味"就会充分地展示出来。例如,在二审裁判文书中,准予撤回上诉的裁定书可能是最为简单的,看起来十分的价值中立,但是,只要与具体的诉讼参与人联系起来,就会发现,撤回上诉是当事人处分自己权利的行为,体现了对其意愿与诉求的尊重,如果再深究下去,我们可能就会去了解这一行为是否为自愿作出,是否存在着公权力压制公民权利行使的情形。可见,即便是一种技术性很强的程序术语,与生活世界联结之后,其"道德意味"就会大大增强。

(二) 判决话语的评价性

对于叙事,现在我国普遍的看法是判决书中的事实叙述应当没有褒贬,以显示法官的居中裁判、不偏不倚。甚至有的还将其上升到了行为规范的高度。2010年的《法官行为规范》第51条涉及"普通程序案件的裁判文书对事实认定部分的叙述",其中第(一)项规定:法官应"表述客观,逻辑严密,用词准确,避免使用明显的褒贬词汇"。这种规定显得理想,也未必全然正确。其实,法官的居中裁判、不偏不倚应着重体现于诉讼过程之中,而到了写作判决书的阶段,是非已明,胜负已定,法官在判决书中表明自己的态度也是自然而然的事情。正如有学者指出,如果在判决书的审理查明部分还要审判者装出一副与己无关的态度,好像此时还不知道判决结果,只有写出了作文才知道,也太做作矫情了吧?所以判决书一定要秉笔直书,褒贬臧否。这样的叙事才能够有力,才能够更加清楚地表述案情的原委,阅读者也才更容易理解案件的来龙去脉。[①] 并且,道德话语本身具有这样一种特性——"天然带有理解,它们在描述的同时也在解释"[②]。换言之,即便一个人努力保持中立,只要判决需要作出规范

---

① 周恺:《如何写好判决书?》,中国政法大学出版社2010年版,第17页。
② 徐贲:《人以什么理由来记忆》,吉林出版集团有限责任公司2008年版,第223页。

性的结论，就一定会涉及是非善恶的区分，也会与道德话语发生勾连。因此，裁判文书中必然包含道德元素，它不仅是对事实行为的记录和法律的适用，同时还对人们的道德行为进行展示和批判，因而成为一种强大而有力的道德载体。

（三）价值立场的选择性

在司法过程中，法官固然以追求判决的合法性为己任，但是，判决的合道德性，也是一种重要维度。法律规则的选择适用，实质上也是一种道德立场的选择。司法过程中法官的价值衡量是不可避免的，原因在于：法律本身具有价值性，法官担负有实现法律价值的义务；司法具有实践性，在司法的实践理性背后必然隐藏着许多现实的价值追求；与此同时，囿于立法理性的局限，规则体系能够存在不完备之处，在出现疑难案件时，法官不得不求助于外在价值的参照，来弥合规则与事实之间的脱节与背离。而且，相对于社会变迁，法律发展具有滞后性，法官需要借助于价值衡量来提升裁判对社会新形势的适应性。诚如美国学者孙斯坦所说："规则的解释通常要求某种实质性的道德或政治性判断——不仅包括受法律本身约束的实质性道德判断，而且还包括不可避免地进入到法律术语解释中的实质性判断。"[①] 尤其是在价值多元化的时代，司法裁决具有选择性、方向性。一方面，人们共同的道德观决定了司法裁决的价值取向；另一方面，法官也在用体现于判决书的价值选择引导着社会价值观的发展。

（四）判决案例的示范性

特定的司法判决虽然只针对具体案件，但是判决话语的叙述展开却需要针对一类案件，这就是司法适用的类型性。如果说司法案件是一个道德故事，那么这个道德故事并不专属于案件当事人，它联结着社会底层芸芸众生的道德困境，司法判决代表社会公众走出某种道德困境的一种路径。法国学者保罗·利科说："故事为我们提供一种描述世界的模式。不管是传记性的，或是虚构的故事，都给我们提供了生活的意义和归属。它们把

---

① ［美］凯斯·R.孙斯坦：《法律推理与政治冲突》，金朝武、胡爱平、高建勋译，法律出版社2004年版，第149页。

我们同他人联系起来，同历史联系起来。"① 道德叙事将价值传递隐藏其中，能够为受教育者提供一个客观的参照点。司法判决亦然。司法案件本身就是一个故事或事件，这使之成为一种道德叙事的一个媒介、一种凭借物。对于除当事人之外的社会公众而言，它所叙述的只是别人曾经做过的行为。通过案件的公开审理，司法者通过道德叙事将他人的行为生动地展现在公众眼前，通过某种程度上的移情效应，时空上的并置与交织使本人与他人之间产生紧密的关联，对某种行为模式获得具体的感知，而这一感知比抽象的说教更能走到普通人的心里，并影响他们今后的行为。

可见，司法判决不可避免地产生一定的道德效果。人们不仅会看到国家法律的适用，也能感受道德的力量。判决书所记述的也不是单纯的客观事实，而是经由法官精心挑选的主观事实。司法的叙事会或明或暗地传递出一定的道德立场，它将某种行为类型的展示并非纯客观的描述，而是要辨别是非，对善的行为进行推崇、发扬光大，对恶的行为进行贬斥。

第三节　当下司法中的道德叙事博弈

司法的叙事属性不仅呈现于判决书的行文，而且蕴含于诉讼抗辩的过程。在一定意义上，诉讼抗辩也是一种叙事的抗辩，而道德话语自然成为一种必不可少的工具。

一　法庭空间的叙事博弈

一般而言，诉讼抗辩有事实抗辩与法律抗辩之分，但两者都与叙事有着密切的关联。

（1）事实的抗辩。主持裁判的法官并未亲自经历案件实际情况，对于当事人争议的事实，究竟是真是假，心中必然发生疑问。双方当事人各自陈述所主张的事实，形成正反两面，彼此之间可能出现不同甚至完全对立的说辞。诉讼的结论固然以案件发生的客观事实为基础，但所有的定案证据都需要经过双方的质证和法庭的审查，在此过程中，原告、被告、法

---

① Carol S. Witherell, "Narrative and the Moral Realm: Tales of Caring and Justice", *Journal of Moral Education*, Vol. 20, No. 3, 1991, p. 239.

官都会努力讲述自己"信以为真"的事实。这种事实抗辩因而会表现为一种叙事博弈。

（2）法律的抗辩。诉讼双方寻求有利于己方的结果，会努力寻求适用有利于己的法律条款，或者对特定的法律条款寻求有利于己的理解。这里需要法律解释或者法律推理的技巧和方法，而为了寻求特定的法律解释效果，诉讼双方及其代理人会有意或无意突出有利于己的事实情节，遮蔽不利于己的事实情节。这样，有关事实的叙事就会努力"迎合"某个法律规定得以适用的前提条件，以促使法官选择有利于己方的解释立场，致使事实或事实的解释会形成相互对立的版本。这种法律抗辩也因而会表现为一种叙事博弈。

叙事之间的博弈给司法中的事实认定与法律适用增加了难度，但却是诉讼中的常态。日本著名电影《罗生门》生动地说明司法的这一特点。武士金泽武弘被人杀害在丛林里。经历过案件过程的樵夫、强盗多襄丸、死者的妻子真砂、借死者的魂来做证的女巫都曾被招到纠察使署做证，但由于他们都怀着利己的目的，提供了各不相同的证词。"罗生门"的意思就是每个人都站在自己的立场，从自己的利益出发，讲自己感知的"事实"，但这些"事实"由于与不同的立场和利益纠缠在一起，反而使真相本身晦暗不明。这种情况在诉讼中表现得尤为突出，形成"诉讼叙事的罗生门"。

如果说对抗制是现代诉讼的基本框架，那么，这种对抗不仅在于证据、事实、法律理解的对抗，同时也是叙事的对抗。利益相斥的诉讼双方必须努力强化己方的叙事，并超过对方，才有可能获得法官的支持。在这里，诉讼当事人的叙事强度与这种叙事对法官的说服程度是成正比的。在当下的道德争议案件中，"诉讼叙事的罗生门"也有充分的体现，下面以2018年轰动一时的"张扣扣故意杀人案"来加以说明。

> 案情：犯罪嫌疑人张某某（指张扣扣，下同），男，汉族，1983年1月6日出生，初中文化，未婚。据公安部门调查证实：他于2001年至2003年在新疆武警部队服兵役，退役后外出务工，于2017年8月回家。张某某对1996年王正军故意伤害其母致死一事怀恨在心，伺机报复王家。2018年2月15日，张某某在自家楼上观察到王

自新、王校军、王正军和亲戚都回到其家中并准备上坟祭祖，张某某戴上帽子、口罩，拿上事先准备好的单刃刀尾随跟踪伺机作案。在王校军、王正军一行上坟返回途中，张某某持刀先后向王正军、王校军连戳数刀，随后张某某持刀赶往王自新家，持刀对坐在堂屋门口的王自新连戳数刀，致2人当场死亡、1人重伤抢救无效死亡。然后张某某返回自己家中，拿上菜刀和事先装满汽油的酒瓶，将王校军的小轿车玻璃砍破，在车后座及尾部泼洒汽油焚烧，之后张某某逃离现场，后于2月17日7时45分到汉中市公安局南郑分局新集派出所投案自首。①

该案的庭审展现了十分明显也极其激烈的叙事对抗，主要的争议则集中在量刑环节，即对张扣扣是否符合"罪行极其严重"且"必须立即执行"的死刑标准，由于这一标准的弹性化，公诉方不得不借助于生活事实的叙事来佐证死刑判决的必要性。同时，由于该案发生后，成为网络舆论的焦点问题，其中所包含的情法冲突引发了广泛的关注与讨论，如果仅有法律概念的推演难以获得良好的社会效果，因此公诉方不得不借助于叙事来对网络舆论作出回应。

一审公诉词中有不少具体而生动的叙事性语言，例如对案件发生过程的描述：

> 案发时正值2018年大年三十的中午，三民村村民祭祖返回之际，被告人张扣扣头戴黑色长檐帽子、面戴深色口罩、脖缠粉色T恤，突然窜入人群，手持事先准备的单刃尖刀，首先对毫无防备的王正军进行割喉、捅刺致其倒地；在众人惊慌逃散时追上王校军捅刺其胸部，并将其追至路边水沟中反复戳刺其要害部位，将其杀死后又迅速返回对王正军进行第二次捅刺；接着窜入王自新家院中，对王自新反复捅刺致其当场死亡。
>
> 在光天化日之中、在众目睽睽之下、在老弱妇孺之前，刻意伪

---

① 陕西省汉中市南郑区政府新闻办公室，《"2·15"杀人案情况通报》，2018年2月20日。

装，公然行凶连杀三人，其恐怖的行为造成周围群众惊愕、恐惧和逃散。又在纵火烧损汽车之后，掏枪威胁前来劝阻之人，并在作案后潜逃。其极大的人身危险性，给人民群众心理蒙上了阴影，也给社会造成了巨大的恐慌。

针对张扣扣称其杀人是"为母报仇"，其父张福如、其姐张丽波也向媒体宣称本案系由1996年张母被杀、判案不公引发，公诉词专门分析了张扣扣走向犯罪的根源：

> 张扣扣将自己生活工作中的种种不如意完全归结为其母的死亡和王家人所为，在这种荒谬逻辑下，在这种严重扭曲的心理支配下，最终用这种违法天理、国法、人情的，极端残忍的方式，来发泄自己对生活的不满，来逃避现实中的困境，这才是张扣扣杀人的真实动机所在。

然而，当我们阅读邓学平律师的辩护词时，我们又会看到另一种叙事逻辑。首先，辩护词强调"这是一个血亲复仇的故事"，为了揭示张扣扣"为母报仇"的心理症结，律师放弃了法律上的推理，而是用大段具象的语言描绘了令人不忍卒读的场景：

> 时间必须回到1996年。这一年，张扣扣年仅13岁。汪秀萍，张扣扣的母亲，被王正军用木棒打死。母亲被打后，倒在了张扣扣的怀里。张扣扣眼睁睁地看着母亲在自己的怀里断气、死去。
>
> 在会见张扣扣的时候，张扣扣告诉我，有三个场景深深印刻在他的脑海，令他终生难忘、时常浮现：一是王正军打他妈妈的那一棒；二是妈妈在他怀里断气的时候，鼻子、口里都是血，鲜血在喉咙里面"咕咕咕咕"地作响；三是妈妈的尸体在马路上被公开解剖，现场几百人围观。张扣扣亲眼看到妈妈的头皮被人割开，头骨被人锯开。
>
> 这样惨绝人寰的血腥场面，对于一个年仅13岁的儿童来说，简直是毁灭性的，也是常人无法想象的。童年时期经受过这样巨大创伤的人，长大后几乎是不可能成为一个健全的正常人的。

一审之后，对这份辩护词褒贬不一，赞誉者称其精彩绝伦，批评者认为他花拳绣腿，纯属表演。苏力教授认为，这份辩护词"完全且故意漠视本案以及与本案有关的基本事实，……只想放到网上煽情网民"①。但苏力的这个批评本身也遭到了批评，如童之伟教授认为，这样的指责不仅过头，而且包含学理错误。②尽管如此，辩护词中的叙事显然得到了公诉方的重视，二审中检方在出庭检察员意见书给予了回应。

针对辩护词中张扣扣系"为母报仇"因而应可宽大处理的诉求，二审检察员指出：

> 崇尚法治，需要坚决摒弃"同态复仇""以牙还牙""以暴制暴"的陈旧陋习。民间私斗，冤冤相报，相互杀戮，破坏的不仅是我们共有的社会秩序，更大的危害是任何人都将根据自己内心的"公正"成为纠纷的裁决者。如果人人都可以冲破法律的约束，践踏司法的权威，肆意生杀予夺以实现自己内心的正义，那么法律将形同虚设，司法将毫无意义，社会秩序也将无法保障。依靠法律，理性解决矛盾纠纷是文明社会的法治根基。

而对于辩护词中张扣扣幼年丧母境况的陈述，二审检察员也给予了回应：

> 张扣扣幼年丧母的境况我们不难想象，曾是被害者家属的张扣扣，曾被他人犯罪行为所伤害的张扣扣，值得同情。然而，当悲情的张扣扣亲手为自己戴上杀戮的面具使三个家庭支离破碎，无辜的孩子永失父爱，他们的伤痛需要更多的关爱和同情。

我们看到，就同一案件事实，甚至是相同的证据信息，却可能形成不

---

① 苏力：《评张扣扣案律师辩护词：法律辩护应基于案情和事实》，观察者网，https://baijiahao.baidu.com/s?id=1639449633232524566&wfr=spider&for=pc，2022年5月5日访问。

② 童之伟：《苏力教授对邓学平律师的批评有失公允》，法行天下，https://xw.qq.com/cmsid/20210825A0AGKI00，2022年5月6日访问。

同的"诉讼叙事"。控辩双方从各自的诉讼目的出发,会采取不同的叙事策略。控方强调张扣扣暴力行为的残忍、坚决及其所带来的社会恐慌,又用蓄谋已久和"反复捅刺"这些情节揭示了张扣扣的人身危险性。而辩护词则着力于张扣扣杀人行为属于事出有因,情有可原,还通过对张扣扣生活经历的描述表明他本属社会正常人,而非穷凶极恶的犯罪分子。两种叙事所陈述的都是客观事实,但是在不同的叙事框架中却产生了不同直至对立的叙事效果。

从本案的分析中,我们可以看出诉讼中叙事的重要性。首先,对于诉讼双方来说,叙事能力在很大程度上会影响乃至左右诉讼的结果。如果一方具有较强的叙事能力,那么,他就更有可能推动整个司法过程朝着有利于己方的方向发展,相反,如果一方的叙事能力很弱,他有可能会在诉讼中失去很多通向胜诉的机会。其次,对于办案机关来说,重视诉讼叙事有助于提升案件办理的社会效果。由于张扣扣案所引发的强大舆情效应,检察机关对于回应网络舆论争议给予了高度重视,对律师的叙事策略给予了针对性的回应,因此,这一情法冲突案件最终的妥当处理应该说得到了大多数民众的认可。

二 媒体叙事逻辑与道德因素的强化

如果司法过程中的叙事博弈局限于法律程序之内,那么,一切还在掌控之中。但是我们观察到,无论是当事人还是律师,他们都有将本属于法庭空间的叙事博弈扩展到法庭之外的倾向,而媒体正是他们所要寻求的法外力量,也正是媒体的介入可能会改变法庭空间的原有强弱对比。

说到媒体,人们马上会想到为博取公众眼球而故意揭人隐私、挑动是非、哗众取宠的小报。但是,我们相信大多数媒体会遵循职业道德,进行客观报道。尽管如此,我们仍需关注媒体话语的叙事特点。媒体的叙事逻辑与司法叙事存在差异,它们之间的相互作用体现社会权力的分工与联合效应,并对判决结果产生某种明显或微妙的影响。

(一)媒体叙事建构的目标性

媒介话语的选择不是对现实的一种消极、被动的反应,其目标在于为了吸引和打动尽可能多的受众。尽管说多数媒体是客观的,但迎合社会大众的口味,努力满足他们的接受喜好仍然是媒体的职业追求。这样,报道案件的记者会把重心放在挖掘案件细节，寻找打动受众的兴趣点方面，如案件发生过程中当事人的特别反应，或者当事人的性别、年龄、家境、身份、职务，其本人或亲属与司法或政府部门有无特殊关系这些背景信息。有些细节极易搅动民众心中某种暧昧的联想，尽管这种联想未必得到确证，但媒体内容受关注度却会得到大幅提升。

（二）媒体叙事方式的生动性

司法推理的语言通常十分严谨，会使用客观中性的法律专业术语，尽可能使人们摒除非理性因素或情绪的影响。而媒体叙事则更为期待人们的"移情认同"，因此它不仅不会摒除情绪，相反会用生动的语言来引导读者的情绪发展。对比所谓"辱母杀人案"的一审判决书和媒体报道，我们可以看出媒体报道的叙事逻辑。从基本事实来看，两者内容是一致的，但媒体报道的事实往往会超出判决书认定的部分，无论是情境的描述，原因的分析，还是背景的介绍，媒体的叙事都更为生动，并以明示或暗示的方式传递着报道者的倾向与立场。生动的语言有助于鲜活情节的展示，会让读者产生一种感同身受的代入感，并进而激发起他们的正义感和同情心。

（三）媒体叙事效果的标签化效应

在现代社会，司法的语言是要尽可能避免标签化的影响，典型的例子是法律要求，刑事诉讼中的被追诉者应被严格称为"犯罪嫌疑人""被告人"，而不随意地称为"罪犯""人犯"等这些可能导致"标签效应"的词语。但是，在媒体叙事之中，标签化是被经常使用的一种手段。例如，在"许霆案"中，媒体关注的重心不是法律上的定性问题，而是大银行与打工仔之间的强弱关系；在"药家鑫案"中，关注的则是"官二代"与"农村人"的阶层对立。从社会心理的角度，这种贴标签效应会在公众心目中产生一种"身份识别"和社会阶层的归属感，进而从自己所处的阶层情感出发来对案件当事人的行为和案件属性做出评判。这样一种标签化所导致的身份认同感是极具煽动性的。正如方乐教授所指出的，此类影响性案件，如果当初没有新闻媒体的介入和舆论关注，它们可能都只是一起普通的案件，其中的问题也就不会被如此高强度地"暴露"或"升华"[①]。显然，媒体叙事的贴标签效应所发挥的作用是不能小觑的，它成

---

① 方乐：《司法如何面对道德？》，《中外法学》2010年第2期。

为媒体影响公众情感和立场的重要方式。

（四）媒体叙事内容的重构性

出于法律概念涵摄的需要，司法中的事实认定通常会将案件事实从社会事实背景中分离开来，而媒体叙事往往是相反的操作，即将法律要件事实还原为具体的社会场景中的事实。媒体叙事必须具有完整性，为了交代整个事件发生的前因后果，它必须关注事件发生的具体时空与情境，描摹人物所处的社会关系与人际网络，以使读者获得对事件产生整体认知。如果事实的链条存在缺失，添油加醋可能是难免的。在这个意义上，媒体报道与其说是在叙述事实，不如说是在重构事实。尽管这种重构未必是虚假的，而是基于媒体叙事逻辑对事实的重新编排与剪裁，但却有可能偏离判决所认定的事实效果。并且，在重构叙事内容时，媒体可能采取剪裁事实的方式，突出其中某些细节，而遮蔽其他的细节，导致人们产生误解，于是，判决书认定的事实和媒体的叙事之间产生了背离。但是，媒体凭借它受众广泛、传播迅速的优势而在公众心中造成了先入为主的印象，人们对判决书中的事实就反而不相信了。在这种情况下，媒体叙事成为法院舆情危机的一个推手。

第四节　回应型司法判决的道德叙事路径

既然司法判决本就具有道德叙事的属性，接下来的问题是，法官能否以主动或有意识的在彰显道德叙事，更具体地说，能否在判决书中直接运用道德话语？这又是一个有颇多分歧的议题。

一　实践纠结：判决书中道德话语的加强抑或去除

近年来，"加强判决文书的说理"一直是最高人民法院司法改革的重点方向，但最初所强调的只是法律理由的阐释，并没有将道德理由包括在内。2021年1月，最高人民法院印发《关于深入推进社会主义核心价值观融入裁判文书释法说理的指导意见》，就社会主义核心价值观融入裁判文书释法说理的基本要求、案件范围、重点方法以及配套机制作出规定，由此明确了在判决书中加强道德话语的必要性。而从仅强调法律理由的阐释到要求引入道德话语，也体现了最高人民法院回应公众道德需求的政策转向。

事实上，在司法实践中，将道德话语融入判决说理已早有尝试。早期的一种形式是可以容纳法官道德评判的"法官后语"，这是附于裁判文书规范化格式之后的一段对当事人给予有关法律、伦理教育或个案启示的简短文字，它代表合议庭全体法官的道德评判或法律方面的意见，是对裁判理由和结果的补充说明，但不具有法律约束力。① 上海市第二中级人民法院于1996年6月率先在一份人身损害赔偿纠纷上诉案的第二审民事判决书中附设"后语"，其后有选择地在二审、再审民事、刑事案件裁判文书中试行，并改称"法官后语"②。但是，理论界与实务界对这种"法官后语"的使用一直存在争议。

21世纪以来，一些法院尝试在判决书中直接引用经典的道德规范。例如，北京市东城区法院的（2010）东民初字第00948号民事判决书中，法官破天荒引用《孝经》来说理：

> 我国自古以来就有"百善孝为先"的优良传统，儒家经典《孝经》中把"孝"誉为"天之经、地之义、人之行、德之本"。由此可见，为人子女，不仅应赡养父母，更应善待父母，不应因一己私利而妄言、反目。本案原告已经是85岁高龄的老人，被告作为原告的女儿，理当孝顺母亲、善待母亲，但其从原告处取得房产后，不仅不支付购房款，而且在法院判决确定给付义务后仍未履行，在此期间其又将该房产以明显低价转让给第三人，使原告的债权不能得以执行，其行为不仅违反法律规定，而且与当今构建和谐社会相悖。

实践中还有法官援引在社会上广泛知悉的古诗词来劝告当事人。2016年6月27日，江苏省泰兴市人民法院公布了"黄某甲与王某离婚纠纷一审民事判决书"。判决书正文中，对于案情的介绍和当事人诉求，均按照司法文书的语言格式书写，而到了"法庭意见"部分，法官进行了个人

---

① 上海市第二中级人民法院研究室：《裁决文书附设"法官后语"的思考：我国裁判文书格式和风格的延续与创新》，《法律适用》2002年第7期。

② 周道鸾：《情与法的交融：裁判文书改革的新的尝试》，《法律适用》2002年第7期。

发挥：

> 原、被告从同学至夫妻，是一段美的历程：众里寻他千百度，蓦然回首，那人却在灯火阑珊处。令人欣赏和感动。若没有各自性格的差异，怎能擦出如此美妙的火花？然而生活平淡，相辅相成，享受婚姻的快乐与承受生活的苦痛是人人必修的功课。人生如梦！当婚姻出现裂痕，陷于危机的时刻，男女双方均应该努力挽救，而不是轻言放弃。本院极不情愿目睹劳燕分飞之哀景，遂给出一段时间，以冀望恶化的夫妻关系随时间流逝得以缓和，双方静下心来，考虑对方的付出与艰辛，互相理解与支持，用积极的态度交流和沟通，用智慧和真爱去化解矛盾，用理智和情感解决问题，不能以自我为中心，更不能轻言放弃婚姻和家庭，珍惜身边人，彼此尊重与信任，重归于好。

主审法官王云以辛弃疾的词句开篇，通过讲人生道理，来规劝双方当事人珍惜感情，努力拯救婚姻，并建议双方"用智慧和真爱去化解矛盾，用理智和情感去解决问题"。法官的判决是双方"不准离婚"，这种道德上的规劝与情感上的说服与判决取得了相得益彰的效果。与通常印象中严肃、刻板的司法文书迥异，这些判决书使用了大量个性化语言，并夹杂有诗句，因此被称为"诗意判决书"。

但批评者也大有人在，认为无论是"法官后语"，还是所谓"诗意判决书"，显然都改变了以往司法文书的文风，带有极强的道德教化和伦理色彩，实为对传统裁判文书规范形式的一种伦理化突破。① 对于司法判决中是否可以容纳道德话语的存在，不少学者是持反对意见的。反对理由主要有两个方面：

一是从法律语言的规范化角度来反对在法律文书中使用道德话语。如周光权教授在评论一份关于寻衅滋事罪的起诉书时指出，对于被告人的职业描述不宜因为被告人无业而将其表述为"社会闲散人员"，这是因为，使用"社会闲散人员"这一贬义词来指称处于无业状态的被告人时，带

---

① 袁博：《裁判文书伦理化的保留与倡导》，《上海政法学院学报》（法治论丛）2014年第3期。

有先入之见：因为被告人处于闲散、如无头苍蝇一样四处游荡的状态，所以其犯下寻衅滋事这种和"流氓"性质有关联的犯罪就可以理解。他认为，起诉书里的这种指涉与检察官客观、中立义务的履行有一定程度的冲突，起诉书中不慎重、不妥当的描述背后，反映的是指控犯罪的立场在一定程度上的偏差，且兹事体大，不可不察。① 而对于刑事判决书中"不杀不足以平民愤"的表述，一直备受诟病。这些学者认为，道德话语的使用暴露了司法判断上长期以来存在的主观化、随意化、标签化的做法。

这些学者强调了法律语言与道德话语的差异。法律语言，广义上是指所有法律人在法律活动中所使用的专门性话语，包括立法语言、司法语言、执法语言以及法学理论语言等。② 一般认为，立法语言最为典型地体现了法律语言的风格，如采用固定的语句模式，具体严谨的逻辑结构，并且使用"应当""可以""禁止"等规范词，具有明确性与可预测性。道德话语虽然也会使用"应该""不得"这一类的规范词来表达道德责任与义务，但总体上缺乏法律语言所特有的严密性与明确性，相反，它多数属于生活气息浓重的平民化用语，具体很强的通俗性，内容上多表现为日常的情理，往往会融汇个人的道德情感在内，人格化色彩较强。

二是认为司法判决的道德叙事倾向是屈从于舆情的结果，对于司法权威和法治原则的落实具有侵蚀作用。公共舆论大致都会带有传统道德理想成分和"道德叙事"指向，如果盲目服从，会对司法产生了一定的不良影响。因此，推进法治社会建设应当"扬弃儒法文化传统，积极进行法治信念和精神的塑造，培育理性的公共舆论和公民的理性参与，抑制'道德叙事'的阶级'对抗'情怀，使民众能够达致合理诉求、理性表达"③。这里将道德叙事看成是非理性表达诉求的一种方式，法官在司法中的接受是对舆情狂欢的一种无奈、过分迎合之举。不利于确立全社会的法治精神与信念，以及构建公共舆论与司法过程的良性互动关系，也不利于司法公正和法治秩序的构建。

---

① 周光权：《恰如其分：刑事起诉书表述最高境界》，《检察日报》2017年5月26日。
② 谢潇：《法律语言学立法语言——从宪法看立法语言的特点》，《湘潭师范学院学报》2005年第6期。
③ 马长山：《公共舆论的"道德叙事"及其对司法过程的影响》，《浙江社会科学》2015年第4期。

并且，这些学者还有更深层次的担忧。如果判决书中大量使用道德话语，这意味着法官审理案件会诉诸法律之外的道德、情理或意识形态，由此导致一种有关司法独立性的忧虑。在现代法治体系中，法官的职业角色要求其在当事双方之间居中裁判，保持超然的姿态，避免个人情感的渗入。有人担心，法官对被告的品行作出判断，一方面是法官感情外化、不够理性，从而违背司法的中立性，另一方面是法官对诉讼请求范围外的事项作了判断，也混淆了司法的本性与职责。①

随着最高人民法院《关于深入推进社会主义核心价值观融入裁判文书释法说理的指导意见》的印发，在判决书中适度融入道德话语已成为基本方向，但是我们仍应在厘清其意义的基础上把握"如何融入"以及"如何适度"的问题。

问题是法院应当如何说理？道德叙事或者道德话语的使用能否作为判决所里的一部分？如果我们认同将道德话语适度融入判决说理之中，实际上就确认了判决书寻求社会认同的两种路径，一是求真的路径，主要通过确凿的事实和理性的逻辑来实现；二是求善的路径，主要通过对个体的尊重和价值的关怀来实现。传统的司法推理通过发现法律真实，阐明法律真意，以求真为主要内容，而"法官后语"等伦理化内容则侧重以善的寻求价值关怀，是"裁判理由"的情感递进，是在求真基础上的向善。②

二 意义揭示：道德话语适度融入判决说理之必要

判决书怎么说理论证，本无刻板要求，不同国家司法传统与习惯不同，呈现的面貌也有所差异。③ 从严格法治的角度，判决应当直接从法律推断出来，这一点并无疑义，早先我国法院的判决并不重视说理，司法改革于是将判决书说理作为改革目标之一，这不仅是法律论证内容的增加与改进，也是司法理性的进步。但这里所说之"理"，仅指法律之"理"，而要将道德之"理"纳入其中，仍然需要专门的论证。笔者认为，从回

---

① 周文轩：《婚姻家庭案件的审判应审慎运用道德话语》，《法律适用》2004 年第 2 期。
② 袁博：《裁判文书伦理化的保留与倡导》，《上海政法学院学报》（法治论丛）2014 年第 3 期。
③ 张建伟：《〈孝经〉写入判决书的法文化解读》，《人民法院报》2010 年 7 月 23 日第 5 版。

应公众道德需求的角度，在转型期的中国，法官的判决说理适度融入道德话语有着特殊的现实意义。

第一，它有助于体现对于社会需求与质疑的回应态度。

有人认为，独立的司法裁判所遵循的只有事实依据和法律准绳，其作出过程必须体现法律专业性思维的精神，不需要迎合民众的道德观念。这种观点总体上是正确的，但存在片面之处，因为裁判文书还具有另外一种属性，即作为司法权行使的产物，其一经作出，就进入公有领域，成为公共物品，社会公众完全有权利基于自己的认识进行评论，同时也可以成为社会对司法活动进行监督的依据。在实践中，一些司法人员认为，只要正确下判，如何说理并不重要。我们可以看到，大量的判决简单套用固定的表达格式，说理简略，论证机械，结论武断，读者难以了解法官裁判的判决思路与考虑因素。在事实部分的叙述，往往简单重复起诉书和答辩状中的内容；在证据部分只是进行简单的罗列堆积，在语气上也是公文式的，使用"于法无据，不予采信""鉴于本案的具体情况""性质严重、恶劣"等过于简单和空洞的表达，对具体情况不作阐述，该有叙事的地方不作叙事，当事人和社会公众无法看到法官思维理路，有时甚至会产生一种法官在"掩饰"或"含糊其词"的观感，就不免对裁判的公正性和合法性产生怀疑。而如果适度使用表达力较强的道德话语，可以克服常规裁判文书规范有余、可理解性不足的缺陷，体现与案件当事人的互动，回应社会需求的态度，这就更容易赢得当事人情感上的共鸣与支持。

第二，它有助于获得民众的理解和来自内心的信服。

从文本接受学的角度来看，阅读是读者与文本之间的对话，读者的接受程度往往取决于文本作者使用什么样的话语。这对判决书而言亦是如此。判决书的可接受性可分为职业性的内部认同与一般人的外部认同，对于社会广泛关注的影响性案件而言，仅是内部认同是不够的，还需要获得外部认同才能达成真正意义上的定纷止争。就这一点而言，道德话语的引入是很有意义的。道德话语具有两个特点：一是在内容上表达伦理规范或者道德观念，情感性比较强；二是相较于正规的法律语言，道德话语往往具有普通性、通俗性，具有较强的生活气息。作为平民化语言的一种形式，道德话语的运用具有比法言法语更为容易接受、使受众产生情感上共鸣的特点。在这个意义上，诚如有些学者所言，司法裁判要得到当事人和社会公众的认可，其内容"必须满足在该社会所通行的特定的最低道德标准"①。道德话语能够提供道德上的佐证，能够给法律结论提供强有力的支撑，法律说理与道德说理相结合，能够让当事人更好地理解判决结果，增强裁判文书的说服力。

第三，它有助于败诉当事人在法律判决之外获得生活教谕或者情感安慰。

诉讼总有胜负之分，每个当事人都会期待自己的诉讼请求得到法官的认可，在诉讼请求得不到支持之后，如果能够得到情感上的抚慰，也有助于其对判决结果的认同。法律上的分析比较刚性，一是一，二是二，谁胜谁负含糊不得。相比之下，道德话语则要柔和得多。因此，在判决中适度融入道德话语，可以依法的评判之外，再借助于道德的评价来彰显判决的权威性与正当性。当事人或社会公众可以更好地理解法律，尤其是对败诉当事人而言，对其不利的判决天然会产生不服之感，进而产生压抑、委屈的心情。如果从道德的角度向当事人阐明事理，在冰冷的法律之外，对当事人富有人情味的道德劝诫，能够使其负面情绪得到一定程度的释放和平复，心甘情愿的接受和执行判决结果，避免发生新的纠纷，真正做到息纷止争。在前述南茜·克鲁赛植物人案中，美国联邦最高法院的大法官虽然驳回了南茜父母的上诉，但在判决书中的表述却充满了柔情和道德色彩，起到了良好的抚慰效果。而在一些情、法冲突类的案件中，在判决中适度融入道德话语则可以展示法官的思维过程，法官将内心之中情与法的一致与冲突状态"以看得见的形式"展现出来，有助于当事人真正从心理上充分理解并最终接受裁判。②

第四，它有助于法官对判决结论进行道德上的反思，避免判决结果合法不合理的现象。

司法推理代表了一种理性化的司法方法。通过这种方法，人们希望司法诉讼变得像演算"几何公式"或用"自动售货机"购物那样简便，③

---

① 赵朝琴：《司法裁判的现实表达》，法律出版社2010年版，第157页。
② 袁博：《裁判文书伦理化的保留与倡导》，《上海政法学院学报》（法治论丛）2014年第3期。
③ 韦伯在界定司法形式主义时则指出，"现代的法官是自动售货机，投进去的是诉状和诉讼费，吐出来的是判决和从法典上抄下来的理由"，参见刘易斯·A. 科瑟《社会学思想名家》，石人译，中国社会科学出版社1990年版，第253页。

司法公正能够以完全客观、非人格化的方式实现。然而，司法推理的实际过程中却潜伏着各种内在矛盾，致使司法公正常常面临考验，这些矛盾包括：法律规范的普遍性与法律适用的具体性之间的矛盾，法律的稳定性与社会生活的变动性之间的矛盾，法律条文的明确性与人类语言的模糊性之间的矛盾，法源的多样性与判决结果的唯一性之间的矛盾，不同法律价值之间的矛盾等。① 在这些矛盾的作用下，在某些案件中，如果单纯地严格依法裁判，不考虑个案的特殊性，可能就会作出合法却不合理的判决。这就是所谓的疑难案件。其中有一些案件，之所以出现不合理，是因为其结论不符合为社会公众所普遍接受的道德情理，在判决中适度引入道德话语，可以明示法官裁判的道德依据，使裁判结果的道德和理性能够得到彰显，也可以引导法官重视道德因素对判决结论的可能影响，并在个案中寻求法律与道德的协调路径。将道德话语融入判决，说理不是使用几个道德词语那么简单，它的作用实际上是要沟通法律与人情，法官在融贯法律语言与道德话语时，实际上是在法律话语系统和道德话语系统之间进行一种独特而有效的沟通，最大限度地避免合法却不合理的司法尴尬。

第五，它有助于人民法院履行道德建设担当，传递社会主流价值，促进社会价值观念体系的整合。

当下中国正处于社会转型期，不仅社会秩序的控制机制正在经历着重组和更新，社会道德观也在面临碰撞与冲击之后的范式转换。但在新的道德范式确立之前，人们还不得不面对道德上的滑坡与失范现象。判决中适度融入道德话语正是人民法院积极回应这一社会现实的路径之一。判决书中的道德话语不仅可以对当事人施以一定的道德教化，矫正或谴责当事人的失德行为，唤醒人的良知；更重要的是，法官可以将社会主流价值观传递给社会公众，社会公众从道德话语中获取权威的道德意旨，并内化于自身的道德思维，由此提升整个社会和道德水平。这样看来，判决书并不只有个案裁决与国家法律的宣示功能，它还应当具有以公正的裁判和一定的价值观来规范和引导公众行为的功能。转型期的社会现实使法律人士不得不对法律与道德之间的关系采取一种关联的立场，而且要通过具体的举措来强化这两种规范之间的联系，法官固然要准确适用法律，但是在道德教

---

① 秦策：《司法推理过程的内在矛盾分析》，《政治与法律》2001 年第 2 期。

化方面亦不可无所作为，这是转型期人民法院所应承担的道德建设责任。在这个意义上，在判决中适度融入道德话语，探索裁判文书的伦理化维度，推进裁判文书的改革和创新，应成为人民法院司法改革的一个方向。

当然，也要注意到，判决中的道德话语也可能出现使用不当或者过度使用的情况，这会带来一定负面影响，需要引起关注。一是影响司法权的独立行使，冲击依法裁判的司法原则。将道德话语引入判决中，表明法官在审理案件时所考虑的不单单是法律，也必然涉及法律之外的情理性因素，这就需要法官把握协调情法关系的司法方法，并处理两者之间的冲突，否则，完成依据法律之外的因素作出裁判，则会妨碍司法权的独立行使。二是使用道德话语容易产生先入之见。将道德话语引入判决，法官必然会作出价值上的判断和选择，这种价值和选择有可能是基于法官的个人倾向作出，如果使用不当，很可能成为偏袒一方当事人的先入之见，对公正司法产生不利影响。三是导致法官自由裁量权的扩大。道德话语或道德规范相对于法律而言，显得更加弹性，感情化色彩也更强，将其引入判决之中，不可避免地会扩大法官的自由裁量权，带来一定的主观性和不确定性。这固然是追求实质公平的一种代价，但如果行使不当，会对公正司法带来不利影响。四是使用道德话语影响法律的权威性和稳定性。法治社会应当树立法律至上的观念，甚至形成关于法律的信仰，将道德话语引入判决，会使公众认为法律可以完全让位于法律之外的因素，从而降低他们对于法律的尊崇，这或许会使公众对法律的效力与权威性产生怀疑，对法治的信念产生动摇。

由此可见，在判决说理中引入道德话语不是一种单一视角的问题，它需要一种平衡的姿态来合理确定判决书中使用道德话语的原则与方式。

三 路径理顺：判决书中使用道德话语的原则与方式

基于前文的论述，笔者认为，司法判决中可以有限度地包容一定的道德叙事。通过引入叙事学的观点，判决说理在法律推理之外可以建立起一种叙事思维，或者说，在判决说理之外设立判决叙事的路径。这种叙事未必都是道德性的，也有事实性的、法律性的，但无论何者，道德性都可以寓于其中。基于这种叙事思维，判决书中的事件，不应是流水账式的证据堆砌，而应是对于事实要素的整理和重构。在呈现事件的过程中，法官对材料必须要有所割舍、有所强调，有所剪裁。而且，叙事能够帮助我们依托判决书建立一种"情境"，一种法律的事实空间。相对于法律概念的纯理性推演，这种情境或法律事实空间带有较多的感性因素，能够使案件中的人物或角色变得生动，而阅读者能够触摸到法官的态度与情感，并产生共鸣。这种叙事区别于纯粹再现性的叙述，需要制造出一种态势，营造出一种氛围。法官对判决叙事的设计应当考虑读者关于判决的感受，同时赋予这个事件以法律和道德意义。

司法裁判中道德话语的存在虽具有理论上和实践上的合理性，同时它也是一把"双刃剑"。单纯用抽象的法律语言来审判，只会加大社会大众与司法系统之间的隔离感，而道德话语的引入则会使判决书直指人心，走进人心。司法判决中适度使用道德话语，具有非常多的积极作用。任何事物都有两面性，道德话语也有消极作用，如具有情感性、不确定性。因此，不能让道德评价完全代替法律判决。讨论如何在司法裁判中运用道德话语，不能持全或无的态度，而应当探索如何进行"度"的把握。换言之，因此就需要探讨司法裁判中究竟应当如何来适度运用道德话语，以用其所长，而避其所短。

在判决书法官后语的实践中，也有人主张最高法院通过司法解释或指导性案例的方式来对案件的适用范围、内容与形式标准、作出的过程等方面来加以明确。迄今为止，并没有这样的司法解释或指导性案例出台。但问题是，道德话语的引入并不适合作统一的规定。因为，一律要求在判决书后附加法官后语会加重法官的负担，最终会成为官样文章，降低其预期效果；并且，这样也有可能不适当地扩展了道德话语的使用范围。在司法过程中，除了法律的统一规范适用之外，必然会存在法官自主判断的那一部分。道德话语的使用应当将由亲历案件审理的法官或合议庭来进行自主判断，他（她）们需要根据案件中道德因素的强弱、当事人的特点、公众的关注程度以及引入道德话语的必要性和有效性来作出判断。

在笔者看来，尽管不宜用统一明确的规范来加以规定，但确立一定的原则还是必要的，这也有助于法官在方法论上作出适当的选择，在合理的范围内以合适的方式使用道德话语，发挥道德叙事的积极作用，而避免其消极作用。分述如下：

第一，判决书中的道德话语应当作为法律推理的辅助工具，具有补充性。

在判决书中，法律话语与道德话语可以并存，但两者之间是主次关系，是主体与补充的关系。法律话语强调推理性，重在涵摄法规，阐释法意，彰显法制的统一平等适用；道德话语则强调劝谕性，重在分析情理，推行善良观念，并增强判决的可接受性与可执行性。两种功能具有互补性，但应当以法律判断为主体。在一定意义上说，道德话语是为法律话语服务的，道德话语的运用应以裁判的合法性为前提。因此，法官必须保证判决的结果是由法律所决定的，应当符合法律的解释规则，不能单纯使用道德判断来作出裁判。法官应以依法裁判为职责，单纯使用道德规范来作出裁判是错误的，或者说单纯使用法律上遵循社会公德的规定直接作出裁决同样是不妥的。在一定情理法冲突的疑难案件中，法官在作出判决时可能也会结合情理，但需要在方法论上得到有效的协调。当然，我们也应该注意到，道德话语也具有一定的能动性，即它能够引导法官关注社会的道德需求，发现法律的可能漏洞，并运用恰当的司法方法来加以弥补，熨平法律的"皱褶"。①

第二，道德话语本身的选择应当具有合理性与妥当性。

相对于法律话语，道德话语较为弹性和模糊，因此，法官在裁判文书中运用道德话语，应当特别关注其合理性与妥当性。这里的合理性是指道德话语所表达的意蕴应经过历史和实践的检验，符合社会公众的预期，能够得到人们广泛接受和认可。的确，有时对于社会价值何为"主流"或"非主流"有时并不那么明晰。但是，只要法官理性的方式进行探知，一定会发现社会价值的主流观点。道德话语应当符合社会主流价值观。在妥当性方面，法官应当重视裁判文书运用道德话语的目的性，即发挥它在提升判决结论的社会效果方面的积极作用，如果某个判决本身已然获得很高的接受程度，道德话语的使用就是画蛇添足了。另外，法官还应当重视道德话语的个案针对性，避免泛泛而议。换言之，道德话语的适用应当结合

---

① 英国著名法官丹宁勋爵说过："法律就像一块编织物，用什么样的编织材料来编织这块编织物，是国会的事，但这块编织物不可能总是平平整整的，也会出现皱褶；法官当然不可以改变法律编织物的编制材料，但是他可以也应当把皱褶熨平。"参见［英］丹宁勋爵《法律的训诫》，杨百揆等译，法律出版社 1999 年版，第 12—13 页。

个案的情境，有助于析清事理，劝解调和，或彰显法律立场，而不能空喊"口号"，或者将道德话语当作随便撒的"胡椒面"。

第三，充分考虑使用道德话语的具体效果，尤其要避免对当事人权利的"误伤"。

道德话语的运用应关注其具体使用效果。这种效果既是指论证效果，也是指现实效果。在论证效果方面，道德话语的使用应当有助于说服、论证，如果要引用经典道德话语，也应当以妥适为原则，应起到画龙点睛的作用，不可为卖弄学问、掉书袋而引用，对无助于加强说服力的，不必强为引用；并且，用词不可导致无谓的争端，容易引起误解或者产生歧义的，不用为宜。① 道德话语的运用还应考虑现实效果，这就需要法官结合个案情境，对道德话语适用之后可能产生的具体效果作一点预判，尤其要避免对当事人权利的"误伤"。

例如，1976年7月，湖南省中学教师李飞武被宜章县人民法院错误认定为奸污女学生而判处有期徒刑7年。后该法院经过复查再审，为其平反昭雪，宣告无罪。出狱后，李飞武向教育局要求恢复公办教师的身份，但教育局拒绝了他的要求。原因是再审判决书使用的表述是："原审被告人李飞武于1976年任教期间，先后与女学生罗某、李某某等人鬼混，情节显著轻微，不构成犯罪。原判定性不准，科刑不当，应予纠正。"② 在判决中，法官虽然为李飞武平反昭雪，确认其无罪，但却随意地使用了"鬼混"这样一个道德色彩很强的词语。这是一个评价性的概念，是对一个人的人格和一贯表现作出的分析判断。以权威的判决书作此结论，人们会因此判断李飞武"道德败坏"，尤其是对于教师这样一种道德要求很高的行业，导致教育局迟迟不能恢复李飞武的教师身份。事实上，法院对于李飞武与女学生如何"鬼混"并无事实依据，只是随意使用，导致了当事人的权利受到不应有的伤害。由此可见，如果判决书宣告被告人无罪，就不应该使用道德语言再对其人品进行评价，更不能随意地对其人格进行道德性指责。

---

① 张建伟：《〈孝经〉写入判决书的法文化解读》，《人民法院报》2010年7月23日第5版。

② 参见中央电视台"今日说法"栏目2016年11月26日节目《清白的证明》。

第四，法官应善于运用隐性或显性的道德叙事方式，融情于法。

判决中的道德叙事具有"双刃剑"性质，如何恰当运用是一个重要问题。笔者认为，判决书中的道德叙事可以根据需要采取隐性或显性的不同方式。隐性的道德叙事是指法官通过价值隐含的语言表述来实现法理与情理的融汇与统一，法官虽然没有明确表述其欲表达的价值观念，但读者在字里行间仍然可以有所体会。前文所列举的德国"Ks 1/59 诉布拉奇案"判决书可谓范例。从法官关于布拉奇医生的个人经历及其行为的介绍中，我们可以看出他是一个正直、诚实、在家庭生活中有责任心，但处事刻板、笨拙的人，判决书对死者萨克的多次露阴骚扰行为的详细介绍，则让人感觉是此人虽罪不至死，但情感上令人厌恶。因此，布拉奇医生虽然要为他的鲁莽付出代价，但其行为又是事出有因，情有可原的，这就为定罪之后的减刑、缓刑打下了基础。

我国法官撰写判决书行文往往较为冷静而理性，但也有运用隐性道德叙事的范例，如1997年"贾国宇诉北京国际气雾剂有限公司、龙口市厨房配套设备用具厂、北京市海淀区春海餐厅人身损害赔偿案"。原告因在聚餐中发生燃气罐爆炸事故导致严重烧伤，在诉讼中提出了物质及精神损失赔偿的请求。当时法律对于精神损失并没有明确规定，但最终法院判决被告承担了10万元精神损害赔偿金。在判决书中，法官写道："原告贾国宇在事故发生时尚未成年，烧伤造成的片状疤痕对其容貌产生了明显影响，并使之劳动能力部分受限，严重地妨碍了她的学习、生活和健康，除肉体痛苦外，无可置疑地给其精神造成了伴随终身的遗憾与伤痛，必须给予抚慰与补偿。"[①] 透过判决书中看似理智而平和的行文，我们依然可以感受法官对受害人深刻的同情，以及非此不行的义务感。此案被选登在权威的《最高人民法院公报》上，表明最高司法机构对此案判决或判决叙事的认同。

在判决书中，法官也可以采用显性的道德叙事方式，通过直白的甚至文学的语言来直接表达其价值观念、道德情感。在中国古代的礼法体制之下，科举出身的司法官为了传达儒家伦理经义，往往会采取显性的道德叙事方式来撰写判词。但在现代法治体系之下，基于依法裁判的约束，法官

---

① 《最高人民法院公报》1997 年第 2 期。

更多地采取隐性的方式来传达价值观念，但在一定条件下，显性的道德叙事方式也完全可以使用。

事实上，在当下的中国司法实践中，已经有不少法官开始使用更加显性的道德叙事方式来撰写裁判文书，并且取得了良好的法律和社会效果。无锡"胚胎案"判决就是一个典型的例子。在判决书中，法官写道："白发人送黑发人，乃人生至悲之事，更何况暮年遽丧独子、独女！沈杰、刘曦意外死亡，其父母承欢膝下、纵享天伦之乐不再，'失独'之痛，非常人所能体味。而沈杰、刘曦遗留下来的胚胎，则成为双方家族血脉的唯一载体，承载着哀思寄托、精神慰藉、情感抚慰等人格利益。涉案胚胎由双方父母监管和处置，既合乎人伦，亦可适度减轻其丧子失女之痛楚。"[①] 法官运用"诗性"语言，通过诉诸当事人的道德情感，以法律之外的常情常理支持了本案的判决结论，对于案件最终的定纷止争起到了良好的作用。

古今中外的司法实践表明，司法判决不单是一种法律推理，同时也是一种道德叙事。从有效回应转型期公众道德需求的角度来看，加强判决书道德叙事的功能具有独特的现实意义。近年来，法学界较为重视司法推理的研究，但司法的道德叙事问题没有得到应有的重视。因此，我们有必要借鉴古今中外的司法经验，大力开展司法叙事学的研究，推动社会主义核心价值观在司法过程中的贯彻与落实。

---

① 江苏省无锡市中级人民法院（2014）锡民终字第 01235 号民事判决书。

第 八 章

回应型司法的民意沟通

第一节 回应型司法的沟通理性

一 正统司法的沟通理性缺失

西方法治经过长期的积淀与发展，18—19世纪形成了一种所谓的正统司法。美国学者托玛斯·格雷曾对正统司法的典型特征进行过细致描述。申言之，正统司法具有如下特征。

首先，追求程序上的周全与实体上的完备，最大限度地压缩了与外部因素交流的可能性。

程序上的周全是指法律体系能够为发生在其司法辖区内的每一个案件都找到独特的解决途径。如果法官发现他受理和裁判某个案件于法无据，或者法律以某种方式允许他拒绝接受某个应当受到裁判的案件，那么，程序上就出现了漏洞。1790年法国《法国革命组织法》曾允许法庭在法律不明确时将案件提交给立法机关，导致了很大的问题。后来，《拿破仑法典》第4条规定："法官以法律没有规定、规定不清或者不充分为由拒绝作出判决的，可以被判为拒绝司法罪。"这个规定纠正了前述状况，使法律恢复了包容性。[①] 实体上的完备是指，如果针对任何可归属于法律管辖的案件，在法律体系之中都能找到合适的实体法规范，而且能够提供唯一正确的结论，那么，这个法律体系就是完备的。法国学者勒内·达维德说："罗马日耳曼法系各国法是些结构严谨的整体，一些'封闭体系'，

---

① Thomas C. Grey, "Langdell's Orthodoxy", *University of Pittsburgh Law Review*, Vol. 45, No. 1, 1983, pp. 6–7.

即任何种类的问题,至少理论上,能够并且应该通过'解释'一条现有的法律规范而得到解决。"① 在这个封闭体系之内,法官裁决案件不需要诉诸任何的外部因素。当然,法律体系完备性的坚持者并不是纯粹的理想主义者,他们也认为,法律体系的完备性只是一种理想状态,现实与理想之间总是存在着某些差距,比如:法律规则或原则的表述并不精确,其排列也不尽合理,或者出现了新案件。不过,这不能说明法律体系的非完备性和司法过程的非自足性,这恰恰是法律科学家体现价值之所在。

其次,维护司法过程的自足性与封闭性,以中立的姿态超越于各种社会的诉求。

正统司法强调,司法过程仅凭法律体系之内的理由已足以产生唯一的结论,法律的推理、解释与社会的、政治的、道德的考虑无涉,法律以外的因素对判决的形成不发生直接影响。司法过程的自治性是以法律的自治性为基础的。在实践的层面上,法律是与道德或社会科学完全分离的自足的社会实践;在理论的层面上,法律的理论与道德的学说、社会科学理念相分离。司法过程的自治性要求法官将法律原则严格地适用于具体案件,而不必去考虑其背后的政策基础及其对特定案件的效果。这导致法官在自我角色认知上不会将自己看成是纠纷解决者或社会工程师,而更愿意定位为一种法律的科学家,以此来保证司法行为的中立性与非人格化。作为法律的科学家,法官的法律实践与科学家的科学实践并无本质区别。科学家的职责是发现自然规律,而法官则应该成为法律的"宣谕者";正如科学家不能创设规律一样,他也不能制定法律;由于法律上的真理与科学规律一样属于一种永恒的存在,因此,法官在行使其司法职能时不能根据变化了的环境对法律规则作出任何的调适;但是法官可以根据真正的法律规则来纠正过去的错误,推翻那些因为误读法律意旨而导致的先例。法官的司法尽管客观上解决了具体的纠纷,但是,这只是一个附带的结果,因为法官的主要任务仍然是宣示真正的法律,而不能成为一个纯粹的纠纷解决者。既然法官的适用法律类似于科学家的科学认识活动,那么,他就应当像科学家一样以中立、超然、价值无涉的态度来对待司法实践;他所追求

---

① [法]勒内·达维德:《当代主要法律体系》,漆竹生译,上海译文出版社1984年版,第339—340页。

的是法律的"中立"原则,即通过适用严格的科学方法来发现在政治上居于中立地位的私法原则,同时,司法活动在宗教、阶级和利益群体之间不得采取某种立场或偏向某一方。同时,正如科学家不能凭自己的喜好来改变科学规律,法官同样不能将自己的情感、个性、个人正义感融入司法过程,从而使司法活动表现出非人格化的特征。

再次,司法信息的流动具有演绎性与单向性,与民意缺乏互动。

一般认为,传统司法是一种封闭的、与民意隔绝的模式,但这么说其实并不完全准确,因为毕竟存在着信息的流动,但这种流动是单向的、自上而下的。在正统司法的支持看来,完备的法律犹如一个金字塔,位列最上端的是为数不多的基本原则或基本范畴,由此出发或以渐次推导出其他的法律原则或规则,直至可以直接适用于具体案件的裁判规范。在理想的法律体系之中,所有的规则直至整个法律系统都可以统摄于若干核心原则之内。比如,合同法的当事人意思自治原则;侵权法的过错责任原则等,这些核心原则本身是经历史积淀、从无数的判例中概括出来的。同时,这种逻辑推导关系是明晰可见的。所谓真正的法律正是这种逻辑推导关系上的某一个节点,它必定会在这个金字塔体系中找到自己的应有位置。1871年,美国法学家兰德尔在所著《合同法判例选编》写道:"作为一门科学,法律由特定的原则或规范组成。精通这些原则或者规范,能够以恒常的熟练度与确定性将它们适用于纷繁复杂的人类事务,正是真正法律家的特质之所在。"① 传统的法律自治性理论囿于法律规范的等级体系和立法至上的民主制度强调,总体上呈现出立法决定司法,司法从属于立法的特性。法律信息的流动也呈现出由立法到司法,再由司法到民众的单向流动。

由此看来,在正统司法之中,只有自治理性而无沟通理性。之所以正统司法是一种缺失沟通理性的司法模式,是因为在其背后,关于法律本质的观点是以近代哲学认识主体和认识客体的二元划分为前提。它将法官的司法过程看成是一种科学认识活动,即法官使用司法的"科学方法"来发现真正的法律并将其适用于当前案件的活动。法律规则是先验而客观地

---

① Christopher Columbus Langdell, *A Selection of Cases on the Law of Contracts: With References and Citations*, Boston: Little, Brown, and Company, 1871, p. v (Preface to the First Edition).

存在的，不受偶然的历史事件的影响；法律规则的存在以及案件的正确答案在法官去寻找之前就已经存在，法官的任务只不过是发现它，并把它宣告出来，这就是所谓的"法律发现或宣告理论"。这种司法模式显然是一种从主体到客体的单向度认识模式，即"主—客体"模式。

这是一种理性主义的认识论。伴随着现代社会的发展，理性主义的普遍性日渐暴露出弱点：理性的同一性放逐和排斥了"理性的他者"；理性的主体性以解放主体的旗帜却造成了体制对主体的奴役，理性的建构性以推动人类进步的名义施加了专制主义的统治和殖民主义的压迫。[1] 在人和规则相互关系之中，由于规则具有先定性与客观性，它处在人的外部，却加于人之身，人对于规则只能是服从。利害相关者对关涉其自身的法律规则的形成过程也无法进行有效参与，因而法治更像是外部的强制，而不是发自内心的认同与选择。这种司法模式产生的判决，更容易被人们当成一种异己的东西而不被认同，所以是符合了法律的目的理性，却难以产生良好的社会效果。

所以，哈贝马斯认为，要克服现代法治的危机，必须改变人际方法论视角，摆脱正统司法中孤立的个人视角，换用主体间互动的视角来思考公民与立法之间的关系，法律不再是政府自上而下强加的产物，而是公民亲身参与形成的结果。从这一视角出发，哈贝马斯建立了商谈理论，在司法的语境中则表现为一种沟通法学。其要义在于立足于司法实践场域多方主体的行动理性，在法庭与公共领域之间构筑信息流动的双向管道，用市民议论、社情民意来修正法律思维，努力促成作者与读者（既包括立法作者与立法读者，也包括判决作者与判决读者）之间的视界融合，将合意与共识作为判决的正当性根据。

二 沟通理性视野下的法律与司法

要从沟通理性的角度来理解法律和司法，首先需要充分理解人们的沟通行为本身。哈贝马斯认为，沟通行为的基点在于人际理解和协作；过程就是协商和讨论程序，即沟通程序；目标就是就有关问题达成共识。因为，如果沟通理性内在于人类的言语行为之中，人类就有通过沟通达成理

---

[1] 高鸿钧：《走向交往理性的政治哲学和法学理论》，《政法论坛》2008 年第 6 期。

解和共识的可能。为了使得沟通程序富有成效从而避免"异议风险",他对沟通程序提出了"建制化"的要求,即提出了所谓商谈的"理想言谈情境"①。归纳起来,这种"理想言谈情境"具有以下特征:①充分开放,不仅对于参与者保持开放,对于议题、程序以及其他相关的事项都应保持开放;②人人平等,即所有参与者一律平等,商谈中唯一的力量是那些令人信服的理由;③真诚表达,参与者应真实地表达自己的意见,如果言不由衷或委曲求全,自己就会忍受由此带来的不利后果,如果出于个人的利益和偏好而对他人施加策略性影响,就会在面对质疑和批判而提供论证理由时变得捉襟见肘;④自由沟通,即商谈中任何人都可以提出自己的主张、要求或建议,但是所有主张、要求或建议都必须接受批判的检验,而受到批判的主张者应提供理由为自己辩护,只有那些理由充分的主张、要求或建议才具有更多的机会得到人们的认可。②

在这种以沟通行为为基础的程序主义法范式中,所有利害相关的人们,借助人们语言交流的有效性和达成特定规范共识的可能性,通过平等、自由的理性协商与话语论证,通过意志协调达成规则共识,从而形成作为法律的规则。哈贝马斯说,在如此形成的法律中,每个人都既是立法者,同时又是守法者,也只有这样的法律才具有实质的正当性。③ 这一理论实现了对规则制定者与遵守者二元对立模式的超越,它关注利害相关者对关涉其自身之法律规则之创制的参与,很好地保证了规则是内生的而非外迫的,规则的遵守者对规则能够采取一种真正的内在观点,从而为内生性规则提供了另外一个重要的理论来源。④

比利时学者豪埃克在哈贝马斯理论的基础上,进一步将沟通理性置于法律与司法领域的核心范畴地位。他认为,在"价值多元化"和"绝对真理"式微的背景下,为了建构一种阐释现实的理论框架,他主张用"沟通理性"代替"实践理性"作为重构法律理论的哲学基础。"法律本

---

① 支振锋:《法律的驯化与内生性规则》,《法学研究》2009 年第 2 期。
② [德]尤尔根·哈贝马斯:《包容他者》,曹卫东译,上海人民出版社 2002 年版,第 47 页;高鸿钧:《走向交往理性的政治哲学和法学理论》,《政法论坛》2008 年第 6 期。
③ [德]尤尔根·哈贝马斯:《在事实与规范之间——关于法律和民主法治国的商谈理论》,童世骏译,生活·读书·新知三联书店 2003 年版,第 529 页。
④ 支振锋:《法律的驯化与内生性规则》,《法学研究》2009 年第 2 期。

质上也是建立在沟通的基础上的：立法者与公民之间、法院与诉讼当事人之间、立法者与司法机关之间的沟通，契约双方的沟通，审判中的沟通。最突出的是，如今这种沟通方面被认为是法律合法化框架的侧面：律师之间的理性对话是对法律'正确'解释和作出裁决的最终保障。"① 申言之，这种沟通集中体现于以下三个方面。

其一，规范发送者与规范接受者之间的互动。

豪埃克教授认为，要理解法律活动，必须理解规范发送者与规范接受者之间的关系。如果规范发送者想要确保社会行为符合其目标，规范信息就应该充分地传递给相关的规范接受者；而如果规范接受者想要正确地解释和应用规范，他们应该考虑到规范发送者的目标。但是，当前的法学理论往往只强调其中一方，而忽视了两者的互动与沟通。理论的一极如奥斯丁的法律命令说，将法律等同于主权者的命令，将规范发送者的意志置于至上地位，忽视了司法实践中规范接受者的能动性。理论的另一极是现实主义法学，将法律表述为规范接受者的观点，立法规定不过是神话的建构，只是影响司法行为"刺激"之一，在强度上不超过法官的同情、反感和政治信念等。这样就将作为规范发送者的立法者的权威完全否弃了。② 在豪埃克教授看来，无论是法律命令说还是现实主义法学都缺乏沟通的意愿，因而不能正确地理解何为法律规则。在其构建的沟通理性体系中，规范发送者和规范接受者之间的沟通共同决定着规则的含义，二者之间的互动具有最为重要的实质意义。

其二，法律规范等级体系内的循环式互动。

豪埃克教授认为，按照传统的法学理论（典型者如凯尔森的纯粹法理论）将合法化被视为一个线性过程，在这个过程中，规则或司法决定逐级依附于更高的规则，直到达到某种"基本规范"，由此建立起法律规范的等级体系。与此相一致，立法至上的民主制度强调下位法对上位法、司法对立法的从属性。豪埃克教授以沟通法理学为基点，提出法的"循环"（circularity）理论，即法律体系上位法不仅决定了下位法，而且反过来又由下位法所决定。典型的例子如欧盟内部的法律体系。欧盟机构有权

---

① Mark Van Hoecke, *Law as Communication*, Oxford: Hart Publishing, 2002, p. 7.

② Mark Van Hoecke, *Law as Communication*, Oxford: Hart Publishing, 2002, pp. 80 – 88.

将规则和决定强加给成员国，但整个联盟基于成员国的合意而存在，原则上它们可以随时退出。欧盟法既决定成员国的法律，又由成员国的法律来决定，由此形成了"完美循环"①。正是这种下位法与上位法之间的循环式沟通使法律制度的运行得以合法化。其实，这种循环式沟通还发生在司法与立法之间，甚至可以表现为一个连续的、全方位的意义循环程序。程序中的行动者包括了各种有言说和行动能力的主体，如社会公众、媒体、法律职业共同体等，他们之间既冲突又协作，寻求价值共识及最为妥当的行动方案。

其三，法律制度与司法过程既自治又开放的统一。

豪埃克教授认为，在自治性方面，法律系统与数学系统是不同的，它不能独立于外部社会。完全封闭的法律系统根本不可能存在。因此，法律制度在"认知上"必须对外部世界开放。但它们仍然是"自治的"，因为它们是"有效地"封闭的：外部数据是根据法律制度的内部逻辑选择和调整的。法律的自治性有两种：一是形式的自治性；二是实质的自治性。前者为法律"作为一个系统"的自治，后者则是决定规则内容的自治。这两者之间是一种负相关关系，即作为系统的法律制度越成熟，自治性程度越高，则决定规则内容时的自治程度越低。沟通理性理论旨在改造法律制度与外部世界之间的关系，将法律的运作视为一种不断沟通与互动的过程，而不是单向的信息流动。在司法过程中，这种交流表现得尤为突出，案件的具体事实、变化中的社会观点和其他因素都可能对判决结果产生非常决定性的影响。豪埃克教授指出，这种交流如此密集，而"认知开放性"如此普遍，以至于任何法律制度"自我产生"的概念都必然是一个非常脆弱的概念。②

沟通理论对传统的司法自治进行了改造，弥补了正统司法理论中的沟通理性缺失，为进一步思考司法与民意之间的关系提供了新的视角。

三 沟通理性视野下的司法与民意关系

在正统司法的理论范式内，民意是应当被逐出司法场域的因素。只是

---

① Mark Van Hoecke, *Law as Communication*, Oxford: Hart Publishing, 2002, p. 38.
② Mark Van Hoecke, *Law as Communication*, Oxford: Hart Publishing, 2002, p. 43.

由于实践中司法与民意之间存在事实上的互动关系，因此该理论也有限度地保留着民意监督司法权行使的功能。但从总体上看，正统理论反对法官在法律适用时听从民意的声音，认为屈从民意会带来各种不利后果，如模糊法律与道德的界限，妨碍司法独立，动摇司法权威等。

然而，在沟通理性理论的视角下，司法与民意之间的互动被提升到核心与本体的地位。一方面，它是司法民主价值的自然延伸。司法沟通理性不仅意味着公众对于司法的形式参与，或意见的消极听取，而是倡导在法院与民众之间构建一种正常的沟通纽带和平等对话机制，通过保障公众的表达权利，来为法院实现司法公正提供实质性的助力。司法过程中规范本体及其解释的含义，不是形成于法官的孤立思维，而是由司法场域的各种社会行动者，基于理论与实践的实际需求来共同决定，从而在司法与民意之间建立起更加圆融的关系。为此，应当消除以下误区。

（一）消除以司法职业化排斥民意表达的误区，寻求司法技术理性与民情民意智慧的融贯与统一

在西方法治发展进程中，法学家阶层发挥了很重要的作用，司法审判呈现出强烈的职业属性。这有助于将现代法律锻造成具有严密的内在逻辑的规则体系。但毋庸置疑，这也带来了一个后果，即法学家阶层的优越感与封闭性。托克维尔曾将美国的法律人描绘成一个特权阶层，乃至"对人民群众的判断产生一种蔑视感"[①]。这是过于强调法律职业化所导致的负面效应，其结果司法是民主的缺失。在中国，司法的职业化也被看成是推进法治发展的重要路径之一。诚然，由于我国缺乏法治传统，历史上没有形成法律职业阶层，因此，推进司法职业化是一个正确的发展方向。但是，我们始终要认识到，职业性与民主性是现代司法的两翼，两者不可偏废，应当寻求协调与统一之道。一方面，应当遵循司法规律，将法律的技术理性贯彻于司法过程之中，另一方面，也要避免职业理性的封闭性导致裁判与社会脱节，尤其是防止产生对于民间智慧与百姓生活的"蔑视感"。这就需要畅通渠道，将民间智慧和生活理性引入司法，找寻法律标准与社会标准的联结点，在维护司法职业属性的同时，为司法民主化保留

[①] ［法］托克维尔：《论美国的民主》（上卷），董果良译，商务印书馆2002年版，第303—305页。

制度空间。

（二）消除以司法权威排斥公众参与的误区，建立公众参与司法的制度

古代的司法权威来源于司法者所禀具的"卡里斯马"魅力或者来自"永恒昨日"的威信、习惯，现代司法是一种基于理性的制度化权威，更为倚重非人格化的法律规则、规则的技术性适用以及司法运作的形式正当性。[①] 但现代司法的权威还需要更为广泛的基础。如果片面强调司法的制度化权威，即便所有的制度都是理性设计的产物，假以时日，也不免会形成案件信息、法律知识和司法权力的垄断，以及高高在上的"精英意识"，导致与大众的分离与隔阂。在公众的印象中，司法过程成了视野之外的"暗箱操作"与"黑幕交易"，若此种疑虑不能消除，公众就难以形成对于司法的尊崇。在信息化社会，公众已习惯于在知情的基础上作出自己的分析和判断，只有敢于将司法过程公开化、透明化，才能适用公众在新时代的新需求。因此，转型期的司法权威还需要加强司法民主的要素，敞开大门，让公众获得更多的司法信息，了解司法运作的实际情况，展示对于判决正当性的信心；而公民参与司法，也是将法律的目的理性、技术理性与民间智慧结合起来的一种路径，判决也因此更具合理性。所以，在维护司法职业化的同时，为司法民主留下空间，建立公众参与司法的制度，不仅可以提升司法权威，也是司法活动与舆情民意协调与平衡的必由之路。

（三）消除以独立司法权排斥媒体监督的误区，建立司法与媒体之间的良性互动关系

司法权独立行使是一项为现代法治国家普遍承认和确立的基本原则。联合国大会在1948年通过的《世界人权宣言》和1966年通过的《公民权利和政治权利国际公约》均庄严宣告：为了确定某项刑事指控或者权利义务，由独立的、无偏倚的法庭进行公正的和公开的审判，这是每个人都平等享有的基本权利。为此，应当在诉讼活动中构建一个相对独立的法律空间，使审判活动不会受到"任何直接或间接不当影响、怂恿、压力、

[①] [德]韦伯：《韦伯作品集：学术与政治》，钱永祥、林振贤等译，广西师范大学出版社2004年版，第198—199页。

威胁或干涉所左右"①，保证司法的客观和公正。但是，在现代社会中，媒体也是社会舆论的重要影响力量，它足以汇聚起公众关于案件的碎片式观点，形成强大声势，成为法官独立审判的外部压力源之一。正统司法更为强调法院司法权的独立行使，尽量压缩媒体监督的功能范围，但这只能加剧司法脱离大众的趋势。诚然，今天应避免媒体监督沦为"舆论审判"，但更应看到，媒体监督也是司法民主化的支柱之一，没有媒体，公众对司法的知情权、参与权、表达权和监督权也就得不到应有保障。因此，司法改革应当消除以独立司法权排斥媒体监督的误区，其关键在于建立起司法与媒体之间的良性互动关系。

（四）消除以司法职能排斥舆情引导的误区，开拓司法公开的新模式

传统司法理论中，司法职能定位于诉讼中的事实认定与法律适用，排斥舆情的介入与影响。对公众关于案件的议论与评价，往往采取"你说你的，我判我的"这样一种态度，其结果是导致司法与公众之间相互割裂，分歧越来越大的局面，久而久之，会使司法公信力受到一定的损伤。而损伤的大小与法治的成熟发达程度存在关联。在法治发达成熟的国家，由于法治观念深入人心，即便司法判决偏离人情观念，公众会采取更为理性的方式来对待，尚不会带来很大的问题。但是，在处于社会转型期的国家，由于法律的发展很快，法律与传统的观念之间产生巨大的张力，司法判决与公众认知之间有可能导致强烈的背离，司法舆情危机的发生概率与频率大为增加。如果司法舆情危机得不到妥当的处理，会对司法公信力产生极大的伤害。对司法而言，舆情可谓是一把"双刃剑"：如果处理应对不当，司法与舆情之间会出现紧张关系，导致公众对裁判的不认同甚至普遍质疑，最终会损及司法的公信力；但如果处理应对得当，司法与舆情实现了良性互动，那么不仅会提高裁判的社会认同，提升司法的公信力，更会从实质的层面推进法治发展和社会的良性转型。因此，司法机关应当采取理性的态度和有效的方式来对舆情进行应对，通过消除以司法职能排斥舆情引导的误区，开拓司法公开的新模式。

---

① 联合国《关于司法机关独立的基本原则》第 2 条。

第二节　公众参与司法的制度构建

一　公众参与司法的理论争议

广义的公众参与司法是指作为社会主体的公民通过各种方式直接或间接介入司法过程，进而对司法活动产生影响的一切活动。① 狭义的公众参与司法仅指作为社会主体的公民参与到司法的决定过程，并对司法判决的形成产生影响的活动。在现代国家，司法民主已是一个重要原则，但践行司法民主的具体形式却存在着争议和不同做法。其立场选择涉及对公众参与司法的态度以及制度建构。

基于我国的人民司法传统，对公众参与司法一直持较为开放的态度，从陕甘宁边区政府时期到改革开放以前，我国的人民司法工作摸索出了一套颇具特色的"群众参与模式"，其具体审判方式主要通过就地审判、公审等来落实依靠人民、联系人民、便利人民的群众路线。改革开放以后，司法职能逐步发生转变，20世纪80年代以后开始了以提高诉讼效率、健全程序规范为导向的审判方式改革，并渐次波及司法领域的方方面面。这场"自上而下发动的司法改革沿着以西方'现代性'为基本参照的方向不断推进、演化，人民司法传统也随之在一些重要层面发生'休克式'的断裂和嬗变"②。

改革的结果是加强了程序的规范性，但却与社会普通民众的公共生活拉开了距离，甚至出现了相互之间的隔阂与互不理解。与此同时，随着社会转型的深入，公民意识、权利意识及法治意识更大范围觉醒，加之互联网普及，公众的信息渠道日益多元，公众话语与法院话语之间的交锋愈加直接与对立，司法逐渐陷入深刻的公信力危机之中。为了突破这一困境，重新在更高的层次上加强公众的司法参与显然是一个必由之路。但在理论上，人们对于公民参与审判活动存在着不少疑虑。以下的理论争议仍然需要加以厘清。

---

① 汪明亮：《刑事司法过程中的公民参与》，《人民司法》2012年第19期。
② 陈洪杰：《从"群众参与"到"公民参与"：司法公共性的未来》，《法制与社会发展》2014年第1期。

(一) 公众参与和司法的专业性问题

司法职业化理论认为,审判乃是一种专业性的判断,拥有一套专门化的知识结构和技能体系,不只是常识、道德或政策的分析,是一种有别于普通人观念的专门思维和技能,需要通过长期的职业培训才可获得。而普通公众未经正规的职业培训,又缺乏专门的司法经验,显然是不具备胜任审判活动的能力的。据此,有人认为,司法职业建设应当走精英化发展之路,司法活动不必也不应当吸纳公众参与,以防止司法活动受不专业的普通人思维的干扰。

在笔者看来,就转型期中国司法的具体情况而言,法律职业化不足当然是一个制约因素,因此,在很长的一段时间内,职业化仍然是主导的发展方向。但这并不意味着,公众不能以更积极的姿态参与到司法决定的过程中来。事实上,公众参与司法不仅不会破坏司法职业的专业化发展,相反,在司法过程中,普通公众的日常思维既可以与法官的专业思维相得益彰,还可以在一定程度上弥补法官思维的不足,取得更好的司法效果。

首先,公众参与司法并非替代职业法官,而是在一定范围内行使司法职能,并不超越其应有能力。司法具有专业性,但并不是说每一个司法事项都需要专业思维。就证据证明力与案件事实的认定这两个事项,普通公众的判断相较于职业法官而言也是毫不逊色的。况且,普通公众来自社会的各个领域,拥有丰富的社会生活阅历,在涉及生活经验认知方面可能比长期从事单一司法工作的法官更具优势。美国曾有学者通过实证研究发现,针对特定的司法案件,法官裁判与陪审团裁判一致的比例为75%。[①] 何况,公众参与司法并非越俎代庖,承担职业法官的所有工作,因此以审判能力不足为由否定公众参与司法是片面的。

其次,公众参与司法可以将社情民意带入司法过程,防止法官脱离社会现实及其需求。法律的职业化和专业化有一个负面效果,就是形成法律行业的垄断,导致"法律活动变成一个普通人除了依赖于法律专门人员

---

① Harry Kalven, Jr. and Hans Zeisel, *The American Jury*, Chicago: University of Chicago Press, 1971, p. 56.

之外无法也没有时间涉足的领域"①，这种垄断带来的一个必然结果就是司法的封闭性，但法官司法毕竟与旨在发现科学规律的科学活动有所不同，它要解决人们的纠纷，不能偏离社会生活太远。通过公众有效参与司法，将普通民众的良知和直觉引入司法裁判过程，使得判决更加接近大众情感，符合一般公众的认知需求，从而也更容易得到公众的认同，从而实现社会效果与法律效果的有效统一。②

(二) 公众参与和司法的公正性问题

关于公众参与司法的疑虑还在于，它可能导致司法的不公正。有人担心，公众参与司法会重回人治时代"群众审判"的老路，以至于司法成为民意、民愤的非理性宣泄。一旦司法陷入人民群众的汪洋大海之中时，用"群众狂欢"代替"正义蒙眼布"，进而出现"民意审判"时，坏处可能更明显。③但是，应当注意到，公众参与司法与以往的群众运动式参与不同：参与过程中公众的地位、角色发生了根本性的变化，参与过程也要受到法律的严格规范。因此，通过对公众参与司法的规范化、制度化的构建，这些担忧完全有可能得到化解。

还有人担心，普通公众由于缺乏专业训练，看待诉讼中的人和事往往会带有偏见。但是，对公众的偏见应当客观分析。首先，心理学意义上的偏见并不是一个当然的贬义词。④即便是在司法的语境下，也存在着所谓正当的司法偏见，即裁判者在裁判过程中不可避免且正当的先前信念——即构成"常识"的先前信念。⑤这种偏见实际上是人的过往经验的产物，所以，在公民的偏见中包含着他们的生活经验，这些生活经验对于司法活动是有其正面价值的。其次，偏见并非普通公众所独有，职业法官也会有

---

① 苏力：《论法律活动的专门化》，《中国社会科学》1994年第6期。
② 黎慈：《转型时期司法吸纳公民参与的价值及其改进》，《海峡法学》2011年第3期。
③ 许娟：《中国司法与民意的沟通——基于主体间交往理性的认知》，《北方法学》2014年第3期。
④ 在心理学中，偏见有正面和负面两种，如果其所指与"刻板印象""歧视"等联系在一起，则其指代负面态度，如果将其与"启发""直觉""前理解"等概念联系在一起，这种偏见就不一定是负面的。参见张雪纯《论司法中的偏见》，《杭州师范学院学报》（社会科学版）2007年第2期。
⑤ [美]理查德·A.波斯纳：《证据法的经济分析》，徐昕、徐昀译，中国法制出版社2004年版，第16页。

偏见。我们无法精确这两种偏见之间的数量多少和程度高低，① 只能确定这是两种具有不同性质，呈现出不同思维方向的偏见。在一个运作良好的合议制中，它们之间抑或相互博弈，抑或相互协力，甚至可能相互抵消，通过相互作用有助于形成合法又合理的判决结果。

所以，从总体上来看，公众参与对于司法公正来讲不是弊大于利，而是利大于弊。首先，普通公众认定事实的能力并不逊于职业法官，这一点在英美法系的陪审制度中有非常显著的体现，因此引入公众参与无弊可言。其次，在适用法律方面，普通公众对法律含义的专业解读不如职业法官，这固然是其不足，但他们能引入社会常情常理，以弥补职业法官之缺失。法官的专业思维与普通公众的日常思维形成互补关系，总体上是有利的。最后，在程序上，公众参与司法提升了司法权力运行的透明性，是对公权力运行的有力监督与制约，能够从侧面防止司法腐败的发生，不仅使司法权运行过程获得公正的外观，而且有助于实现判决结果的实质公正性。

（三）公众参与和司法的独立性

有些人担心公众参与司法会强化民意、舆论对司法的压力，而如果司法被迫屈法以顺应民意、舆论的压力，就有可能牺牲司法的独立性，司法权威也荡然无存。这种观点并不全面。应该说，民意、舆论与司法之间存在着一定的冲突，有些司法案件从法律上没有问题，但是民众朴素的道德观念却不能接受，还有一些案件的处理虽然符合民众一般的道德判断，却未必具有合法性。但是，这种冲突是司法与民意、法律与道德之间的内在矛盾，不是公民参与司法所造成的，恰恰相反，公民参与司法作为一种制度化的设置，其要旨正在于这种内在矛盾。它不是指法院的每一份判决都要迎合民意，一味曲法而伸情，而是要通过理性的制度安排，让民意有序地进入司法程序，使法律的适用更贴近社会常情和公众的道德需求。

司法权不能独立行使是转型期中国的现实问题，但其症结是多方面

---

① 有观点认为，职业法官的偏见比普通公众可能还要更多一些。实践中，职业法官往往习惯于肯定一个人的罪行并因此更加倾向于有罪推定。而且，在公众和职业法官都有偏见的情况下，公众相较于职业法官往往更能排除这些偏见。参见陈卫东《公民参与司法：理论、实践及改革——以刑事司法为中心的考察》，《法学研究》2015 年第 2 期。但其实这种观点并无实证基础。

的。传统上,改革者希望借助法官职业化来实现司法的独立性,但改革实践却证明了职业化的法官仍旧难以解决司法权不能独立行使的问题,即便是在司法机关内部也是如此。实践中,司法机关内部呈现出科层化的结构,这犹如一个等级化的"金字塔",业务法官依此等级化的阶梯,基于业绩的考核以及工龄等因素逐级晋升。这种模式显然不利于使法官获得司法机关内部的独立性。对外而言,由于司法机关与行政机关的体制尚未完全理顺,行政力量的某种干预往往是司法机关不能承受之重,而法官个体的独立性更是难以独善其身。

公民参与司法犹如引入一种新的力量,对法官独立审判会产生正面效应:就内部而言,陪审员是在科层化司法等级体系之外的非官僚化因素,他们对于司法体系的依赖性较弱,这就决定了他们拥有抵制来自内部科层化体制上级干预的抗压性。就外部而论,陪审员的职务任命不受政府制约,也不存在晋升的问题,因此能够保持足够的抵抗力与独立性。与职业法官不同,公民不会在任命、薪酬等方面受到行政力量的干预并因此而导致偏见的情况,因而较之职业法官往往更能摆脱这些外部压力。[①] 就此而论,司法中的民意表达有助于摆脱行政权力和官僚思维的纠缠,提升法官的主体性。

二 人民陪审员制度的商谈功能

公众参与司法是指普通公民以特定的身份参加司法活动,并行使一定司法职能的过程。这一过程在现代法治国家普遍存在,只是由于各国的历史文化、法律传统、国情状况不尽相同,其制度表现形式各式各样,所以参与的范围与领域也存在区别。我国公众参与司法的最主要形式是人民陪审员制度,以下围绕这一制度展开分析。

人民陪审员制度是中国特色社会主义司法制度的重要组成部分。就其政治功能而言,人民陪审员制度体现了人民在司法领域当家做主和直接民主,体现了普通民众参与司法的平等性与有效性;就司法功能而言,它还

[①] 陈卫东:《公民参与司法:理论、实践及改革——以刑事司法为中心的考察》,《法学研究》2015 年第 2 期。

能促进弘扬司法民主、保障司法公正、促进司法公开和增强司法公信。[①]应该说，这些功能的确体现了人民陪审员制度的应有属性，但并不能涵盖它的全部功能。从道德回应型司法的基本性质来看，人民陪审员制度还具有鲜明的商谈功能。

（一）人民陪审员制度商谈功能的内容

人民陪审员制度的商谈功能是指针对具体案件的裁判，由职业法官与来自普通民众的人民陪审员组成合议庭，通过平等对话、相互协商，就案件的事实认定与法律适用问题达成判决意见，以此确立裁判合理性的功能。

从表象上看，这一商谈过程发生在职业法官与人民陪审员，以及人民陪审员与人民陪审员之间，它实现了法律职业人士与来自不同阶层、代表不同利益群体的陪审员对事实认定与法律适用进行对话，以寻求案件处理的最佳方案。在更深层次上，这一商谈过程实际上发生在法律专业思维与日常生活思维之间，是法言法语与常情常理的对撞与协商，是在法律认识与社会认识之间寻求共识的过程。

这又分两个层次，首先，在事实认定层次上，法官的专业思维与人民陪审员的日常思维是有差异的。通过正规的法律训练与司法操作，法官精于使用法律概念来裁剪案件事实，以及运用证据法规则来认定证据资格、证据的证明力等问题。这种思维有助于对每个证据进行细致的分析，以及建立法律与事实之间的连接。但久而久之，会呈现出一种原子主义的特色，将证据评价过程概括为一种原子累加的模式，具体则表现为两个方面：一是证据认知上的原子主义，即证据被作为互不相干的事实片断而加以认识和认定；二是证明上的要素主义，即特定的民事或刑事诉讼被分解为各种独立的要素来加以证明，而来自日常生活世界的人民陪审员会倾向于使用日常生活经验或情理来对案件事实进行整体式的评判。美国心理学家彭宁顿和黑斯蒂经研究后认为，陪审员是通过建构故事的方式来展开其事实认知过程的，具体可以划分为三个阶段：①通过建构故事来评价证据；②通过学习不同类型判决的特点来表述不同的判决选择；③将故事归入最为适合的判决类别，并作出决定。在此过程中，陪审员所建构的故事

[①] 姚宝华：《论人民陪审员制度的功能定位》，《法律适用》2017年第11期。

决定了其最终的事实认定。① 原子主义与整体主义的结合有助于发挥各自的优势，弥补各自的不足，寻求到最贴合客观情况的事实认定。

其次，在法律适用层次上，法官秉持法律至上的理念以及依法裁判的方法论，强调以明确的法律规定为基本前提和依据，考虑最多的是合法性问题。对道德、习俗等社会性的法外因素往往采取较为谨慎甚至完全排斥的态度，体现了法律理性的运作。而未经专门法学教育的人民陪审员心中怀有的是朴素正义观，具备不同于法律理性的自然理性，更容易受到道德情感的驱使，也更倾向于从道德思维去看待问题，对于他们来说，符合情理和道德的判决就是最好的判决。如苏力教授所言："普通民众倾向于以好人和坏人的观点来看待问题，将问题道德化，并以此要求法律作出回应。"② 这两种思维的互动与融合有助于在具体案件中形成恰当的裁判规范。现在主流的观点是，将审判中的法律问题与事实问题区分开来，由职业法官处理法律问题，人民陪审员处理事实问题，这固然有助于避免人民陪审员不熟悉法律概念的劣势，但其实应该注意到，由于人民陪审员代表了公众关于社会公平正义的一般认知水平，他们的意见对于确立裁判规范的合理性和正当性是有所助益的，从实现法律规范与社会规范之间的商谈这个意义上来说，应当允许人民陪审员就法律适用问题提出自己的意见。

显然，这两种思维之间的商谈对于处理法律与道德之间的关系是具有意义的。法律是最低限度的道德，法官严格依照法律规定而不是道德原则办案，否则就与法治的宗旨和原则相违背。而人民陪审员给合议庭所带来的是关于社情民意、风俗民情和市井社会的直观感受，是基于其社会阅历所产生的朴素道德观念和普通道德情感，他们对于判决意见的评价实际上是判决社会效果的一种预演。法官的依法裁判与人民陪审员的常识判断之间不一定恰好契合，那二者之间的碰撞与对话有助于缓和彼此之间的剧烈冲突与矛盾，或者为解决这个矛盾留下回旋余地。另外，这种商谈也发生在人民陪审员之间，因为道德观具有差异性和个体性，不同的人可能具有不同的道德观，它只体现了社会价值多元化的取向，来自不同社会阶层、

---

① Nancy Pennington and Reid Hastie, "A Cognitive Theory of Juror Decision Making: The Story Model", *Cardozo Law Review*, Vol. 13, No. 2-3, 1991, p. 521.

② 苏力：《基层法院审判委员会制度的考察及思考》，《北大法律评论》1999年第2期。

不同利益群体的人民陪审员各自提出自己的意见，不同观点之间的碰撞与对话有助于案件的裁判结果体现当前的社会共识，最大限度地缓和乃至避免司法判决舆情危机的发生。

由此看来，人民陪审员制度正是由普通公众参与法庭审判，将人民的观念与社会良知落实于司法的制度设计。它包含着两重商谈功能：其一是人民陪审员与职业法官之间的商谈；其二是法律话语与社会观念之间的商谈。作为普通公众，陪审员倾向于使用源自朴素正义感和日常经验的生活话语，与使用法律话语的职业法官一起对案件进行讨论与磋商，求同存异，达成共识或者达到妥协，相应的结论借助于法官的司法技术转换成合乎法律要求的裁判理由。所以，这里所形成的不是一种压制与服从的关系，而是通过互动、调适来形成"共赢"的和谐效果。在社会转型期间司法公信力饱受质疑的情况下，尽可能引入民众参与审判，不仅让他们感知司法程序运作，也让他们独立行使司法判断权，无疑是一个让民众接受司法并保持司法透明度的较为现实的路径。①

（二）哈贝马斯商谈原则的启示意义

在哈贝马斯的话语体系中，商谈是实现主体间性的一种新的路径，它是通过主体间的自由平等对话来实现共识的方法，通过多元的沟通互动重构同一性。② 要使商谈富有成效，则需要遵循商谈原则，哈贝马斯说："有效的只是所有可能的相关者作为合理商谈的参与者有可能同意的那些行为规范。"③

概言之，哈贝马斯的商谈原则具有以下要素：①商谈的对象是行为规范，当然，这里的行动规范应当进行广义的理解，是指在时间方面、社会方面和事态方面都普遍化了的行动期待。②商谈的参加者即相关者指的是利益将受到该规范所调节的一般实践的可以预见结果影响的每一个人。③商谈的目的是明确行为规范是否有效，其标准在于作为相关者而参加"合理商谈"的人们是否同意。④商谈应具有合理性，即取决于一些交往

---

① 廖永安：《社会转型背景下人民陪审员制度改革路径探析》，《中国法学》2012年第3期。

② 高鸿钧：《走向交往理性的政治哲学和法学理论》，《政法论坛》2008年第6期。

③ ［德］尤尔根·哈贝马斯：《在事实与规范之间——关于法律和民主法治国的商谈理论》，童世骏译，生活·读书·新知三联书店2003年版，第132页。

条件，这些条件在一个通过语内行动义务而构成的公共空间里，使得对主题和所发表的意见、信息和理由的自由处理成为可能。① 质言之，相关方在排除压制的条件下，通过平等的、自由的辩论来达到有关行为规范是否有效的共识。

在一定意义上，人民陪审制度的运作就是为了建立一种类似的交往共同体，以实现普通公民与职业法官、法意与人情之间的互动商谈。哈贝马斯的商谈原则在人民陪审的语境下可以展开成为一些更为具体的指导性原则。

首先是主体能力原则，这包括两个方面：一是人民陪审员在资格上应当能够代表民情民意，应当具有广泛的代表性；二是人民陪审员参与讨论的事项不能超出他的知识范围，单纯的法律概念运用问题因为超出了他的理解能力而应当排斥在讨论范围之外。从这个角度来看，在传统制度中，人民陪审员享有与职业法官同等的法律决定权并不妥当，当然，现行的主流观点即将人民陪审员的参与范围限定为事实认定权还是显得过于狭窄了。其实，人民陪审员基于自己的朴素正义观念对于法律判断问题也可以提出自己的意见，例如对"许霆案"中的量刑轻重，"赵春华案"中的法律标准适用，人民陪审员完全可以提出自己的观点，从而发现原审判决中的机械司法问题，并使司法在法律与民众的朴素正义观之间的互动中寻求融合之道。

其次是自由表达原则，这是指在司法过程中应当许可人民陪审员依据程序的规定真诚而自由地表达自己的意见，其他人不能阻碍其行使应有权利，更不能通过直接或间接强制的方式使其改变自己的意见，或者违心地接受其他的意见。哈贝马斯说："论证各方所不能避免的预设是，即由于某些需要形式描述的特征，交往规则的结构除了要求提供较好论据的压力之外，排除了所有内在的或外在的压制，从而也抵消了除通过合作寻找真相之外的所有动机。"② 所以，在人民陪审的语境下，落实自由表达原则是让人民陪审员消除对职业法官的盲目服从心态，避免全凭法官决断的现

---

① ［德］尤尔根·哈贝马斯：《在事实与规范之间——关于法律和民主法治国的商谈理论》，童世骏译，生活·读书·新知三联书店2003年版，第132页。

② Jürgen Habermas, *Moral Consciousness and Communicative Action*, Cambridge: MIT Press, 1990, pp. 88 – 89.

象发生。法官由于其组织权能而处于优势地位，但法官应鼓励陪审员在符合案件事实的情况下发表自己的观点和意见，并且对法官意见提出质疑，自由表达使人民陪审员获得了真正意义上的平等地位，并达到最佳的商谈效果。

最后是最大范围认可原则，这是指在合理议事规则的规范之下，参与合议庭评议的人民陪审员与职业法官通过讨论与磋商形成一定的结论，该结论应当得到最大多数参与者甚至是全体一致意见的认可。哈贝马斯就商谈过程中如何判断规范的有效性标准提出了普遍原则（U）："从满足每个人的利益角度出发，所有受影响的人都可以接受其普遍遵守可以预期的后果和副作用（这些后果优于其他的可知制度替代可能的后果）。"[①] 易言之，每个人的意见都以相同或不同的方式包容于商谈结果之中，都对最终结论的达成作出自己的贡献。

三 商谈理论视野下的陪审制度改良

人民陪审制度已是我国司法活动中的一项正式制度，但在具体实践层面却存在诸多问题，最突出的是缺乏实质性参与，大多数陪审员"陪而不审，审而不议"，在法庭上不提问，也不与审判长交流，在庭审过程中纯属"摆设"；本身来自社会却不代表社会观点，单纯服务于法院的需要，这在实质上偏离了立法者对人民陪审制的设计初衷。

为了保证公正司法，提高司法公信力，2014年10月，中共十八届四中全会决定提出"保障人民群众参与司法"，要求"完善人民陪审员制度，保障公民陪审权利，扩大参审范围，完善随机抽选方式，提高人民陪审员制度公信度"。2015年5月，最高人民法院与司法部联合发布了《人民陪审员制度改革试点方案》和《人民陪审员制度改革试点工作实施办法》，标志着我国新一轮人民陪审员制度改革拉开帷幕。通过试点改革期间，为人民陪审员制度实质化改革探索有效路径，构建司法与社会良性互动的桥梁。

基于商谈功能的考虑，人民陪审员应当在司法决策过程中成为法官的

---

① Jürgen Habermas, *Moral Consciousness and Communicative Action*, Cambridge: MIT Press, 1990, p.65.

平等对话者，而非简单的审判助手或者参考意见提供者；应该成为社情民意的代表者，而不是对法官意见的简单附和者。因此，从总体上看，应当提升人民陪审员在司法决策过程中的主体地位，具体可以从以下方面入手。

第一，扩展人民陪审员的代表性。

发挥人民陪审制度商谈功能的前提条件是这一制度的运作按照其本初的设置目的来展开。作为司法民主的形式，人民陪审制度应当保持陪审员的人民性，即他们应当是社情民意的真正代表者。唯其如此，方能在法官职业思维与大众思维之间形成互补效应，实现法理与情理的有机统一，体现司法对于公众道德需求的回应。

目前来看，扩展人民陪审员的代表性可以从以下几方面展开：一是在选任方式上，应严格规范筛选制度，应采取随机遴选方式，每个案件的陪审员人选也得随机抽选，可制定一案一选，一案一任制度，防止"编外法官"的产生，建立均衡参审机制，对每个陪审员每年审理的案件数可以规定上限，避免出现"专门陪审员"，或陪审员形成一个特权阶层，让更多的人有机会担任陪审员，也取得更为广泛的代表性。

二是因地制宜，合理设定人民陪审员的资格条件。按照我国现行法律规定，除了被剥夺政治权利的人外，凡是有选举权和被选举权的年满28周岁的中国非公职公民都可以被选举为人民陪审员。在遴选陪审员时，可考虑社会阅历因素，优先考虑年龄较大的人士；同时降低文化程度的要求，尤其是在农村地区和贫困偏远地区，适当放宽人民陪审员的学历要求，让更多的普通群众加入人民陪审员队伍。

三是探索大陪审制合议庭的设置，使更多的陪审员参与司法。按照原有模式，中基层法院的合议庭一般由3人组成，一般采取法官与陪审员"2+1"或"1+2"两种组成方式，无论哪一种，人员的参与范围都是相当有限。2018年《人民陪审员法》设定了"三人合议庭"和"七人合议庭"两种形式，而在之前的试点实践中，已有法院推出法官与陪审员"2+N"（N为大于等于3的单数）甚至"3+8"大陪审制合议庭。[①] 虽然未得到立法采纳，但笔者认为仍然可以进一步探索，以扩展陪审员的参

---

① 王卉：《陪审员实质性参与事实认定的路径探析》，《山东审判》2016年第2期。

与范围，以及对于社情民意的代表性程度。

第二，谨慎考虑人民陪审员组成的专业性与针对性。

根据商谈功能的要求，人民陪审制度的设置应当促进陪审员所代表的社情民意与法官所代表的法律思维之间实现有效的互动与对话。在这个意义上，应当强调陪审员资格的社会性，而不是专业性，陪审员资格的确定应当避免精英化，从这一角度出发，由法律职业人士来担任人民陪审员就没有太大的意义，因此，应当设置一定的任职排除条件，可以将法律职业人士如曾担任法官、检察官、警官、执业律师或法律工作者的人排除在外。与此同时，在一定程度上强调陪审员对于社情民意的了解程度还是必要的，考虑到风俗习惯、价值观念的地方差异，参与具体案件审判的人民陪审员宜从行为发生地中选择，使之能代表当地流行的价值、道德观念，这样裁判结果会更加符合双方当事人的利益，同时也易于被公众所理解。①

有一种观点，对于技术含量较高、专业性较强的特别案件如涉及专利、环境保护、信息技术等，可以请相关领域的专家来担任人民陪审员，即所谓"专家陪审员"。例如，有学者将陪审团参与审理的刑事案件分为普通的不需要很高专业性知识而只需具备生活经验常识就可胜任的案件和涉及高科技犯罪的案件，或者需要运用较深专业知识才能清楚、准确认定案件事实的案件。在此分类的基础上，主张前一类案件由普通陪审团审理，后一类案件由专家陪审团审理，以准确地认定案情，作出正确裁断。② 但在笔者看来，将人民陪审员分为普通陪审员和专业陪审员的做法并不妥当。由专业陪审团对专业性问题进行判断，无非是要利用其专业知识背景来为认定案件事实提供助力，这种助力在一些案件可能是明显的，但是，这种做法却偏离了设立陪审团审理方式的要旨，即体现司法民主，让民众参与司法，感知司法，用生活智慧来对法律理性因为专业而导致偏执的情形进行纠偏。更何况，关于专业理论的标准与运用本身也可能存在争议与分歧，由某一专家作为陪审员进行裁断，很可能只是采纳一种观

---

① 徐燕斌：《在法律与人情之间——许霆案的思索》，《太原理工大学学报》（社会科学版）2009年第1期。

② 陈少林：《完善中国刑事陪审制度之构想》，《法学评论》2005年第4期。

点，无形之中压制了其他的观点，导致了专业知识方面的"专制"或"知识垄断"。应该看到，在完善的诉讼程序中，即便是专业知识，通过法庭上鉴定人、专家辅助人等专业人士的阐释，应该能够达到为法官以及普通民众所能理解的程度，否则，法官在此类案件中就会失去司法权完全依赖和听从于这些专家陪审员了，而公众对此类案件也会失去知情权。

第三，拓展人民陪审员参与司法的广度和深度。

一是发挥人民陪审员参与司法的积极性，提升普通案件审理的陪审率。尽管在世界范围内，陪审制度适用的案件呈缩减趋势，20世纪90年代以来，法国使用陪审员参与审判的案件数量大为减少，目前仅在重罪法庭的审判中采用陪审制度。[①] 但是，就转型期中国司法的现状而言，提升普通案件审理的陪审率仍然是一个现实任务。对此，应当充分尊重和保障人民陪审员的各项参审权利，并为其行使权利提供便利，落实人民陪审员履职工作保障，解决其办公、交通、食宿、补贴等后勤问题，从而发挥人民陪审员参与司法的积极性。

二是完善重大案件由大合议庭参与审理的机制。由人民陪审员组成大合议庭审理涉及群众利益、社会公共利益等社会影响较大的案件是当下人民陪审制度改革的重要特色。笔者认为，在改革过程中，应合理确定并适度扩大参审案件范围。《人民陪审员法》第15条规定："人民法院审判第一审刑事、民事、行政案件，有下列情形之一的，由人民陪审员和法官组成合议庭进行：（一）涉及群体利益、公共利益的；（二）人民群众广泛关注或者其他社会影响较大的；（三）案情复杂或者有其他情形，需要由人民陪审员参加审判的。"这里所规定的案件类型较为弹性，不利于司法适用，可以对之加以具体化和明确化。例如，可明确规定可能判处10年以上有期徒刑、无期徒刑的刑事案件，环境保护、消费者权益保护、劳动者权益保护的等案件；涉及征地拆迁、环境保护、食品药品安全的重大案件，以及其他重大、疑难、复杂案件原则上应当由人民陪审员和法官共同组成大合议庭审理。

除此之外，人民法院还应当积极延伸人民陪审员的职能范围，组织人

---

① 此段表述，参见何家弘《比较与借鉴——中国陪审制度的改革方向》，2011年5月12日在苏州召开的"陪审制度国际研讨会"上的主题发言。

民陪审员参与案件审理、诉讼调解、案件执行、涉诉信访等多方面工作，充分发挥了人民陪审员在化解矛盾纠纷中的积极作用。以此方式不断拓展人民陪审员参审的广度和深度，实际上是延展了司法商谈的空间。

第四，合理确定人民陪审员的职责。

试点前，无论是人民法院组织法还是三大诉讼法都规定，人民陪审员依法参加人民法院的审判活动，除不得担任审判长外，同法官有同等权利，没有事实审与法律审的区分问题。这一设置招致很多理论与实务工作者的质疑。在他们看来，事实认定与法律适用是两种具有不同性质的事项。事实认定更多地需要依靠常理、常情、常识等社会经验来确定，而法律适用属于专业性问题，非专业的人民陪审员难以承担这一职责。一种代表性的观点认为，应当仿照普通法系国家的模式，将事实判断与法律适用分开：人民陪审员仅参与案件事实的认定，具体法律适用问题交给法官。这样既能调动人民陪审员的积极性，又能体现法律工作者的专业性。[①] 这一观点得到最高司法机关的部分认可。2019年《最高人民法院关于适用〈中华人民共和国人民陪审员法〉若干问题的解释》第13条第2款规定，人民陪审员全程参加合议庭评议，对于事实认定问题，由人民陪审员和法官在共同评议的基础上进行表决。对于法律适用问题，人民陪审员不参加表决，但可以发表意见，并记录在卷。

笔者认为，完全剥夺普通陪审员在法律适用方面的职权并不妥当，而且偏离陪审制度设立之初衷。司法过程中的事实认定追求"真"这一价值目标，无论是陪审员还是职业法官都要保障事实认定的准确性，陪审员的常情常理固然可以发挥一定的作用，但是，这并不意味着陪审员的常情常理对法律适用不能提供助力。法律适用中有一部分是法律概念的阐释，这当然不是陪审员之所长，但是，法律适用过程同时还交织着社会价值的判断，易言之，司法本身也是一种"善"的实践。在社会异质性不断增强，价值取向趋于多元化的当下中国社会，司法更需要常常与来自不同阶层、代表不同利益群体的陪审员关于什么是公平、正义的看法，关于是与非、善与恶的价值选择进行对话，通过诉讼程序达致法律与社会价值在具

[①] 徐燕斌：《在法律与人情之间——许霆案的思索》，《太原理工大学学报》（社会科学版）2009年第1期。

体问题上的重叠共识，争取社会普遍认同。尽管个案中陪审员的人数是有限的，未必在每个案件中陪审员的意见都能代表社会各个方面，但无数个案中陪审员意见对法官的影响，能够从整体上保证司法不偏离公共理性。这种沟通理性恰好是提升判决社会效果的重要支撑。因此，就法律问题，没有必要因为陪审员没有经过专业训练而排斥意见。所以笔者认为，无论是事实认定，还是法律适用，人民陪审员与专业法官都可以相辅相成、相互补益。

第五，保障人民陪审员参审权利的实质性。

我国诉讼法较为强调人民陪审员参加诉讼的平等性，但是却忽视人民陪审员参加诉讼的实质性。由于种种原因，大多数陪审员没有能力发表判决案件的个人意见建议，最终只能附和法官；在有些情况下，尽管陪审员发表了个人意见，但却不能有效地影响最终的判决形成。

根据江苏省高级人民法院在 2014 年的调研，出现人民陪审员参审非实质性的原因是多方面的：有的人民陪审员或因业务水平不高，或因顾虑与法官的关系，对案件事实认定和法律适用不提出实质性的意见，仅是象征性地表决，导致了"陪而不审"的问题；加之合议庭本身尚且呈现出形式化问题，人民陪审员更容易成为摆设。在庭审中，人民陪审员很少提问、发表意见。有的法院人民陪审员工作机制不完善，人民陪审员的法定权利落实不充分，工作条件和工作保障不到位，影响了人民陪审员有效参与案件审理工作。少数法院和法官对人民陪审员的工作和意见不够尊重，挫伤了人民陪审员的积极性。[①]

要保障人民陪审员参审的实质性，应当在人民陪审员参审权利的实质性方面下功夫。为保障人民陪审员全程实质参审，应充分保障人民陪审员阅卷、调查、发问、评议、表决等权力，建立庭前阅卷、庭前会议、法官指引、评议程序、监督互评等程序机制。开庭前法官为陪审员阅卷提供便利，可以确保人民陪审员充分了解案件信息；有必要时，法官还应提前向陪审员介绍案情，就裁判过程中应认定的事项等对人民陪审员进行指导，使其在参与庭审时有充分的准备；庭审中，应充分赋予人民陪审员话语权，如有问题，人民陪审员可以直接提出或者由审判长代为发问。在评议

---

① 江苏省法院课题组：《关于全省法院人民陪审员制度运行情况的调研报告》，2014 年。

时，应当由人民陪审员首先发表意见及其理由，避免受到法官的影响。为此，人民法院应当细化陪审权行使的各项具体权能，从制度和工作流程安排等方面为人民陪审员实质参与案件审理、依法行使审判权提供保障。

第三节 司法与媒体关系的制度构建

一 "媒体审判"的是与非

严格意义上说，"媒体审判"一词并非正规的法律术语，而只是关于媒体影响司法的比喻性说法。基于社会分工，媒体不掌握审判权，无法进行真正的审判，故只能以某种方式影响审判权的行使。据此媒体审判大致可以界定为媒体对案件信息的事先报道和评论给法院带来了压力，进而可能影响法官裁决的现象。① 正常的报道不会导致媒体审判效应，问题是带有先入之见的报道在法院未有正式判决之前即对涉案人员做出定性结论。持续的报道引发舆论关注，带动普通受众的响应。强大的声势既可以直接作用于法院，也会通过其他政府机关或组织将压力间接传导至法院，从而在很大程度上影响法院的裁判结果。因此，媒体审判又被称为"舆论审判"②。

近年来，媒体审判已成为一种突出的社会现象，多数学者对此给予了负面评价，甚至主张尽可能隔断媒体对于司法的各种影响。但也有学者认为，现代媒体负有舆论监督的职能，维护公民的知情权和言论自由权，因此不能全盘否定媒体对于司法的影响。两派观点在以下问题上形成了争鸣。

（一）媒体压力是否阻碍司法权独立行使

不少学者认为，媒体审判干扰了法院独立审判权的正常行使。在现代法治国家中，法院行使国家审判权，以处理社会纠纷为己任。法院依据法律独立行使其宪法赋予的审判权，不受其他团体和个人的干涉。对此，我国宪法和法院组织法也有明确的规定。但是，媒体审判意味着媒体在行使

---

① 雍自元：《"媒体审判"辨析》，《法学杂志》2017年第3期。
② 刘茜：《论司法权与第四权力的互动关系——以司法权的防御性手段为视角》，《人民论坛》2012年第36期。

新闻自由权时,不当介入司法,通过舆论压力,破坏了司法的独立性,也迫使其丧失了中立地位。媒体为了吸引新闻受众的眼球,对新闻素材进行断章取义,或夸大或模糊,制造噱头做煽情式报道,以此来吸引受众,制造巨大的社会舆论效应,对司法机关产生压力,影响了法官对于案件的判断与最后的决定。2010 年深圳市龙岗区人民法院开展了一项题为《法官心理压力及心理健康现状分析和缓解对策》的专项调研,从压力来源、压力反应、应对方式三个方面对 129 名法官进行了调查问卷,问卷显示"社会舆论"成为法官办案压力最大的社会因素。①

另有学者认为,在现代社会,媒体对于司法的影响是不可避免的,司法机关只能采取积极回应的态度。传媒科技的日新月异,传播媒介的日趋多元,都不断拓展着媒体传播的速度、广度与深度,媒体观点会以各种方式进入法官的视线,完全阻断法官与外界的联系是不切实际的。而且,如果将媒体作为公民表达权利诉求的重要途径,那么,司法接受媒体的影响是社会进步的一种体现。随着公民法律意识的提升,其关注司法、评价司法的愿望会更加强烈,关注的方式具有多样性,媒体关注是其中最有力量的方式,公众通过媒体来传达参与社会的愿望以及权利诉求是社会发展的必然,也是社会进步的表现。换一种角度,媒体监督对促进司法独立还有正面价值。媒体报道案件在客观上为法官公正司法创造了外部环境,强大的舆论力量能打消一些权力部门和权力人物干涉司法的念头,使他们收敛甚至放弃对司法的干预。就此而论,媒体以及社会舆论对于司法的影响与压力几乎是无法避免的,法官似乎只能适应这种司法环境,并回应社会关切。② 法官不能对媒体报道所带来的压力持完全排斥态度,而应当积极应对,并采取有效的回应措施。

(二) 媒体影响是否损害司法公正

不少学者认为,媒体审判对司法公正产生了不利影响。司法公正的前提之一是法院独立行使审判权,法官作为中立的裁判者依照法定程序运用严谨而冷静的法律思维对案件进行审理与裁判,在裁判之前,应尽可能避

---

① 陈华杰:《司法公正与网络舆情——广东法院网络舆情白皮书》,法律出版社 2013 年版,第 23—24 页。

② 雍自元:《"媒体审判"辨析》,《法学杂志》2017 年第 3 期。

免形成对当事人有利或不利的先入之见，导致案件的主观判断。而媒体审判的特点表现为媒体在案件审理前或判决前就对案件进行抢先报道，以先入为主的方式对当事人进行定性，甚至对仅有犯罪嫌疑的涉案人员作出定罪、量刑的确定性结论。通过对案件的报道，在社会上迅速引发广泛关注，倒逼司法机关按照媒体预先设置的路径或结论进行处理。在巨大的舆论压力下，法官往往有不得不就范的感觉。这种状况直接影响了法院裁判的公正性，严重破坏了司法机关的公信力。久而久之，人们心中就会形成有问题找法院不如找媒体的惯性思维，这种思维惯性对公民法治观念的形成产生了不利影响。

另有学者认为，媒体对案件的报道并不都导致媒体审判，在多数情况下，它具有促进司法公正的价值。媒体监督是现代传播条件下舆论监督的主要形式，媒体力量作为在立法、行政、审判三种政府权力之外的第四种权力，有效地发挥着监督政府的功能。[①] 不可否认，由于司法活动具有极强的程序性，因而在公众的心目中，它多少显得有些"神秘"。而具有开放性、透明性的媒体介入进来，将司法活动置于人民群众的视野之下，这与审判公开原则的精神是一脉相承的。而且，媒体的关注能促使法官公正司法，努力使判决经得起社会与历史检验。这会有效强化法官的责任心，倒逼法官在判决前更加仔细地研究案情，核实证据，防止冤假错案的发生。尤其是在死刑案件中，如果在被告人被判处死刑之前，媒体报道提醒法官对案件进行更加细致的审查，可以避免不当死刑判决造成的无可挽回的错误，善莫大焉。即便是在被告人被判处死刑之后，媒体的强大力量能够敦促司法机关平反过往的错案，为当事人讨回公道，并避免类似的案件再次发生，"聂树斌案"就是一个典型的例子。这对于维护司法公正是大有裨益的。更何况，媒体对于案件的报道也满足了公民知情权的要求，有利于人们培养法治精神，树立法律权威。

（三）媒体报道是否会侵犯诉讼当事人的权利

不少学者认为，媒体审判容易侵害诉讼当事人的权利，导致他们受到不公正的对待。媒体如果根据预设的立场来对尚未确定的案情做简单化的表态，或者基于当事人一方的特殊身份进行煽情性的报道，必然会使公众

[①] 季卫东：《法治秩序的建构》，中国政法大学出版社1999年版，第223页。

对案情的看法，甚至对当事人一方产生偏见，如果形成一定的压力影响法官的审判，则会使诉讼当事人的人身权利与财产权利受到损害。我国《刑事诉讼法》第12条规定："未经人民法院依法判决，对任何人都不得确定有罪。"由人民法院依法定程序确认为犯罪之前，无罪推定原则能够最大限度地保障犯罪嫌疑人、被告人的人格权、名誉权以及各项社会权利。根据现代法治精神，不仅是办案机关，包括媒体在内的其他社会机构也应当尊重无罪推定的要求，避免在法院正式确定有罪之前将犯罪嫌疑人、被告人直接置于罪犯的地位上。但是，媒体审判则意味着在法院尚未对案件做出审判之前，媒体即以明确或暗示的方式对犯罪嫌疑人、被告人进行"有罪"的报道，显然会破坏无罪推定原则的落实，进而侵犯犯罪嫌疑人、被告人的人格权、隐私权等合法权利。

另有学者则认为，媒体对判决结果进行预判并不必然违反无罪推定原则。虽然媒体有"第四种权力"之称，但与其他三种权力相比，媒体的报道与评论权显然不具有公共权力的性质。媒体对案件的报道与对审判结果预判不涉及举证责任和疑罪的处理问题，因而并不具有刑事诉讼上的实际意义，不属于被无罪推定原则所排斥或者禁止的行为。近年来，我国的媒体在社会生活中扮演着越来越重要的角色，但这并不等于媒体已经在刑事诉讼中获得了为犯罪嫌疑人定罪量刑的资格，它充其量只是刑事诉讼的旁观者，是局外人，不存在对犯罪嫌疑人专横司法，侵犯其诉讼权利的潜在威胁与现实可能。

由此可见，媒体对于司法的影响究竟是正面还是负面，不可一概而论。媒体审判一词只是形象地说明了媒体报道中的失实之处或不当评论对于司法活动所造成的干扰，并不是每一次媒体对于司法的影响都会导致所谓的媒体审判。诚然，媒体报道会给司法机关造成压力，但这种压力有可能是正面的效果。实践中不乏其例，如2009年浙江湖州"南浔协警强奸案"最终得到公正审判，媒体报道功不可没。在此案中，法官通过创造"临时性强奸"一词，对涉案两名犯罪人各判处3年有期徒刑。此事一经爆出，引起社会广泛关注，最终公众的质疑和监督收到了效果。经重新审理，两名犯罪人分别被判处有期徒刑11年和11年6个月，主审法官也受到了警告处分，并被调离原岗位。① 因此，在否定媒体审判现象的合法性与正当性的同时，也要防止将正常的舆论监督行为任意定性为媒体审判的倾向。② 不能动辄将媒体对案件的报道看成是媒体审判，重要的是在正当的司法与媒体之间建构良性的互动关系，厘清正当媒体监督与不当媒体审判之间的差别。

二 司法与媒体良性互动关系之建构

良性互动关系是指事物之间相互关联，互为依托，形成相互和谐、共同促进的因果关系。司法与媒体之间的良性互动则要求在两者之间形成实现社会正义和维护公民权利的协同关系。媒体审判现象表明，司法与媒体之间的关系有可能发生异化，而良性互动关系的形成则需要在二者之间厘清界限，并进行合理定位。

（一）独立司法与媒体监督：孰轻孰重？

在现代社会，媒体和司法都是重要的构成要素。对于现代法治国家的建设而言，独立司法与新闻监督都是重要的目标，两者之间唇齿相依，唇亡齿寒。如果没有新闻自由，缺乏有效的新闻监督，公正的司法就很难实现；如果没有独立的司法，新闻监督要么难以落到实处，要么越俎代庖，这样的司法也是难说公正。就应然目标来看，我们应当避免新闻自由与独立司法之间出现冲突，应当努力促成二者之间的和谐关系。当然，这是一种理想图景的描述，在具体的时空场景中是很难实现的。因为在具体的语境中往往会产生特殊的需求，可能会导致独立司法与新闻自由这两种价值选择上的有所侧重。在当下中国的转型期，我们应当如何选择？这存在着不同观点。

有观点认为，在当下中国的转型期，应当优先保护独立司法而不是新闻监督。这不仅是对当前媒体运作特点的考虑，而且是由当前中国司法体制以及公民法律意识的现状所决定。媒体在报道司法案件时，往往将经济利益放在首要位置，采用能够最大限度地吸引公众眼球的方式，在与同行

---

① 孙国华、方林：《公平正义是化解社会矛盾的根本原则》，《法学杂志》2012年第3期。
② 庹继光：《"媒体审判"：防卫性权利的异化——对舆论监督司法的合法性解读》，《当代传播》2010年第5期。

竞争中获利。而且，我国当前还没有正式的新闻法，媒体行为缺乏强有力的约束机制，容易出现不规范行为。就司法体制而言，司法权不能独立行使是一个突出问题，司法机关未能真正充分发挥其功能，司法公正得不到应有保障。就公民的法律意识而言，群众缺乏对于法律的信仰，法律意识较为淡薄，对司法机关的信任度较低，产生纠纷后宁可寻找媒体而不是诉诸法院。为了纠正这些现象，必须优先强调保护独立司法而非媒体监督。

但在笔者看来，就当下中国具体语境，保障媒体监督，从而保障公民的知情权以及对司法的监督权，显得更为重要。这主要有以下几个理由：其一，每一个案件首先都是一个生活事件，每个人都有评价生活事件的权利，一旦生活世界转化成一个司法案件，它就为司法机关所垄断，与人们的生活世界从此隔离，这似乎并不符合自然的道理。正如有学者所指出的，司法可以强制当事人履行其裁判结果，但不应该限制当事人及其他民众通过媒体对其公正性表示质疑；对媒体报道反应的当事人及其他民众言论的观点，任何人也都可以表示不赞同，但必须尊重和捍卫他人说话的权利。① 其二，通过媒体监督、舆论监督倒逼司法机关在每一个司法案件中都能实现司法公正，从而使独立司法获得公信力。司法权的独立行使是不能独自存在的，而以司法公正的最终实现为导向。公正的司法应当是可感知的，何惧媒体监督？其三，媒体监督、舆论监督本身具有保障司法权独立行使的功能，当下中国司法权不能独立行使的主要症结并不是公众舆论的干预或媒体的干预，而是行政权力对司法权的干预，媒体监督对于减弱法院和法官受干扰的压力方面还可以发挥一定的作用。阳光是最好的"防腐剂"，也可以成为最有效的"抗震墙"。有传媒的助力，人民法院与法官有可能将权力的干预空间压缩到最小。在这个意义上说，传媒可以成为法院和法官实现司法权独立行使的同盟军。

当然，独立司法与新闻监督之间孰轻孰重的权衡并不是一成不变的，它随着社会形势与法治状况的发展而发生某种波动与改变。因此，我们不是在两者之间进行强弱划分，而是在差异之中寻求统一与和谐之道。基于共同的价值追求，司法与媒体应当充分尊重对方的权责范围，合理约束自

---

① 周泽：《媒体报道与司法公正关系的反思与再构》，《中国青年政治学院学报》2004年第1期。

身的行为,不超越合理的运作范围。司法与媒体应当各司其职,合理划界,在此基础上相互监督、相互制衡。

(二) 司法与媒体之间关系的合理定位

要实现司法与媒体之间关系的合理定位,我们还需要考虑媒体监督权与司法权的性质,以及在运作过程中的地位。从媒体对司法案件的报道来看,媒体监督权往往处在主动、积极的地位,而司法权的行使往往处在被动、消极的地位。因此,在优先保障媒体监督权的前提下,应当强调对处于主动地位的媒体监督权的约束,而处于被动地位的司法权则要强调回应和开放,以此来确定司法与媒体之间关系的互动方式。

首先,从媒体的角度,行业自律与法律规制应并行不悖。

媒体行业自律的基本要求是严守新闻报道的伦理准则,客观、全面报道案件事实和信息,为社会公众提供准则与全面的信息,避免不准确或片面的报道对案件审理造成不公正的影响。尤其是在报道正在审理中的司法案件时,还要努力寻求社会道德与法律规范要求的平衡点,不得凭借自身的主观臆断来预设审理结果,保障司法机关不受干预的独立办案;不得在商业目的的驱使下"越位"成为某一方当事人的工具,成为司法机关的对立面;应当承担起弘扬正气、维护公平的社会责任,为公众作出正确的道德判断提供事实上的基础。

媒体行为的法律规制则是要通过制定媒体行为法来对其舆论监督行为进行规范。2009 年最高人民法院印发《关于司法公开的六项规定》和《关于人民法院接受新闻媒体舆论监督的若干规定》的通知,规定人民法院接受媒体监督的具体情形。这是我国新闻法制建设的尝试,但最终应当制定符合中国特色的媒体传播法,充分保障现代传媒的新闻自由权,又要规制其不合法的新闻传播行为。媒体传播法的要旨是对媒体行为进行规范,确立媒体报道的界限。例如,由于审判阶段的不同,具体的报道内容应当所有区别:第一,案件进入司法程序之前,媒体可以进行报道,但要依法维护当事人的隐私权等各项法定权利。第二,对正在审理的案件,媒体报道和评论的内容应当受到限制。报道的内容应限于可公开的内容,尤其案件事实的报道应当以司法机关查实的为准,或者应当具有明确的证据。就评论的内容,有观点认为,应仅限于程序违法或者司法人员办案作风问题。① 但笔者认为，范围可以略作扩展。在准确的事实基础上，应当允许社会人士以理性和专业的方式发表观点，以展现司法与公众之间的良性互动。第三，对法院已经生效的判决，由于事实与裁判结论已经确定，应当允许媒体舆论可以从事实和法律等不同角度发表意见和评论；如果存在质疑，相关的意见应当以明确的证据为基础，并且以理性和专业的方式展开。

其次，从司法机关的角度，应当重在回应与开放。

在当前的司法实践中，有些司法机关和司法工作人员对传媒的功能认识不足，在思想上对传媒监督还有一定的抵触情绪，甚至认为传媒的正常报道完全是鸡蛋里面挑骨头，对记者的采访百般推脱，甚至设置障碍，这种认识和做法与当下最高法院所推行的司法公开是不相协调的。与此同时，司法程序的运行也存在不规范、不合法之处，妨碍了传媒监督作用的正常发挥，实践中还存在应当公开审判而未真正公开或公开不够的现象，导致传媒的正常监督客观上受到很大限制。② 这种做法不仅未能有效地维护司法机关的权威形象，反而在一定意义上"坐实"了媒体的负面报道，引发社会公众对司法行为的更大质疑。

作为国家的司法机关，固然应当坚持独立司法的基本原则，不能让不恰当的新闻报道影响司法公正。但同时也应当充分体察媒体监督对于现代法治的重要意义，自觉接受媒体的合法监督，尊重媒体正常的新闻报道权，让司法权在阳光下运行，并通过媒体的独特优势扩大司法公开的范围，让社会中的每一个公民都能切实感受到公平正义，在司法公正的基础上建立起能够为全社会认同的司法权威。司法机关应对媒体监督的正确态度是充分尊重媒体的新闻自由权，积极配合正常的媒体传播行为。只要媒体行为是在法律的轨道上进行，没有突破独立司法的底线，就必须保障媒体自由地行使新闻自由权。对于一些敏感案件，司法机关应当以更为积极主动的态度，依法及早向社会公开有关信息，占领主流媒体的阵地，避免因不良媒体的炒作而误导舆论，避免出现社会公众因为对案件中事实与法

---

① 刘茜：《论司法权与第四权力的互动关系——以司法权的防御性手段为视角》，《人民论坛》2012年第36期。

② 景汉朝：《传媒监督要尊重司法的特性和规律》，《青年记者》2013年第25期。

律的认识不足造成对于司法行为的错误认知，酿成不必要的舆情危机。

三 司法话语与媒体话语的互补效应

考察司法活动中的道德舆情，就会发现，公众的道德需求往往需要媒体的传送才能放大，并凝聚成足以影响法官态度的压力；而如果媒体通过正确的舆论导向，对法院判决进行客观的解读与报道，则有助于化解公众的道德需求，消弭道德舆情施加于法官的压力。在这个过程中，司法话语、媒体话语与公众道德需求之间显然存在着一种微妙的三角关系。而司法要想有效地应对公众道德需求，应尽可能形成司法话语与媒体话语之间的互补效应，借媒体之力，对道德舆情进行有效的引导。要实现司法话语与媒体话语的互补效应，司法机关和媒体都应当有所作为。

首先，针对不同性质的媒体，司法机关应采取相适应的互动交流方式，保持与主流媒体的协调关系，传递主流价值观。

据学者研究，目前我国的传媒大多数是国有或被国家控股，包括报刊、电台、电视台、网站等，大体可以分为三类：一是党委和政府直接创办并管理的官方媒体；二是有关行业或部门创办并管理的行业或部门媒体；三是企业创办和经营的商业媒体。[①] 媒体类型不同，其报道的主题、关注点、态度和立场都可能有所不同。一般来说，主流媒体较为关注报道的社会影响，能够客观报道事件，分析事件深层原因和提出建设性的建议。而市场化的媒体则更为重视开拓受众的关注度，因而会采取更能吸引人的叙事方式，更容易出现夸大或歪曲的报道。例如，同样是对某种政府行为进行质疑或者批评，主流媒体往往会对涉事各方进行平衡式采访，全面介绍事件的来龙去脉，重在传递政府的声音和维护政府的形象；而市场化媒体则会更为突出相关政府行为的问题所在或违法违规的情节，重点采访某一方涉事对象，而对对立方则弱化采访甚至完全忽略，渲染报道中最能吸引眼球的部分。不同性质的媒体会采取不同的办媒方针和报道方式，对此司法机关应有所关注，并采取相适应的互动交流方式，重点要保持与主流媒体的协调关系，传递主流价值观。

其次，司法机关应当借助政法媒体的专业优势，对可能存在较大舆论

[①] 陈柏峰：《当代传媒的政治性及其法律规制》，《法制与社会发展》2017年第3期。

热度的案件及时报道，避免因其他社会媒体的炒作，导致舆论的误读。

在我国，政法类的媒体（包括报纸、杂志、新媒体等）是传播政法新闻、宣讲法治信息的重要力量。当前，各地重要政法媒体在司法机关都设有通信员，获取信息较为迅速与便捷。并且，政法媒体记者大多具有法律知识，熟悉司法运作，专业性强。通过政法媒体对热点案件的专访，有助于正确的司法信息及早向社会公开，避免因其他社会媒体的炒作而误导舆论，也避免因为对法律认识不足造成不应有的错误解读。针对影响性案件，有学者提出建立政法媒体专访制度，① 这有助于司法机关控制司法信息传播通道，向社会传递专业的解读意见。由于法律知识背景的一致性，对于司法机关来说，政法媒体记者也更容易沟通，梳理舆情争点和取得一致意见，司法人员也能够将更多的精力集中在案件裁判上。而政法媒体则发挥其舆论监督职能，一方面抵制外界对司法的不当干预，另一方面促成正确的舆论导向，塑造法院良好社会形象。

再次，媒体在报道司法案件时，应当寻找法律话语与道德话语的共振点，对于二者之间的不一致应当多层面解读，不能无限放大其中的某一片段或者某一侧面。

如前所述，媒体与司法在话语使用和叙事风格上是存在差异的。司法机关严格依据法律法规来裁决案件，它所依据的法律标准，即便存在道德因素的考量，也会转化为法律的话语。媒体话语与大众话语具有很强的同质性，往往是依据常情、常理来展开，道德需求会在其中有更为明显的张扬与展示。不能否认，涉及某一案件中是非曲直的评价，法律话语与道德话语之间可能会存在差异。不排除会出现就同一个案件，道德评判与法律评判可能会得出截然不同的结果。实践中，有媒体人将复杂的法律问题简单化，或者为了吸引更多受众的关注，直接将法律问题转化成道德问题，对法律问题进行泛道德化的处理，以缺乏确定性的道德标准裁判案件。如果道德情绪主导一切，判决就会沦为"道德审判"，司法裁判会失去严肃性。负责任的媒体应当始终站在客观中立的立场，全面将案件事实作出报道，不对某些细节作歪曲剪裁或臆测想象，同时，媒体应当注意道德标准

---

① 刘茜：《论司法权与第四权力的互动关系——以司法权的防御性手段为视角》，《人民论坛》2012 年第 36 期。

的不统一性和主观性，尽量将多元观点进行平衡式的展示，不将某一种观点推向极致，或进行情绪性渲染。在报道时应将道德叙事向符合法律规定的方向引导，寻求法律话语与道德话语的共振点，展示两者之间的协商关系。

最后，媒体应通过合理的议程设置，引导舆情走向理性。

议程设置是媒体提升受众影响力的一种方式，其功能的发生是"通过反复播出某类新闻报道，强化该话题在公众心目中的重要程度"[1]。在特定的议程设置中，媒体并不一定主动阐明自己的观点，也不刻意地报道公众对特定事件的看法，而是对相关议题作出编排，有侧重地提供某些信息，不提供某些信息。这些编排实际上影响人们对该事件的关注顺序与讨论重心。因此，在司法舆情危机发生后，媒体可以通过合理的议程设置来改变公众对该事件的错误认知，修复因不实言论或非理性情绪对司法公信力所带来的破坏。在舆情危机发展的不同阶段，媒体的议程设置可以有不同的侧重点。在舆情危机发展的初期，重点应放在对虚假信息和谣言的澄清方面，以纠正部分公众的认识偏差，同时改变舆情中负面成分占主导的力量对比；在舆情危机发展的中期，舆情之中的积极因素有所增强，呈现出与消极因素相对相持的状态，重点是引导舆论方向，使其朝积极健康的方向发展；在舆情危机发展的后期，舆情之中的积极因素完全占了上风，这时的重心应当是对案件中所涉及的法律与道德因素进行总结，传播正向的社会价值，提升司法的公信力与权威度。

第四节　司法引导舆情的制度路径

一　司法舆情危机的产生机理

舆情是"舆论情况"的简称，代表了公众关于社会现象、现实问题所表达的信念、态度、意见和情绪等的总和。司法舆情就是发生在司法过程中公众对于司法行为及其结果的一种态度与情绪。之所以将司法舆情称为一种危机，是因为它意味着公众对于司法判决普遍存在某种质疑的态度

---

[1] ［英］沃纳·赛佛林：《传播理论：起源、方法和应用》，郭镇之等译，华夏出版社2001年版，第246页。

甚至负面的情绪。司法舆情有"危"的一面，即如果得不到妥善的应对与化解，将会直接影响司法机关在社会公众心目中的权威形象；但司法舆情也有"机"的一面，即如果司法舆情得以圆满化解，能够较常规状况产生更好的积极效果，对法治发展的推动力也更大。所以，对于司法机关来说，司法舆情既是挑战，也是考验，因此需要把握其产生的过程和机理，以作出有效的应对。

司法舆情危机往往在人们意想不到的情况下发生，它能够在一个较短的时间内汇集大量信息，迅速引起多方关注，成为社会瞩目的焦点。但这一过程并非没有规律可循，一般而言，它包括以下几个阶段。

第一个阶段：案件信息的发布。

几乎所有的司法舆情危机都是从案件信息在网络的发布开始，但网络是信息的集散地，每时每刻都有海量的信息产生与周转。引发司法舆情危机的案件要能使公众产生兴趣，瞬间引起网民的关注、评论、转载，需要具备能够吸引眼球、打动人心的要素。在中国的转型期，道德无疑是很有力量的一种因素。发布者可能是善意人士，但也可能是恶意的操纵者，他们具有共同的目的，就是让该案件的情况进入公共视野，因此，他们会通过各种渠道来加以发布，以让更多的受众了解，这些渠道包括新闻网站、知名论坛、微博、微信等。就其内容而言，这些信息中包含案件具体情况的介绍，也有对案件情况的评论分析，其中也夹杂着夸大其词和以讹传讹的成分。为了尽快吸引人们的注意，发布者会使用夸张、引人注目的标题，以增加网民或受众对该信息内容的点击与访问。

第二个阶段：案件信息扩散成为网络热点。

这是司法舆情危机产生与发展的重要阶段。各种媒体对焦点案件进行广泛的报道和评论，信息像海水般潮涌汇集而来，各种讨论、谴责、反思也频繁见诸报纸、网站、微博等，相关部门不得不相继表态或采取行动。案件信息的扩散可以采取不同的路径与方式。知名网站通过转发新闻，利用其庞大的读者群扩大影响；而网民对论坛上出现的帖子产生共鸣，并转帖或转发到朋友圈或论坛上，个人的力量是微弱的，但是，许许多多的个人加在一起的力量就不容忽视了，于是，信息大量汇集下舆情向纵深扩散，波及面越来越广，更多的局外人士加入进来，推动舆情像"滚雪球"一样不断扩大，在社会上产生更为广泛的连锁关注效应。

第三个阶段：网络热点生成舆情危机。

网络热点事件并不必然产生舆情危机，舆情危机产生的标志在于某种负面的倾向性观点的形成，并且凭借舆论洪流向司法机关传递，形成巨大的压力。在舆情发展过程中，各种各样的观点、意见经过相互摩擦、碰撞此消彼长，在此过程中，一些针对一方当事人以及司法机关的负面情绪会由于片面的事实认知以及道德义愤而被激发出来，这种负面情绪越积越多，就会在社会意识层面形成较为稳定的共识，而围观者会因舆情误导而产生偏见，后来跟进的网民不明事件真相，容易对一些错误言论产生从众的认同，从而产生一种非理性的共鸣。他们不顾事情本身的是非曲直，毫不犹豫地选择支持某一方当事人，形成舆论"一边倒"局面。这种负面情绪将矛头直指司法机关，舆情危机正式形成。

第四个阶段：舆情危机逐渐平息并在社会意识层面留下痕迹。

任何热点事件都有时效性，公众在关注一段时间后，可能会将焦点转移到另一个热点事件。司法舆情危机也会渐渐平静下来，甚至最后消失。在一定意义上，司法舆情危机是可能自然消亡的，但是，舆情危机作为社会主体之间的一种互动方式，注定会在社会意识之中留下痕迹。因此，司法机关对舆情危机能否有效应对，不仅关系到舆情危机的形成与发展，而且会关系到社会公众对司法机关的评价。如果应对失据或者不给力，将会对司法公信力的造成伤害，这种伤害如果持续累积起来，则可能导致整个社会法律秩序的动荡，直至陷入混乱。

二 司法回应对网络舆情的基本策略

在转型期，公众道德需求成为引发司法舆情的重要因素。对司法舆情，如果能够消弭在萌芽状态当然最佳，但是，对于已经发生的司法舆情，司法机关也不必慌乱，以致进退失据，而应当采取理性的态度和有效的方式来加以应对。具体而言，可以遵循以下基本策略。

（一）积极面对

这是指对于已经形成的舆情，司法机关应该采取一种开放、包容和理性的态度。在司法实践中，有些司法人员不愿面对舆情，尤其对网络的偏激言论持排斥态度，认为这种言论以道德代替法律，给司法机关造成了不当的压力，但是，这只是看到了问题的一个方面。应当意识到，在网络技术高度发达的今天，广大网民对于社会焦点案件迅速作出评价，以至于形成一种舆论浪潮，这几乎是一种不可避免的现象，也是不可逆转的潮流。有法律界人士试图用司法权独立行使的法律原则来对抗和排拒这种民意的"干预"，这是不现实的，也是不合事理与法理的。其实一个热点案件首先是一个生活事件，每个人都有评价生活事件的权利，一旦某个生活事件转化成一个司法案件，它就为司法机关所垄断，与人们的生活世界从此隔离，这似乎并不符合自然的道理。因此，在生效判决作出之前不得评判案件的义务，固然可以加诸政府机关和媒体，但却很难加诸普通公众。如果公民失去了评说司法案件的权利，那么，人民群众对司法的监督也就无从谈起。在当下司法改革的大形势下，中央领导层要求司法判决经得起历史的考验，如果对当下民众的质疑都招架不住，又如何通过未来的历史考验？须知，在未来的历史考验中，民众的言论仍然是一个重要的力量。从一定意义上说，民众的言论，即便是不甚理性的那一部分，对于提升司法判决的可接受性是有参考价值的。因此，积极面对是司法机关处理舆情危机的基本出发点。

（二）公开透明

西方法谚云："正义不仅应当实现，而且要以人们看得见的方式实现。"让司法在阳光下运行，通过司法过程的透明公开，以公众看得见的方式来了解裁判结果的形成过程，消解公众心目中的怀疑与困惑，促使其用理性的方式来对案件进行讨论和反思；尤其是舆情危机案件，更是要主动增强司法透明度，以此掌握引导案件信息传播方向的主动，遏制流言以及不实言论的产生。司法的透明公开也促进了司法的公正性，它会使徇私舞弊、枉法裁判等行为无处藏身，从而减少腐败问题出现的可能，同时，保障公众的知情权、监督权和表达自由权，增强公众对司法工作的理解与认同。在一定意义上，正在转型期的中国，司法公开的范围应当比西方发达国家更大一些，只要是不涉及法律禁止公开的国家机密、商业秘密、个人隐私等，其他方面能公开的尽可能公开，以司法坦诚来消除公众因为不了解而产生的误解。人们注意到，在司法实践中，有不少案件中，司法机关对案件的裁判并没有问题，但正是由于一种"神秘感"而导致无端的猜疑，再通过以讹传讹，对司法机关作出了负面评价，最后司法人员也感到委屈。因此，通过增强司法的开放性，这些无端的猜疑则会自然消解。

而且，公开司法活动的程序、法律依据、办案流程，也可能同时提高民众法治观念、法律意识，从长远来看，这对于提高司法在公众心目中的权威性是十分有利的。

（三）合理甄别

不可否认，舆情信息具有良莠不齐、鱼龙混杂的特点，其中固然有理性的声音、客观的剖析，但其中也会夹杂着不少以讹传讹的不实成分，甚至有些信息完全属于非理性的情绪化表达，尤其是在热点事件发生初期，这一传播特征表现得尤为突出。因此，司法机关应当对舆情信息进行合理甄别，要区分出内容上的真实与虚假，立场上的中立与偏颇，性质上的理性与非理性。法国社会学家庞勒曾说，舆论话语中往往包含着很多的"激情的演讲、精巧的暗示、耸人听闻的流言、强有力却缺乏逻辑分析的语言"①，其载体正是那些内容上虚假、立场上偏颇、性质上非理性的信息，处理司法舆情危机的重点就在于处理这些信息。合理甄别的标准根据信息的性质有所不同，可以是客观事实或科学知识，也可以生活常识或社会情理，还可以是公序良俗等社会道德标准，或者视其是否代表广大民众的一般认知和情感。只有对舆情信息进行细致甄别，合理区分，才能对其进行去伪存真，避邪向善，引导公众将视线投向案件或事件的本原，有理有节地反驳不实言论，将舆情引导到理性与善意的轨道上来。只有进行合理甄别，才能倾听社会公众的主流声音，并有针对性地进行积极疏导，将真正的民意代入司法过程。

（四）疏导有方

通过对舆情信息的细致甄别、合理区分，司法机关可以充分把握舆情信息的特点、存在问题及需要纠正的误区所在，在此基础上，则借助多种渠道对舆情信息进行疏导，其核心在于建立吸纳、整合公众意见，引导舆情走向的沟通机制。根据司法活动的特点，依托司法程序进行疏导是一个最重要的路径。其具体方式包括：依法落实司法公开原则，鼓励人民陪审员实质参与司法，完善有中国特色的旁听庭审制度，开拓审判公开的新模式，对热点案件庭审网络媒体直播，不仅将案件动态及时发布到自媒体平

---

① ［法］古斯塔夫·庞勒：《乌合之众：大众心理研究》，冯克利译，广西师范大学出版社2007年版，第53页。

台上，对特别重要的案件还可以进行庭审的现场网络直播，甚至与网友进行网络互动，解答公众对案件存在的疑惑。司法程序除了有控辩双方或者原被告双方参与之外，公众可以通过各种程序机制参与案件的审理；庭审过程以直接的方式呈现在大众面前，公众有机会亲自了解案情，避免对审判结果的无端猜疑，在亲身感受"看得见的正义"的基础上形成对司法机关及其判决的信任感。以此方式，司法以更主动的方式融入现实社会，真正成为转型期社会公共生活的重要引导力量。

三 司法引导舆情的制度完善

以前述基本策略为基础，我们还需要进一步完善司法回应舆情的具体机制，依托常规化的制度实践，司法机关对于公众道德需求进行更为有效的回应。具体而言，司法回应舆情的基本过程应包含以下三个环节。

（一）舆情信息的获取、评估与预警机制

为了进行有效的回应，舆情信息的收集是一个前提。2009年最高人民法院发布的《关于进一步加强民意沟通工作的意见》明确提出"健全和创新司法决策征求意见机制"的要求。司法机关一方面可以通过内设部门进行收集和分析舆情信息，另一方面可以委托民间的舆情调查机构来进行收集和分析，如果采取后一种方式，就需要有一定的法律法规来对这舆情调查机构进行规制，以保证其调查结果真实、准确地反映舆情民意。

在获取了舆情信息之后，就需要对它们进行评估与甄别。重大的舆情危机案件涉及面广，受多种主客观因素的影响，真实与虚假、理性与非理性、合法与非法并存，并且还在不断的动态发展变化之中。司法机关或舆情调查机构应对舆情信息进行分门别类的汇总和归纳，进行客观而冷静的分析，作出甄别。真正的民意应当是在舆情信息中体现多数人意见而非少数人意见的那一部分，因此要分辨其中有无特定利益主体的炒作，是否对事实进行了歪曲性报道，以及有无对民众的真实意见进行了扭曲性的传播与误导。

司法舆情的预警是指在负面效应产生之前，根据以往总结的规律或观测得到的可能性前兆，对可能发生的效果进行分析，对产生负面效应的风险进行预估，以避免负面效应的发生，或者减少负面效应所造成的危害。司法舆情预警机制的建立就是要将舆情危机在产生之初就加以提示，将其消灭在萌芽状态。在具体建立舆情危机处理预案时，可以按照危机的性质进行分级，如一般、严重、特别严重三个等级，根据不同的等级拟定应对预案，一旦危机事件发生，可以立即启动相应等级的预案，采取行之有效的应对措施。

（二）司法信息的常规发布机制

司法信息的常规发布机制是落实司法公开原则的基础设置。如前所述，笔者主张，在转型期的中国，司法公开的范围应当比西方发达国家更大一些。具体的内容除了法律明确规定不公开审理的涉及国家秘密、个人隐私、商业秘密等方面案件外，其他所有案件的信息都应该全面彻底地公开。具体要求为，不仅仅是裁判文书的公开，而且是所有文书的公开；不仅仅是裁判结果的公开，而且是裁判结果形成过程的公开；不仅是法院司法行为的公开，而且是司法人员司法行为的公开；不仅是司法行为和结果的公开，而且包括可能影响司法行为和结果的信息公开，包括领导干预的信息、专家学者的法律意见等。[1]

围绕这些信息内容，人民法院应当在司法的各个环节选用合适的方式，定期发布司法活动的信息。就具体的发布机制而言，最重要的是建立常规的新闻发布平台，这一新闻发布平台既可以是人民法院的官方网站，也可以是更为灵活的微博、微信等，既要体现司法信息发布的稳定性，也要体现信息回应的及时性与便捷性。司法信息的常规发布机制具有两方面的功能：一是公示功能，将包括案件在内的各种司法信息及时公布给公众，让公众及时了解案件审理的过程以及法院的司法状况，让公众随时可以了解司法活动的动态。二是普法宣传功能，在平台上，法院可以辟专栏宣传国家的法律法规，也可以专设普法讲座或以案释法的栏目，还可以定期开展法官热线等法律公益活动，向社会传达法律的声音，这也有助于在公众心目中树立法院的良好形象，并在全社会营造崇法、尚法、守法的良好氛围。

（三）舆情民意的回应与互动机制

不可否认，法律与道德之间存在着固有的张力，尽管司法机关依法办案，但判决结果仍然可能与公众朴素道德情感发生冲突。为建立起良好的

---

[1] 张新宝、王伟国：《司法公开三题》，《交大法学》2013年第4期。

沟通机制与渠道,应当在司法信息常规发布机制的基础上,构建针对舆情民意的回应与互动机制。如果司法不能及时地回应舆情民意,往往会导致不良的社会效果。当年的彭宇案教训深刻,面对汹涌舆情对一审判决的质疑,法院基本上处于失语状态,民众无法通过正当途径获取案件的事实真相,也未有权威渠道对道德诉求加以回应,案件在社会上的效应只是随着网络民意的自由发展,所导致的对社会道德观念的损害持久而深远。舆情民意的回应与互动机制就是针对突发式的舆情危机进行积极主动回应的机制。

这一机制的基础部分可以依托常规的司法信息发布平台,在平台上开辟信箱或留言板等互动专栏,向社会公众提供发表意见、表达诉求的渠道,及时了解社会的各类反馈信息,这一专栏可以设专人负责,观察舆情动向,通过及时回应,尽可能将舆情化解于萌芽状态之中。如果社会舆情没有直接表现于互动专栏之中,或者经互动专栏回应仍然有进一步发展的态势,则需要采取专门的回应与互动方式。如向社会定期公开焦点案件的诉讼进展,根据案件的情况与法律规定,确立可以公开或者应予公开的内容,适时发布诉讼进展,让公众了解事实真相,避免公众情绪在各种不实传闻中发酵,向非理性的方向发展。同时,可以发挥新闻发言人的作用,对案件的程序及判决理由进行专门的解释与说明,或者对一些以讹传讹的不实言论作出澄清,掌握舆论主导权。随着网络技术和自媒体的发展,网络媒体涌现一批"意见领袖"(opinion leader)。[①] 司法机关可以借助正能量"意见领袖"的力量,对网络舆论进行引导,促使公众形成理性客观的认知。同时,法院或司法系统也应当培养自己的网络"意见领袖",成为回应舆情民意的主力军。

---

① 这一概念由20世纪40年代美国哥伦比亚大学的传播学者保罗·拉扎斯费尔德提出,指称那些"活跃在人际传播网路中,经常为他人提供意见、观点或建议并对他人施加个人影响的人物"。参见刘明《让中国的"意见领袖"走上国际舞台》,《对外传播》2010年第2期。

结　　语

　　法律与道德关系问题是法学思想史上的一个永恒议题，但在不同的历史背景下讨论的侧重点会有所不同，并呈现出不同的关系模式。如在古希腊，它表现为城邦法与自然法则之间的关系；在西方中世纪，它又围绕人法与神法之间的关系展开；近代以来，它强调国家法对人权的尊崇；第二次世界大战以后，不仅人权保障得到强化，法律与道德之间的沟通与互动也得到重视。尤其是在纽伦堡审判和东京审判之后，法律与道德的关系被更多地置于司法的场景中来加以考察，司法的道德性问题成为各大法学流派都绕不开的重点问题。中国古代的法律与道德关系又呈现出另外一种形态，无论是援礼入法，还是情理司法，都体现出道德准则对于法律的强大影响力。"法不外乎人情""法不背离德性"已积淀为中国人的集体意识或无意识，并在当代成为推动公众道德需求形成的观念基础。

　　当下中国的社会转型期无疑为我们思考法律和道德关系提供了一个新的场景。这场社会转型既是法律秩序的重构，也是道德秩序的重构，但二者之间的发展进程未必全然同步，由此导致彼此之间的张力。社会公众的道德需求会对法院的司法活动产生现实的压力，压力得不到有效纾解将会导致司法公信力的危机。面对具有"道德意味"的案件，如果法官将自己封闭于教义概念的"城堡"，不能敏锐体察公众的现实道德需求，那么，极有可能作出与社会道德观念相背离的判决，导致司法舆情的震荡，判决的社会认同度降低。

　　转型期的社会现实使法律从业者和研究者不得不在法律与道德之间采取更加紧密的关联主义立场。在司法过程中，法官固然要准确适用法律，但是在道德教化方面亦不可无所作为，这是转型期人民法院所应承担的道德建设责任。它要求司法机关摆脱孤立办案与机械司法的片面思维，置身于社会转型与道德变迁的现实背景，认知社会转型期公众道德需求发生发展的特点，构建有中国特色的道德回应型司法模式。

作为构建道德回应型司法模式的理论尝试，本书借助于社会学理论分析了公众道德需求勃兴的社会根源；从心理学的角度阐述了转型期道德失范、道德焦虑的心理效应，以及道德移情心理对于道德需求传播的一些特点；综合运用司法场域理论、社会角色理论分析当下公众道德需求下的司法困境；从知识发生学的角度具体梳理了道德与司法的理论脉络与发展趋势；在确立了回应型司法的基本定位与立场之后，进而从三个具体路径分析了回应型司法的法律方法、道德叙事以及民意沟通机制的建立。现将本书主要观点整合如下。

一 道德回应型司法的基本思路与模式特征

回应型法是美国学者诺内特、塞尔兹尼克首先提出的概念，它强调法律应在整体上成为回应各种社会需要和愿望的便利工具。道德回应型司法是适应中国当下转型期公众道德需求而提出的概念，其既具有回应型法的基本内核，更贴近于中国的现实语境。其基本要义表现为以下几个方面。

一是提升司法活动的开放性与问题应答性。回应型法是一种更具张力、更能容纳社会变革的法律范式，相应的司法模式也具有更强的开放性与问题应答性。它要求司法不断地从社会的母体中汲取先进道德的实质性内容，进而在既有法律框架内进行重构，实现案件的妥善处理，乃至推动新制度或新司法样式的建立。法律与社会之间的关系于是变得更加弹性，也更有活力，而法律范式通过强化其合法性与合理性，在社会治理的各个层面增强其权威度与公信力，建立起得到公众普遍认同的新型良法秩序。

二是强化司法过程的道德供给机能。道德回应型司法要从满足人民群众需求出发来进行改革，这就需要研究转型期人民群众的各种需求及其产生根源，有针对性进行回应。公众道德需求的提出往往意味着社会道德供给的不足，法律制度尤其是将法律与现实联结起来的司法过程应当成为社会道德需求的重要供给机制。如此看来，司法机关在履行依法裁判职责的同时，也要具有一定的道德建设担当，更为积极主动地承担一定的价值引领功能，应当将判决作为一种特定"道德产品"向社会输送，以此来调节社会主体的道德行为。

三是推动司法方式的深刻转型。道德回应型司法要求法官采取与之相适用的司法方式和策略。它不仅表现为对裁判结论中的某种调整或变通，而是通过运用裁判的技艺、艺术来化解法律与道德之间的摩擦危机，使法律与道德于案件处理中各得其所，这带来整体司法方式的转型。传统的司法以法律形式主义为典型模式，这一模式显示出机械性司法、片面性司法、独白式司法的特征。为了回应更多的社会需求，司法方式应当由机械性司法转向目的性司法，由片面性司法转向整体性司法，由独白式司法转向商谈式司法。

四是明晰法官在司法中的角色道德意识。回应型司法的一个前置性条件是，法官应当调整自己的司法理念，增强在司法过程中的角色道德意识，提升道德争议案件中道德敏感性。作为国家司法职责的承担者，在法官角色的权利义务中，道德建设、价值引领是其中的必然组成部分。这样，整个社会有理由对法官存有一定的道德期望，它要求，法官的司法行为要循着道德的脉络展开。转型期的整个社会领域都处在剧烈变革之中，道德价值也面临着新的定位，甚至社会主流道德价值面也并不是那么清晰和明确。社会的不同阶层和个体在判断社会的道德取向时出现迷惘，在个人的道德取舍上举棋不定，在此过程中，法官的道德取向就凸显其导向作用。

二 司法回应公众道德需求的具体路径

（一）推动司法方法创新，实现裁判的情法兼顾

在道德回应型司法的建构过程中，法律方法具有核心地位。道德回应型司法要求法官在进行严格的法律推理时也要进行一定的道德判断，对法律规则的道德要求或目的有一个清晰的认知。道德回应型司法需要兼顾法律思维与道德评价，它不是这两种思维的平行思考或平均用力，更不能蜕变为纯粹的道德评价，其基本要求是在法律的体系和框架内，按照特定的思维流程来对道德因素加以考虑。

道德回应型司法的思维流程具有自身的特点，可以详述为一个递进顺序和一个解释学循环。①递进顺序可以分解为三个层次：其一，依社会常情形成道德立场，这要求司法者从普通人的正义直觉出发观察和思考案

件，形成案件处理的基本立场，让社会常识成为打开案件的一种方式。其二，以道德立场引导规范分析，这要求司法者探索与道德立场相一致的可行性的技术路径，基于恰当的道德立场，寻求恰当的解释方法，有助于我们找到恰当的判决结论。其三，以法言法理限定道德判断，这要求司法者将某种道德立场限定在法律本意与制度要求的有限空间内，防止泛道德化的无限扩张，维护法律的应有边界。②解释学循环是指，在事实和法条之间来回穿梭的基础上，还应重视法律形式与实质之间、情理与法理之间的反复整合。其要点是将成熟定型的法律思维与情理判断结合起来，尊重公众的道德诉求与关于法律的朴素感情，反映社会的普遍正义观念。所谓循环，意味着这一过程不是一蹴而就的，形式与实质、情理与法理之间的比对与匹配需要多次进行，来回往返，以实现彼此之间的有机融合。

在此基础上，法官应当借助具体的裁判技巧来正确回应社会公众的道德需求，提升裁判的可接受性。中国是一个道德氛围极为浓厚的社会，司法的道德性问题难以回避，需要认真对待。在一些具有"道德意味"的案件中，应重视裁判的道德效果。裁判的可接受性应当同时在道德共同体与法律共同体之中得到确认。为此，法官应当遵循一定的司法方法论原则，缓和法律与道德之间的内在张力，具体表现为四个方面：以规则适用来实现法律规则中的道德要求；以原则裁判来宣谕法律的道德内涵；以客观和平衡的司法方法来遵循社会主流道德观念；以确认和规制良心司法来体现法官道德准则。

（二）重视判决的道德叙事，让裁判结论走入人心

司法是一种叙事，但司法叙事有自身的特点。常规的观点是将判决看成一种法律推理，而将道德叙事排除在外。但事实上，司法判决具有天生的道德叙事特征，道德回应型司法应当重视这一特征，并作出妥当的应对。

首先，充分认知司法判决的道德叙事特征。

司法判决具有一般叙事文本相似的特征，如诉讼案件的故事性；作者与读者之间的话语交流；基于一定的交流目的而存在；在表述上须符合一般叙事的组织程序；效果受叙事方式与技巧的影响。同时，判决叙事也具有自身的特殊性，如以法律语言为基础；内容的法律事实性；叙事方式的理性化与结论封闭性；受到判决书格式性要求的制约等。

司法判决既是一种法律推理，也是一种道德叙事。从古代中国到当今世界各国，司法判决都显示出一定的道德叙事色彩。虽然不是每一个判决书中都会运用道德话语，但判决结果总是与社会道德生活相关联。司法判决的道德叙事本性具有以下表征：案件本身的道德性、判决话语的评价性、价值立场的选择性和判决案例的示范性等。由此观之，判决书中所记述的行为不是单纯的客观事实，其中包含着法官的判断，法官的判决叙事虽是法律的宣示，但同时也表达着他的道德立场，即对某些行为究竟是令人赞赏还是使人厌恶作出选择。法官的道德担当则要求他对于善行加以推崇，对于恶行进行贬斥。

其次，在判决说理中适度融入道德话语。

在转型期中国，法官的判决说理适度融入道德话语有着特殊的现实意义，这表现在：有助于体现对于公众道德需求的回应态度；有助于获得民众的理解和来自内心的信服；有助于败诉当事人在法律判决之外获得生活教谕或者情感安慰；有助于法官对判决结论进行道德上的反思，避免判决结果合法不合理的现象；有助于人民法院完成其道德建设担当，传递社会主流价值，促进社会价值观念体系的整合。当然，任何事物都有两面性，道德话语也有消极作用，如具有情感性、不确定性。因此不能让道德评价完全代替法律判决。讨论如何在司法裁判中运用道德话语，不能持全或无的态度，而应当探索如何进行"度"的把握。在具体运用中应把握几个要点：第一，判决书中的道德话语应当作为法律推理的辅助工具，具有补充性；第二，道德话语本身的选择应当具有合理性与妥当性；第三，充分考虑使用道德话语的具体效果，尤其要避免对当事人权利的"误伤"；第四，法官应善于运用隐性或显性的道德叙事方式，融情于法。

(三) 强化司法的沟通理性，完善民意沟通制度

在处理司法与外界的关系问题上，传统理论表现出以下特点：追求程序上的周全与实体上的完备，最大限度地压缩了与外部因素交流的可能性；维护司法过程的自足性与封闭性，以中立的姿态超越于各种社会的诉求；司法信息的流动具有演绎性与单向性，与民意缺乏互动。而道德回应型司法则建立在沟通理性理论的基础上，它强调司法过程与外部世界之间的密切相关，而司法的运作就是与外部不断沟通与互动的过程，而不是单向的信息流动。

在沟通理性理论的视角下，司法与民意之间的互动被放在了本体的地位上。这不仅意味着公众对于司法的形式参与，或者其意见的消极听取，而是倡导在法院与民众之间构建一种正常的商谈沟通和平等对话机制。道德回应型司法一方面主张商谈主体范围的扩大，尤其是针对一些疑难案件，可以将商谈的主体范围由法官和当事人之间，根据案件的性质与实际情况扩大至社会的各个层次；另一方面努力推进商谈功能的强化，即无论是对案件事实加以正确的认定，还是裁判理由的确定，都在参与者的商谈交往中得到充分论证。这有助于彻底缓解法律与民意之间的紧张关系，协调立法中的民意与司法中的民意，在立法与司法之间建立起更加圆融的关系，也是司法回应公众道德需求的必由之路。

强化司法的沟通理性要求消除传统司法理论的误区，建立起行之有效的民意沟通制度。具体表现为四个方面：一是消除以司法职业化排斥民意表达的误区，寻求司法技术理性与民情民意智慧的融贯与统一；二是消除以司法权威排斥公众参与的误区，建立公众参与司法的制度；三是消除以司法权独立排斥媒体监督的误区，建立司法与媒体之间的良性互动关系；四是消除以司法职能排斥舆情引导的误区，开拓司法公开的新模式。

参考文献

专著、文集

毕玉谦主编：《司法公信力研究》，中国法制出版社 2009 年版。

陈广胜：《走向善治》，浙江大学出版社 2007 年版。

陈华杰：《司法公正与网络舆情——广东法院网络舆情白皮书》，法律出版社 2013 年版。

陈金钊等：《法律解释学——立场、原则与方法》，湖南人民出版社 2009 年版。

陈力丹：《舆论学——舆论导向研究》，中国广播电视出版社 1999 年版。

陈望道：《修辞学发凡》，复旦大学出版社 2008 年版。

陈章龙：《冲突与构建——社会转型时期的价值观研究》，南京师范大学出版社 1997 年版。

程世寿：《公共舆论学》，华中科技大学出版社 2003 年版。

邓冰、苏益群编译：《大法官的智慧——美国高等法院经典判决选集》，法律出版社 2003 年版。

杜小真编：《利科北大讲演录》，北京大学出版社 2000 年版。

费孝通：《社会学概论》，天津人民出版社 1984 年版。

费孝通：《乡土中国》，生活·读书·新知三联书店 1984 年版。

冯契：《哲学大辞典》，上海辞书出版社 2001 年版。

高鸿钧：《商谈法哲学与民主法治国》，清华大学出版社 2007 年版。

高兆明：《制度公正论——变革时期道德失范研究》，上海文艺出版社 2001 年版。

顾培东：《社会冲突与诉讼机制》，四川人民出版社 1991 年版。

黄宗智：《民事审判与民间调解：清代的表达与实践》，中国社会科学出版社1998年版。

季卫东：《法治秩序的建构》，中国政法大学出版社1999年版。

孔祥俊：《法律方法论》，人民法院出版社2006年版。

李学灯：《证据法比较研究》，台北：五南图书出版公司1998年版。

马宏俊主编：《法律文书价值研究》，中国检察出版社2008年版。

马晓燕、史灿方：《法律语言学引论》，安徽人民出版社2007年版。

茅于轼：《中国人的道德前景》，暨南大学出版社2003年版。

孟小平：《揭示公共关系的奥秘——舆论学》，中国新闻出版社1989年版。

彭柏林：《道德需要论》，生活·读书·新知三联书店2007年版。

秦策、张镭：《司法方法与法学流派》，人民出版社2011年版。

沙莲香、冯伯麟等：《社会心理学》，中国人民大学出版社2006年版。

沈国琴：《中国传统司法的现代转型》，中国政法大学出版社2007年版。

沈宗灵：《现代西方法理学》，北京大学出版社1992年版。

宋冰：《读本：美国与德国的司法制度及司法程序》，中国政法大学出版社1998年版。

孙笑侠、夏立安主编：《法理学导论》，高等教育出版社2004年版。

唐凯麟：《伦理学》，高等教育出版社2001年版。

汪明亮：《道德恐慌与过剩犯罪化》，复旦大学出版社2014年版。

吴革：《中国影响性诉讼》，法律出版社2006年版。

西方法律思想史编写组：《西方法律思想史资料选编》，北京大学出版社1983年版。

肖小芳：《道德与法律——哈特、德沃金与哈贝马斯对法律正当性的三种论证模式》，光明日报出版社2011年版。

谢思炜：《白居易文集校注》，中华书局2011年版。

徐贲：《人以什么理由来记忆》，吉林出版集团有限责任公司2008年版。

徐国栋：《民法基本原则解释》，中国政法大学出版社1992年版。

喻国明、刘夏阳：《中国民意研究》，中国人民大学出版社1993年版。

喻国明：《解构民意——一个舆论学者的实证研究》，华夏出版社2001年版。

曾钊新等：《心灵的碰撞——伦理社会学的虚与实》，湖南出版社1993

年版。

张宏生:《西方法律思想史》,北京大学出版社 1983 年版。

张晋藩:《中国法律的传统与近代转型》,法律出版社 1997 年版。

张明楷:《刑法学》,法律出版社 2011 年版。

张文显:《二十世纪西方法哲学思潮研究》,法律出版社 1996 年版。

张寅德编选:《叙述学研究》,中国社会文献出版社 1989 年版。

赵朝琴:《司法裁判的现实表达》,法律出版社 2010 年版。

赵汀阳:《人之常情》,辽宁人民出版社 1998 年版。

郑成良:《法律之内的正义》,法律出版社 2002 年版。

周奋进:《转型期的行政伦理》,中国审计出版社 2010 年版。

周恺:《如何写好判决书?》,中国政法大学出版社 2010 年版。

朱景文主编:《对西方法律传统的挑战》,中国检察出版社 1996 年版。

朱贻庭:《伦理学大辞典》,上海辞书出版社 2011 年版。

祖国颂:《叙事的诗学》,安徽大学出版社 2003 年版。

中文译著文集

[英] Dennis Lloyd:《法律的理念》,张茂柏译,台北:联经出版事业公司 1984 年版。

[英] P. S. 阿狄亚:《合同法导论》,赵旭东等译,法律出版社 2002 年版。

[美] 罗伯特·C. 艾伦:《重组话语频道》,麦永雄、柏敬泽译,中国社会科学出版社 2000 年版。

[美] 迈尔文·艾隆·艾森伯格:《普通法的本质》,法律出版社 2004 年版。

[美] 詹姆斯·安修:《美国宪法解释与判例》,黎建飞译,中国政法大学出版社 1999 年版。

[美] R. M. 昂格尔:《现代社会中的法律》,吴玉章、周汉华译,中国政法大学出版社 1994 年版。

[英] 约翰·奥斯丁:《法理学的范围》,刘星译,中国法制出版社 2002 年版。

[英] 以赛亚·柏林:《扭曲的人性之材》,邱秀坤译,译林出版社 2009 年版。

［英］杰里米·边沁：《道德与立法原理导论》，时殷弘译，商务印书馆2000年版。

［美］卡尔·波普尔：《开放社会及其敌人》，路衡等译，中国社会科学出版社1999年版。

［美］理查德·A. 波斯纳：《法理学问题》，苏力译，中国政法大学出版社2002年版。

［美］理查德·A. 波斯纳：《证据法的经济分析》，徐昕、徐昀译，中国法制出版社2004年版。

［美］史蒂文·J. 伯顿：《法律和法律推理导论》，张志铭、解兴权译，中国政法大学出版社1998年版。

［美］史蒂文·J. 伯顿主编：《法律的道路及其影响——小奥利弗·温德尔·霍姆斯的遗产》，张芝梅、陈绪刚译，北京大学出版社2005年版。

［美］E. 博登海默：《法理学：法律哲学与法律方法》，邓正来译，中国政法大学出版社1999年版。

［法］皮埃尔·布迪厄、［美］华康德：《实践与反思——反思社会学导引》，李猛、李康译，中央编译出版社1998年版。

［英］萨姆·布莱克：《公共关系学新论》，陈志云、郭惠明等译校，复旦大学出版社2000年版。

［美］彼得·布劳：《社会生活中的交换与权力》，孙非、张黎勤译，华夏出版社1988年版。

［德］卡尔·恩吉施：《法律思维导论》，郑永流译，法律出版社2004年版。

［美］韦恩·布斯：《小说修辞学》，付礼军译，广西人民出版社1987年版。

［日］川岛武宜：《现代化与法》，申政武等译，中国政法大学出版社2004年版。

［法］勒内·达维德：《当代主要法律体系》，漆竹生译，上海译文出版社1984年版。

［日］大谷实：《刑事政策学》，黎宏译，法律出版社2000年版。

［英］丹宁勋爵：《法律的训诫》，杨百揆等译，法律出版社1999年版。

［美］罗纳德·德沃金：《认真对待权利》，信春鹰、吴玉章译，中国大百

科全书出版社1998年版。

［美］罗纳德·德沃金：《法律帝国》，许杨勇译，上海三联书店2016年版。

［法］埃米尔·杜尔凯姆：《自杀论》，钟旭辉、马磊、林庆新译，浙江人民出版社1988年版。

［美］乔尔·范伯格：《刑法的道德界限（第1卷）：对他人的损害》，方泉译，商务印书馆2013年版。

［美］E. 弗洛姆：《追寻自我》，苏娜、安定译，延边大学出版社1987年版。

［奥］西格蒙德·弗洛伊德：《论创造力与无意识》，孙恺祥译，中国展望出版社1986年版。

［奥］西格蒙德·弗洛伊德：《论文明》，徐详等译，国际文化出版公司2000年版。

［美］朗·富勒：《法律的道德性》，郑戈译，商务印书馆2005年版。

［德］汉斯–格奥尔格·伽达默尔：《真理与方法：哲学诠释学的基本特征》，洪汉鼎译，上海译文出版社2005年版。

［德］尤尔根·哈贝马斯：《交往行为理论（第一卷）——行为合理性和社会合理化》，洪佩郁、蔺青译，重庆出版社1994年版。

［德］尤尔根·哈贝马斯：《公共领域》，汪晖译，载汪晖、陈燕谷主编：《文化与公共性》，生活·读书·新知三联书店1998年版。

［德］尤尔根·哈贝马斯：《包容他者》，曹卫东译，上海人民出版社2002年版。

［德］尤尔根·哈贝马斯：《在事实与规范之间——关于法律和民主法治国的商谈理论》，童世骏译，生活·读书·新知三联书店2003年版。

［德］丹尼尔·布罗姆利：《经济利益与经济制度——公共政策的理论基础》，陈郁等译，上海三联书店、上海人民出版社1996年版。

［英］H. L. A. 哈特：《法理学与哲学论文集》，支振锋译，法律出版社2005年版。

［英］H. L. A. 哈特：《法律、自由与道德》，支振锋译，法律出版社2006年版。

［英］H. L. A. 哈特：《法律的概念》，张文显等译，中国大百科全书出版

社1996年版。

［英］弗里德利希·冯·哈耶克：《自由秩序原理》，邓正来译，生活·读书·新知三联书店1997年版。

［美］戴卫·赫尔曼主编：《新叙事学》，马海良译，北京大学出版社2002年版。

［美］塞缪尔·P. 亨廷顿：《变化社会中的政治秩序》，王冠华等译，生活·读书·新知三联书店1989年版。

［比利时］马克·范·胡克：《法律的沟通之维》，孙国东译，法律出版社2008年版。

［德］罗伯特·霍恩等：《德国民商法导论》，楚建译，中国大百科全书出版社1996年版。

［美］卡伦·霍妮：《神经症与人的成长》，陈收等译，国际文化出版社2007年版。

［美］本杰明·N. 卡多佐：《法律的成长 法律科学的悖论》，董炯、彭冰译，中国法制出版社2002年版。

［美］本杰明·卡多佐：《司法过程的性质》，苏力译，商务印书馆1998年版。

［意］莫诺·卡佩莱蒂：《比较法视野中的司法程序》，徐昕、王奕译，清华大学出版社2005年版。

［奥］汉斯·凯尔森：《纯粹法理论》，张书友译，中国法制出版社2008年版。

［奥］汉斯·凯尔森：《法与国家的一般理论》，沈宗灵译，中国大百科全书出版社1996年版。

［德］阿图尔·考夫曼、温弗里德·哈斯默尔：《当代法哲学和法律理论导论》，郑永流译，法律出版社2002年版。

刘易斯·A. 科瑟：《社会学思想名家》，石人译，中国社会科学出版社1990年版。

［英］罗杰·科特威尔：《法律社会学导论》，潘大松等译，华夏出版社1989年版。

［德］古斯塔夫·拉德布鲁赫：《法学导论》，米健、朱林译，中国大百科全书出版社1997年版。

［德］古斯塔夫·拉德布鲁赫:《法律智慧警句集》,舒国滢译,中国法制出版社2001年版。

［英］D. D. 拉斐尔:《道德哲学》,邱仁宗译,辽宁教育出版社、牛津大学出版社1998年版。

［德］卡尔·拉伦茨:《法学方法论》,陈爱娥译,商务印书馆2003年版。

［法］古斯塔夫·庞勒:《乌合之众:大众心理研究》,冯克利译,中央编译出版社2005年版。

［美］卡尔·N. 卢埃林:《普通法传统》,陈绪刚、史大晓、仝宗锦译,中国政法大学出版社2002年版。

［德］尼古拉斯·卢曼:《社会的法律》,郑伊倩译,人民出版社2009年版。

［美］约翰·罗尔斯:《正义论》,何怀宏、何包钢、廖申白译,中国社会科学出版社2009年版。

［美］约翰·罗尔斯:《政治自由主义》,万俊人译,译林出版社2011年版。

［美］赫伯特·马尔库塞:《单向度的人》,刘继译,上海译文出版社1989年版。

［美］阿拉斯代尔·麦金太尔:《伦理学简史》,龚群译,商务印书馆2003年版。

［英］布莱恩·麦基编:《思想家》,周穗明、翁寒松等译,生活·读书·新知三联书店1987年版。

［美］约翰·亨利·梅利曼:《大陆法系》,顾培东、禄正平译,法律出版社2004年版。

［英］亨利·梅因:《古代法》,沈景一译,商务印书馆1959年版。

［法］孟德斯鸠:《论法的精神》（上册）,张雁深译,商务印书馆1961年版。

［美］C. 赖特·米尔斯:《社会学的想象力》,李康译,北京师范大学出版社2017年版。

［保］Л. 尼科洛夫:《人的活动结构》,张凡琪译,国际文化出版公司1988年版。

［美］P. 诺内特、P. 塞尔兹尼克:《转变中的法律与社会》,张志铭译,

中国政法大学出版社 1994 年版。

［美］罗·庞德：《通过法律的社会控制　法律的任务》，沈宗灵、董世忠译，商务印书馆 1984 年版。

［美］罗斯科·庞德：《法理学》（第 1 卷），邓正来译，中国政法大学出版社 2004 年版。

［法］古斯塔夫·庞勒：《乌合之众：大众心理研究》，冯克利译，广西师范大学出版社 2007 年版。

［美］杰拉德·普林斯：《叙事学——叙事的形式与功能》，徐强译，中国人民大学出版社 2013 年版。

［法］热拉尔·热奈特：《叙事话语　新叙事话语》，王文融译，中国社会科学出版社 1990 年版。

［美］玛丽-劳尔·瑞安：《故事的变身》，徐强译，译林出版社 2014 年版。

［德］弗里德里希·卡尔·冯·萨维尼：《论立法与法学的当代使命》，中国法制出版社 2001 年版。

［英］沃纳·赛佛林：《传播理论：起源、方法和应用》，郭镇之等译，华夏出版社 2001 年版。

［印］阿马蒂亚·森：《集体选择与社会福利》，胡的的、胡毓达译，上海科学技术出版社 2004 年版。

［德］R. 司丹木拉：《现代法学之根本趋势》，张季忻译，中国政法大学出版社 2003 年版。

［英］詹姆斯·斯蒂芬：《自由、平等、博爱》，冯克利、杨日鹏译，广西师范大学出版社 2007 年版。

［英］亚当·斯密：《道德情操论》，蒋自强、钦北愚译，商务印书馆 2003 年版。

［英］亚当·斯密：《国民财富的性质和原因的研究》（下卷），郭大力、王亚南译，商务印书馆 1974 年版。

［美］K. T. 斯托曼：《情绪心理学》，张燕云译，辽宁人民出版社 1987 年版。

［美］凯斯·R. 孙斯坦：《法律推理与政治冲突》，金朝武、胡爱平、高建勋译，法律出版社 2004 年版。

［美］乔纳森·H. 特纳:《社会学理论的结构（下）》，邱泽奇等译，华夏出版社 2001 年版。

［法］埃米尔·涂尔干:《社会分工论》，渠东译，生活·读书·新知三联书店 2000 年版。

［法］托克维尔:《论美国的民主》（上卷），董果良译，商务印书馆 2002 年版。

［德］马克斯·韦伯:《经济与社会》（下卷），林荣远译，商务印书馆 1998 年版。

［德］韦伯:《韦伯作品集：学术与政治》，钱永祥、林振贤等译，广西师范大学出版社 2004 年版。

［澳］C. G. 维拉曼特:《法律导引》，张智仁、周伟文译，上海人民出版社 2003 年版。

［英］尼尔·麦考密克、［奥］奥塔·魏因贝格尔:《制度法论》，周叶谦译，中国政法大学出版社 1996 年版。

［美］斯蒂文·小约翰:《传播理论》，中国社会科学出版社 1999 年版。

［古希腊］亚里士多德:《尼各马可伦理学》，廖申白译，商务印书馆 2003 年版。

［古希腊］亚里士多德:《诗学》，罗念生译，上海人民出版社 2006 年版。

［日］滋贺秀三等:《明清时期的民事审判与民间契约》，王亚新等译，法律出版社 1998 年版。

论文

白臣、张静如:《角色道德自觉及其实现路径》，《河北师范大学学报》（哲学社会科学版）2012 年第 4 期。

宾凯:《卢曼系统论法学：对"法律实证主义/自然法"二分的超越》，《云南大学学报》（社会科学版）2009 年第 6 期。

陈柏峰:《当代传媒的政治性及其法律规制》，《法制与社会发展》2017 年第 3 期。

陈秉公:《论角色道德》，《道德与文明》1991 年第 1 期。

陈洪杰:《从"群众参与"到"公民参与"：司法公共性的未来》，《法制与社会发展》2014 年第 1 期。

陈勤奋：《哈贝马斯的"公共领域"理论及其特点》，《厦门大学学报》（哲学社会科学版）2009 年第 1 期。
陈少林：《完善中国刑事陪审制度之构想》，《法学评论》2005 年第 4 期。
陈卫东：《公民参与司法：理论、实践及改革——以刑事司法为中心的考察》，《法学研究》2015 年第 2 期。
陈兴良：《刑事司法公正论》，《中国人民大学学报》1997 年第 1 期。
陈忠林：《"恶法"非法——对传统法学理论的反思》，《社会科学家》2009 年第 2 期。
杜宴林：《司法公正与同理心正义》，《中国社会科学》2017 年第 6 期。
方娟：《刑事案件律师庭外造势若干法律问题研究》，《政法论坛》2016 年第 2 期。
方乐：《司法如何面对道德？》，《中外法学》2010 年第 2 期。
方泉：《犯罪化的正当性原则——兼评乔尔·范伯格的限制自由原则》，《法学》2012 年第 8 期。
高鸿钧：《伽达默尔的解释学与中国法律解释》，《政法论坛》2015 年第 3 期。
高鸿钧：《走向交往理性的政治哲学和法学理论》，《政法论坛》2008 年第 6 期。
高志刚：《回应型司法制度的现实演进与理性构建——一个实践合理性的分析》，《法律科学》2013 年第 4 期。
葛洪义：《法律原则在法律推理中的地位和作用——一个比较的研究》，《法学研究》2002 年第 6 期。
顾培东：《公众判意的法理解析——对许霆案的延伸思考》，《中国法学》2008 年第 4 期。
郭春镇：《感知的程序正义——主观程序正义及其建构》，《法制与社会发展》2017 年第 2 期。
郭松：《社会承受、功能期待与道德承载》，《四川大学学报》（哲学社会科学版）2013 年第 5 期。
郭卫华：《"道德焦虑"的现代性反思》，《道德与文明》2012 年第 2 期。
郭星华、石任昊：《无赖生存的社会环境——关于社会风气的一种法社会学探究》，《社会学评论》2013 年第 6 期。

韩宏伟:《公众意愿与压力型司法——基于李昌奎案的延伸思考》,《理论月刊》2015 年第 3 期。

郝艳兵:《影响性诉讼的司法应对——基于对刑事影响性个案的分析》,《西安电子科技大学学报》(社会科学版) 2013 年第 4 期。

胡海鸥:《道德行为的经济分析》,《合肥联合大学学报》2002 年第 2 期。

胡军良:《现代西方哲学的"对话"之维:从布伯、伽达默尔到哈贝马斯》,《浙江社会科学》2016 年第 11 期。

黄娇娜:《论法律语言的特性》,《现代语文》2015 年第 11 期。

黄湧:《基层民事法官如何办案——从一则案件的审理看法官角色混同》,《法律适用》2007 年第 1 期。

纪光欣、刘小利:《官德:在职业道德与角色道德之间》,《领导科学》2013 年第 25 期。

季卫东:《法律解释的真谛(上)》,《中外法学》1998 年第 6 期。

江国华:《通过审判的社会治理——法院性质再审视》,《中州学刊》2012 年第 1 期。

蒋传光:《司法的价值引领功能》,《中国司法》2015 年第 8 期。

焦宝乾:《事实与规范的二分及法律论证》,《法商研究》2005 年第 4 期。

金德万、黄南珊:《西方当代"话语"原论》,《西北师大学报》(社会科学版) 2006 年第 5 期。

金颜:《近三十年来中国市场经济条件下道德建设研究》,《青海社会科学》2015 年第 2 期。

景汉朝:《传媒监督要尊重司法的特性和规律》,《青年记者》2013 年第 25 期。

寇东亮:《公民道德教育中道德资源供给的三个基本路径》,《云南社会科学》2008 年第 5 期。

黎慈:《转型时期司法吸纳公民参与的价值及其改进》,《海峡法学》2011 年第 3 期。

李彬:《社会转型期道德困境的理论表现及其启示意义》,《伦理学研究》2011 年第 3 期。

李建华:《论道德情感体验》,《中南大学学报》(社会科学版) 2003 年第 2 期。

李锦辉:《无关道德的"老太太摔倒均衡"分析——从"彭宇"案到"佛山女童"事件的理性逻辑》,《中国政法大学学报》2013年第5期。

李可:《法律原则作为法律的限度》,《中国地质大学学报》(社会科学版)2007年第5期。

李妙岚:《朱淑真诗的叙事学分析》,《美与时代》2017年第3期。

李梓:《彭宇案发出道德杀伤力》,《新世纪周刊》2007年第24期。

廖永安:《社会转型背景下人民陪审员制度改革路径探析》,《中国法学》2012年第3期。

林来梵、张卓明:《论法律原则的司法适用》,《中国法学》2006年第2期。

刘畅:《论司法裁判中的道德话语》,《人民论坛》2012年第12期。

刘俊:《判决过程中法官的价值发现》,《法律科学》2009年第6期。

刘茂林:《现代人格权的理论基础和发展》,《天津社会科学》1994年第4期。

刘明:《让中国的"意见领袖"走上国际舞台》,《对外传播》2010年第2期。

刘茜:《论司法权与第四权力的互动关系——以司法权的防御性手段为视角》,《人民论坛》2012年第36期。

刘士国:《类型化与民法解释》,《法学研究》2006年第6期。

刘武俊:《影响性诉讼:法治进步的司法引擎——解读2005年度十大影响性诉讼》,《人大研究》2006年第3期。

刘星:《疑难案件中法律适用的理论与实践》,《比较法研究》1994年第3、4期。

刘亚林:《张学英诉蒋伦芳交付遗赠财产案观点综述》,《人民司法》2002年第7期。

刘艳红:《"司法无良知"抑或"刑法无底线"?——以"摆摊打气球案"入刑为视角的分析》,《东南大学学报》(哲学社会科学版)2017年第1期。

刘玉梅:《道德焦虑论》,博士学位论文,中南大学,2010年。

刘远:《论刑法规范的司法逻辑结构——以四维论取代二元论的尝试》,《中外法学》2016年第3期。

鲁烨、金林南:《泛道德化批判之思：道德治理与共同价值观会通及其路径》,《北方论丛》2015年第4期。

马长山:《公共舆论的"道德叙事"及其对司法过程的影响》,《浙江社会科学》2015年第4期。

马兆婧:《论司法公信力的生成》,博士学位论文,中共中央党校,2015年。

聂法良、葛桦:《论个体道德选择的教育》,《教育评论》2010年第1期。

潘莉:《西方道德叙事中的历史叙事》,《教育评论》2007年第5期。

秦策、夏锦文:《司法的道德性与法律方法》,《法学研究》2011年第4期。

秦策:《法律价值的冲突与选择》,《法律科学》1998年第3期。

秦策:《司法推理过程的内在矛盾分析》,《政治与法律》2001年第2期。

秦策:《我们研究什么样的证据法学》,《中国刑事法杂志》2010年第4期。

秦强:《以制度对冲转型期道德阵痛》,《共产党员》2014年第18期。

沙继超:《关于提高司法公信力若干问题的分析与研究——以上海市居民法律认知和行为调查数据为样本》,《赤峰学院学报》2014年第11期。

上海市第二中级人民法院研究室:《裁决文书附设"法官后语"的思考：我国裁判文书格式和风格的延续与创新》,《法律适用》2002年第7期。

舒国滢:《法律原则适用中的难题何在》,《苏州大学学报》(哲学社会科学版)2006年第4期。

宋五好:《制度化道德方式与民间道德范式的道德价值认同》,《华南师范大学学报》(社会科学版)2014年第4期。

宋鱼水:《论法官的选择——谈学习社会主义法治理念的体会》,《法学家》2008年第3期。

苏力:《〈秋菊打官司〉的官司、邱氏鼠药案和言论自由》,《法学研究》1996年第3期。

苏力:《基层法院审判委员会制度的考察及思考》,《北大法律评论》1999年第2期。

苏力:《论法律活动的专门化》,《中国社会科学》1994年第6期。

孙光宁:《判决书写作中的消极修辞与积极修辞》,《法制与社会发展》

2011 年第 3 期。

孙国华、方林:《公平正义是化解社会矛盾的根本原则》,《法学杂志》2012 年第 3 期。

孙笑侠:《公案的民意、主题与信息对称》,《中国法学》2010 年第 3 期。

汤媛媛:《司法参与:双层次结构下司法公信力之提振》,《人民司法》2013 年第 17 期。

唐丰鹤:《司法的合法性危机及其克服——基于哈贝马斯的研究》,《政治与法律》2012 年第 6 期。

童德华:《从刑法解释到刑法论证》,《暨南学报》(哲学社会科学版)2012 年第 1 期。

庹继光:《"媒体审判":防卫性权利的异化——对舆论监督司法的合法性解读》,《当代传播》2010 年第 5 期。

汪建成:《刑事诉讼文化研讨》,《政法论坛》1999 年第 6 期。

汪明亮:《刑事司法过程中的公民参与》,《人民司法》2012 年第 19 期。

王彬:《司法裁决中的实质权衡及其标准》,《法商研究》2013 年第 6 期。

王卉:《陪审员实质性参与事实认定的路径探析》,《山东审判》2016 年第 2 期。

王嘉:《论可普遍化道德视角的两种"移情"路径》,《江苏社会科学》2013 年第 5 期。

王建光、徐宁:《现代社会中的道德焦虑及其化解》,《南昌大学学报》(人文社会科学版)2016 年第 4 期。

王婧华:《良心至上方显公平——我心目中的司法格言》,《山东审判》2008 年第 4 期。

王素萍:《论政治现代性的三个维度》,《社会科学家》2010 年第 4 期。

王霞:《当代中国民间道德力量研究》,博士学位论文,南京师范大学,2014 年。

韦启光:《制度在道德实现中的作用》,《教育文化论坛》2014 年第 4 期。

谢潇:《法律语言学立法语言——从宪法看立法语言的特点》,《湘潭师范学院学报》2005 年第 6 期。

辛鸣:《在应然与实然之间——关于制度功能及其局限的哲学分析》,《哲学研究》2005 年第 9 期。

徐建军、刘玉梅:《道德焦虑:一种不可或缺的道德情感》,《道德与文明》2009年第2期。

徐清霜:《司法裁判中的价值衡量——以知识产权诉讼为视角》,《山东审判》2006年第6期。

徐燕斌:《在法律与人情之间——许霆案的思索》,《太原理工大学学报》(社会科学版)2009年第1期。

许娟:《中国司法与民意的沟通——基于主体间交往理性的认知》,《北方法学》2014年第3期。

杨建萍:《转型期大学生道德焦虑现象探析》,《山东省青年管理干部学院学报》2001年第3期。

杨婕:《道德叙事法在德育课堂教学中的应用》,《教育参考》2016年第3期。

姚宝华:《论人民陪审员制度的功能定位》,《法律适用》2017年第11期。

姚剑文:《市场经济的"道德悖论"与道德供给机制分析》,《求实》2004年第2期。

雍自元:《"媒体审判"辨析》,《法学杂志》2017年第3期。

尤优:《道德焦虑的成因及控制策略》,《亚太教育》2016年第28期。

于浩:《迈向回应型法:转型社会与中国观点》,《东北大学学报》(社会科学版)2015年第2期。

余少祥:《法律语境中弱势群体概念构建分析》,《中国法学》2009年第3期。

俞可平:《依法治国:良法善治的本土智慧与中国道路——深度解读十八届四中全会〈决定〉精神》,《中国法律评论》2014年第4期。

袁博:《裁判文书伦理化的保留与倡导》,《上海政法学院学报》(法治论丛)2014年第3期。

张红光:《网络舆情传播的七大特征》,《网络传播》2017年第6期。

张明仓:《道德代价论》,《天津社会科学》1998年第4期。

张明楷:《言论自由与刑事犯罪》,《清华法学》2016年第1期。

张新宝、王伟国:《司法公开三题》,《交大法学》2013年第4期。

张雪纯:《论司法中的偏见》,《杭州师范学院学报》(社会科学版)2007年第2期。

赵俊凤、秦正发：《论社会转型时期的道德失范——兼论道德重塑中的制度激励》，《长春工业大学学报》（社会科学版）2011年第5期。

郑成良：《论司法公信力》，《上海交通大学学报》2005年第5期。

郑永流：《道德立场与法律技术——中德情妇遗嘱案的比较和评析》，《中国法学》2008年第4期。

郑永流：《法律判断形成的模式》，《法学研究》2004年第1期。

郑玉双：《道德争议的治理难题——以法律道德主义为中心》，《法学》2016年第10期。

支振锋：《法律的驯化与内生性规则》，《法学研究》2009年第2期。

周道鸾：《情与法的交融：裁判文书改革的新的尝试》，《法律适用》2002年第7期。

周文轩：《婚姻家庭案件的审判应审慎运用道德话语》，《法律适用》2004年第2期。

周泽：《媒体报道与司法公正关系的反思与再构》，《中国青年政治学院学报》2004年第1期。

朱兵强：《卢曼的法理学检视——一个系统论的视角》，《山东科技大学学报》（社会科学版）2015年第5期。

朱菁、蔡海锋、张菱兰：《假作真时真亦假——彭宇案真相探析》，《河北法学》2014年第5期。

朱力：《我国社会生活中的第二种规范——失范的社会机制》，《江海学刊》2006年第6期。

朱小蔓：《道德情感简论》，《道德与文明》1991年第1期。

朱蕴丽等：《试论当前社会道德失范的原因及其应对策略》，《江西师范大学学报》（哲学社会科学版）2011年第5期。

邹军：《虚拟世界的民间表达》，博士学位论文，复旦大学，2008年。

邹平林：《道德滑坡还是范式转换——论社会转型时期的道德困境及其出路》，《道德与文明》2011年第2期。

[法]皮埃尔·布迪厄：《法律的力量：迈向司法场域的社会学》，强世功译，《北大法律评论》1999年第2期。

[英]H. L. A. 哈特：《实证主义和法律与道德的分离》，翟小波译，《环球法律评论》2001年夏季号。

［美］奥利弗·温德尔·霍姆斯:《法律的道路》，张千帆、杨春福、黄斌译，《南京大学法律评论》2000年秋季号。

英文文献
BOOK

Robert Alexy, *A Theory of Constitutional Rights*, Oxford, New York: Oxford University Press, 2002.

Brian H. Bix, *A Dictionary of Legal Theory*, New York: Oxford University Press, 2004.

William Blackstone, *Commentaries On the Laws of England* (Vol. I), Chicago: University of Chicago Press, 1979.

Stanley Cohen, *Flok Devils and Moral Panics: The Creation of the Mods and Rockers*, London and New York: Routledge, 2002.

Patrick Devlin, *The Enforcement of Morals*, London: Oxford University Press, 1965.

Ronald Dworkin, *A Matter of Principle*, Cambridge, Mass.: Harvard University Press, 1985.

Jürgen Habermas, *Moral Consciousness and Communicative Action*, Cambridge: MIT Press, 1990.

R. M. Hare, *Moral Thinking: Its Levels, Method, and Point*, Oxford: Clarendon Press, 1981.

Henry M. Hart, Jr. and Albert M. Sacks, *The Legal Process: Basic Problems in the Making and Application of Law* (Tentative ed.), Cambridge, Mass.: [s. n.], 1958.

Mark Van Hoecke, *Law as Communication*, Oxford: Hart Publishing, 2002.

Harry Kalven, Jr. and Hans Zeisel, *The American Jury*, Chicago: University of Chicago Press, 1971.

Hans Kelsen, *Introduction to the Problems of Legal Theory*, Oxford: Clarendon Press, 1992.

Christopher Columbus Langdell, *A Selection of Cases on the Law of Contracts: With References and Citations*, Boston: Little, Brown, and Company,

1871.

Karl Llewellyn, *The Bramble Bush*: *on Our Law and its Study*, New York: Oceana Publications, 1930.

John Stuart Mill, *On Liberty*, New Haven: Yale University Press, 2003.

Kenneth J. Vandevelde, *Thinking Like a Lawyer*: *An Introduction to Legal Reasoning*, Boulder, Colo.: Westview Press, 1996.

James Boyd White, *Heracles' Bow*: *Essays*: *on the Rhetoric and Poetics of the Law*, Madison, Wis.: University of Wisconsin Press, 1985.

ARTICLE

Paul L. Biderman, "Of Vulcans and Values: Judicial Decision-Making and Implications for Judicial Education", *Juvenile & Family Court Journal*, Vol. 47, No. 3, 1996.

James Boyle, "The Anatomy of a Torts Class", *The American University Law Review*, Vol. 34, No. 4, 1985.

Kuk Cho, "Procedural Weakness of German Criminal Justice and Its Unique Exclusionary Rules Based on the Right of Personality", *Temple International and Comparative Law Journal*, Vol. 15, No. 1, 2001.

Robert M. Cover, "The Supreme Court, 1982 Term", *Harvard Law Review*, Vol. 97, No. 1, 1983.

William N. Eskridge Jr. and Philip P. Frickey, "Statutory Interpretation as Practical Reasoning", *Stanford Law Review*, Vol. 42, No. 2, 1990.

Lon L. Fuller, "Positivism and Fidelity to Law: A Reply to Professor Hart", *Harvard Law Review*, Vol. 71, No. 4, 1958.

Thomas C. Grey, "Langdell's Orthodoxy", *University of Pittsburgh Law Review*, Vol. 45, No. 1, 1983.

Oliver Wendell Holmes, "The Path of the Law", *Harvard Law Review*, Vol. 10, No. 1, 1897.

Karl Llewellyn, "Some Realism About Realism: Responding to Dean Pound", *Harvard Law Review*, Vol. 44, No. 8, 1931.

Burt Neuborne, "Of Sausage Factories and Syllogism Machines: Formalism,

Realism, and Exclusionary Selection Techniques", *New York University Law Review*, Vol. 67, No. 2, 1992.

Nancy Pennington and Reid Hastie, "A Cognitive Theory of Juror Decision Making: The Story Model", *Cardozo Law Review*, Vol. 13, No. 2-3, 1991.

Marcia Speziale, "Langdell's Concept of Law as Science: The Beginning of Anti-Formalism in American Theory", *Vermont Law Review*, Vol. 5, No. 1, 1980.